工业和信息化精品系列教材

MySQL 数据库技术与应用

慕课版 | 第2版

张素青 翟慧 ◉ 主编

宋欢 何连连 ◉ 副主编

MYSQL DATABASE TECHNOLOGY AND APPLICATION

人民邮电出版社

北京

图书在版编目（CIP）数据

MySQL数据库技术与应用 ： 慕课版 / 张素青，翟慧主编. -- 2版. -- 北京 ： 人民邮电出版社，2023.2
工业和信息化精品系列教材
ISBN 978-7-115-60050-9

Ⅰ. ①M… Ⅱ. ①张… ②翟… Ⅲ. ①SQL语言－数据库管理系统－教材 Ⅳ. ①TP311.132.3

中国版本图书馆CIP数据核字(2022)第168701号

内 容 提 要

本书以 MySQL 8.0 数据库管理系统为平台，以案例教学为编写主线，介绍数据库系统的基本概念和数据库应用技术。书中以学生选课管理系统作为教学案例，以网上书店系统作为实训案例，第 1 章～第 8 章采用“案例学习—归纳总结—习题实训”的结构体系，最后一章讲解一个具体的项目案例开发设计过程，将数据库原理知识与实际数据库开发过程结合在一起。

本书采用目前流行的在线开放课程教学方式，提供慕课视频、PPT、习题库、试题库等多种资源来辅助读者学习。本书在设计内容时与时俱进，整合知识内容与育人元素，创新构建课程知识体系和价值体系。

本书可作为普通高等院校的计算机相关专业的教材，也可作为从事计算机软件工作的科技人员和工程技术人员及其他相关人员的培训教材或参考书。

◆ 主　　编　张素青　翟　慧
　副 主 编　宋　欢　何连连
　责任编辑　鹿　征
　责任印制　王　郁　焦志炜

◆ 人民邮电出版社出版发行　　北京市丰台区成寿寺路 11 号
　邮编　100164　　电子邮件　315@ptpress.com.cn
　网址　https://www.ptpress.com.cn
　山东华立印务有限公司印刷

◆ 开本：787×1092　1/16
　印张：15　　　　　　2023 年 2 月第 2 版
　字数：354 千字　　　2025 年 1 月山东第 5 次印刷

定价：59.80 元

读者服务热线：(010) 81055256　印装质量热线：(010) 81055316
反盗版热线：(010) 81055315
广告经营许可证：京东市监广登字 20170147 号

前言 FOREWORD

随着计算机技术的飞速发展，数据库技术的应用已经扩展到各个领域，不仅在传统的商业领域、管理领域和金融领域等发挥着重要作用，而且在非传统领域如工程领域、多媒体技术领域等也起着关键作用。数据库技术已成为信息技术和信息产业的基础。

MySQL 最早由瑞典 MySQL AB 公司开发，目前属于 Oracle 公司旗下的产品，是目前最流行的关系数据库管理系统之一。MySQL 数据库以“客户机/服务器”模式实现，是一个多用户、多线程的小型数据库。在 Web 应用方面，MySQL 是非常好的关系数据库管理系统。MySQL 具有跨平台的优点，因其稳定、可靠、体积小、速度快、总体成本低，尤其是开放源码这一特点，一般中小型企业都选择 MySQL 作为网站数据库。

高等职业教育以就业为导向，培养市场需要的人才。目前，应用 MySQL 数据库的企业较为广泛，因此掌握 MySQL 数据库技术是非常有必要的。学习这门技术后，学生可以成为网站数据库系统管理员，也可以成为后台数据库设计与维护人员。

本书每章开头都有“本章目标”，除第 9 章，每章末附有本章小结、实训项目和课后习题，供学生及时理解并总结所学内容。本书深入贯彻落实党的二十大精神，结合教学内容融入网络强国、文化素养等相关论述，以实现培根铸魂、启智增慧的育人目标。本书提供 PPT、习题库、试题库等多种资源辅助教学和学习。同时，本书是河南省精品在线开放课程“数据库技术与应用”的配套教材，提供全套慕课视频。读者登录人邮学院网站（https://www.rymooc.com）或扫描封底的二维码，使用手机号码完成注册，在首页右上角单击“学习卡”选项，输入封底刮刮卡中的激活码，即可在线观看视频。也可以使用手机扫描书中二维码观看视频。

全书共 9 章，第 1 章主要介绍数据库的基本概念、数据库技术的特点及数据模型、数据库设计的步骤；第 2 章介绍 MySQL 8.0 的安装和配置；第 3 章介绍数据库及数据表的创建与管理；第 4 章介绍数据表中数据的插入、修改和删除；第 5 章介绍数据的单表查询和多表连接查询；第 6 章介绍 MySQL 程序设计基础、存储过程和函数的创建及使用、事务的概念和特点；第 7 章介绍索引、视图和触发器的相关知识；第 8 章介绍数据库的安全管理方面的知识；第 9 章通过一个银行业务系统的项目实例，对本书知识做回顾和总结。

本书由张素青和翟慧担任主编，宋欢和何连连担任副主编。翟慧编写了本书的第 1 章和第 8 章，何连连编写了本书的第 2 章和第 3 章，宋欢编写了本书的第 4 章和第 5 章，张素青编写了本书的第 6 章、第 7 章和第 9 章。本书由张素青统稿。

由于编者水平有限，书中不妥之处在所难免，敬请广大读者批评指正。

编者

2022 年 10 月

前言 FOREWORD

目录 CONTENTS

第 6 章

第 7 章

第8章

第9章

第1章 数据库基础

01

本章目标

- 了解数据库的相关概念和数据管理技术的发展。
- 熟悉数据模型的概念和常见的数据模型。
- 掌握 E-R 图的设计过程。
- 掌握关系数据库的规范化。
- 了解数据库设计步骤。

1.1 数据库的基本概念

视频 1-1 认识数据库

中华文明有着五千年的历史，在这浩如烟海的历史长河中，凝聚着老祖先智慧的书籍多如繁星，这些信息从甲骨文开始就被逐一记录了下来。因为历史的悠久，伴随着朝代的更迭，很多古典巨著遭到破坏甚至消失，对于后代子孙来说都是不可估量的损失。而现在由于信息技术的兴起，我们将这些信息进行了数字化处理，这样无论过去多少年，数据会一直保存。

数据库技术是现代信息科学与技术的重要组成部分，是计算机数据处理与信息管理系统的核心，是一种用计算机辅助管理数据的方法，该技术研究如何组织和存储数据，如何高效地获取和处理数据。

在系统地学习数据库技术之前，需要先了解数据库技术中涉及的基本概念，主要包括：信息、数据、数据库、数据库管理系统以及数据库系统。

1. 信息

信息（Information）是现实世界事物的存在方式或运动状态的反映，它通过符号（如文字、图像等）和信号（如有某种含义的动作、光/电信号等）等具体形式表现出来。信息具有可感知、可存储、可加工、可再生等自然属性，是各行各业不可或缺的资源。

2. 数据

数据（Data）是描述事物的符号记录，可以是数字、文字、图形和声音等。数据是数据库中存储的基本对象，是信息的载体。人们在日常生活中为了交流信息，需要描述各种各样的事物，这时采用的通常是自然语言。例如，在学校描述一名学生时通常会说："张三丰是一名 2020 年入学的信息工程系的男学生，他于 2001 年 9 月出生，是河南人。"但是计算机是不能直接识别以上自然语言的。为了在计算机中存储和处理这些事物，就需要抽取出这些事物的部分特征，组成一条记录。例如，我们对学生最感兴趣的是姓名、性别、出生年月、籍贯、系别、入学时间，于是可以这样来描述一名学生：

```
（张三丰，男，2001.9，河南，信息工程系，2020）
```

以上这条记录就是数据。对于这条记录，了解其含义的人会得到如下信息：张三丰是一名学生，男，2020 年入学，在信息工程系学习，2001 年 9 月出生，河南人。而不了解其含义的人，就不能得到以上信息。可见，数据还不能完全表达其内容，需要经过数据解释才能得到所需的信息。所谓数据解释就是对数据含义的说明，数据的含义称为数据的语义，也就是数据承载的信息，数据与其语义是不可分的。因此，数据是信息的载体，是符号记录；信息是数据的内容，是数据的语义。

3. 数据库

数据库（DataBase，DB），简单来说，就是存放数据的仓库。只不过这个仓库是长期存储在计算机中的，是有组织的、可共享的相关数据集合。数据库具有如下特性。

（1）数据库是具有逻辑关系和确定意义的数据集合。

（2）数据库是针对明确的应用目标而设计、建立和加载的。每个数据库都具有一组用户，并为这些用户的应用需求服务。

（3）数据库反映了客观事物的某些方面，而且需要与客观事物的状态始终保持一致。

（4）数据库中存放的数据独立于应用程序。数据的存取操作由数据库管理系统负责，可极大减少应用程序维护的成本。而且数据库中的数据可以被新的应用程序所使用，增强了数据库的共享性和易扩充性。

（5）数据库集中了各种应用程序的数据，这些数据可以长期存储在计算机的辅助存储器（又称外存储器）中，用户只有向数据库管理系统提出某些明确请求时，才能对数据库中的数据进行各种操作。

（6）数据库将多个应用程序的数据统一存储并集中使用，可将数据库中的多个文件组织起来，在它们之间建立密切的联系，尽可能地避免同一数据的重复存储，减少数据冗余，保证整个系统数据的一致性。

4. 数据库管理系统

数据库管理系统（DataBase Management System，DBMS）是一种操纵和管理数据库的大型软件，用于建立、使用和维护数据库。它对数据库进行统一的管理和控制，以保证数据库的安全性和完整性。用户通过数据库管理系统访问数据库中的数据，数据库管理员也通过数据库管理系统进行数据库的维护工作。数据库管理系统使多个用户可以用不同的方法在同一时刻或不同时刻去建立、修改和查询数据库。数据库管理系统是数据库系统的核心，能帮助用户把抽象的逻辑数据处理转换为计算机中具体的物理数据处理。这样，用户就可以对数据进行抽象的逻辑处理，而不必理会这些数据在计算机中的布局和物理位置。

数据库管理系统功能强大，其主要包括以下几个功能。

（1）数据定义功能：数据库管理系统提供数据定义语言（Data Definition Language，DDL）用于描述数据的结构、约束条件和访问控制条件，为数据库构建数据框架，以便操作和控制数据。

（2）数据操纵功能：数据库管理系统提供数据操纵语言（Data Manipulation Language，DML）用于操纵数据，实现对数据的基本操作，如增加、删除、更新、查询等。数据库管理系统可对相应的操作过程进行确定和优化。

（3）数据库的运行和管理功能：包括多用户环境下的并发控制、安全性检查和存取限制控制、完整性检查和执行、运行日志的组织管理、事务的管理和自动恢复等功能，这些功能保证了数据库系统的正常运行。

（4）数据组织、存储与管理功能：数据库管理系统分类组织、存储和管理各种数据，包括数据字典、用户数据、存取路径等，需确定以何种文件结构和存取方式在存储级别上组织这些数据，以及如何实现数据之间的联系。数据组织和存储的基本目标是提高存储空间利用率，选择合适的存取方式以提高存取效率。

（5）数据库的保护功能：数据库管理系统对数据库的保护通过 4 个方面来实现，即数据库的恢复、数据库的并发控制、数据库的完整性控制、数据库的安全性控制。数据库管理系统的其他保护功能还有对系统缓冲区的管理以及数据存储的某些自适应调节机制等。

（6）数据库的维护功能：包括数据库的数据载入、转换、转储，数据库的重组织以及性能监控等功能，这些功能由各个应用程序来完成。

（7）数据库接口功能：数据库管理系统提供数据库的各种用户接口，以满足各类不同用户的不同需求。

5. 数据库系统

数据库系统（DataBase System，DBS）是指引入了数据库技术的计算机系统。数据库系统通常由硬件、软件、数据库、人员组成。在一般不引起混淆的情况下常常把数据库系统简称为数据库。

（1）硬件：构成计算机系统的各种物理设备，包括存储所需的外部设备。硬件的配置应能满足整个数据库系统的需求。

（2）软件：包括操作系统、数据库管理系统及数据库应用程序。

（3）数据库：长期存储在计算机内的、有组织的、可共享的数据集合。

（4）人员：主要有4类。

第一类为系统分析员和数据库设计人员。系统分析员负责应用系统的需求分析和规范说明，他们和最终用户及数据库管理员一起确定系统的硬件配置，并参与数据库系统的概要设计。数据库设计人员负责数据库中数据的确定、数据库各级模式的设计。

第二类为程序员。他们负责编写使用数据库的应用程序。这些应用程序可对数据进行检索、删除或修改等。

第三类为最终用户。他们利用系统的接口或查询语言访问数据库。

第四类为数据库管理员（DataBase Administrator，DBA）。他们负责数据库的总体信息控制。DBA的具体职责包括：决定数据库中的信息内容和结构，决定数据库的存储结构和存取策略，定义数据库的安全性要求和完整性约束条件，监控数据库的使用和运行，改进数据库的性能，对数据库进行重组和重构以提高系统的性能。

数据库系统结构如图1-1所示。

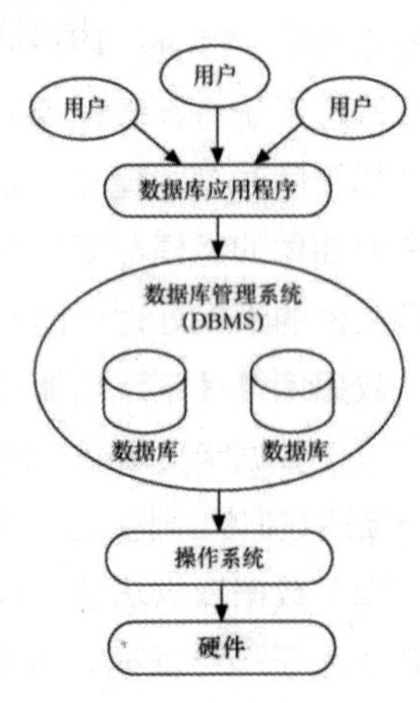

图1-1 数据库系统结构

1.2 常见的数据库管理系统

数据库管理系统产品有很多种，市场上比较流行的主要是Oracle、Microsoft、IBM和MySQL AB等公司的产品。

1. Oracle

Oracle是由Oracle公司开发的一种关系数据库管理系统（Relational DataBase Management System，RDBMS），其在数据库领域一直处于领先地位。Oracle产品系列齐全，几乎适用于所有应用领域，其大型、完善、安全，可以支持多个实例同时运行。它能在几乎所有主流平台上运行，支持大多数工业标准，采用完全开放策略，可以帮助客户选择合适的解决方案，对开发商给予全力支持。可以说，Oracle 是目前世界上使用最广泛的关系数据库管理系统之一，通常大型企业都会选择 Oracle 作为后台数据库来处理海量数据。

2. SQL Server

SQL Server 是由 Microsoft 公司开发的一种大型关系数据库管理系统，具有使用方便、可伸缩性好、与相关软件集成度高等优点，为用户提供了一个安全、可靠、易管理的高端客户机/服务器数据库平台，现在已经广泛应用于电子商务、银行、保险等行业。它最初是由 Microsoft、Sybase 和 Ashton-Tate 这 3 家公司共同开发的，于 1988 年推出了 OS/2 版本。在 Windows NT 系统推出后，Microsoft 与 Sybase 公司在 SQL Server 的开发上正式分开，Microsoft 公司将 SQL Server 移植到 Windows NT 系统上，专注于开发和推广 SQL Server 的 Windows NT 版本；Sybase 公司则专注于 SQL Server 在 UNIX 操作系统上的应用。

3. MySQL

MySQL 是一种关系数据库管理系统，由瑞典 MySQL AB 公司开发，目前属于 Oracle 公司旗下产品，是最流行的关系数据库管理系统之一。在 Web 应用方面，MySQL 是非常好的关系数据库管理系统。

MySQL 具有跨平台的优点，它不仅可以在 Windows 平台上使用，还可以在 UNIX、Linux 和 macOS 等平台上使用。由于其体积小、速度快、总体成本低，尤其是开放源码这一特点，一般中小型企业都选择 MySQL 作为网站后台数据库。

4. DB2

DB2 是由 IBM 公司开发的一种关系数据库管理系统，它主要运行在 UNIX、Linux、Windows 及 IBM i（旧称 OS/400）等平台上。

DB2 主要应用于大型应用系统，具有较好的可伸缩性，支持从大型机到单用户等各种环境，可应用于所有常见的服务器平台。DB2 支持标准的结构查询语言（Structure Query Language，SQL），并且提供了高层次的数据完整性、安全性、可恢复性，以及从小规模应用程序到大规模应用程序的执行能力，适用于海量数据的存储。DB2 的查询优化器功能强大，其外部连接改善了查询性能，支持多任务并行查询。DB2 具有很好的网络支持能力，每个子系统可以连接十几万个分布式用户，可同时激活上千个活动线程，这对大型分布式应用系统尤为适用。但相对于其他数据库管理系统，DB2 的操作比较复杂。

5. Access

Access 是由 Microsoft 公司开发的一种关系数据库管理系统，是目前最流行的关系数据库管理系统之一。Access 的核心是 Microsoft Jet 数据库引擎，Access 是一个把数据库引擎的图形用户界面和软件开发工具结合在一起的数据库管理系统。

Access 可以满足小型企业客户机/服务器解决方案的要求，是一种功能较完备的系统，它几乎包含数据库领域的所有技术和内容。利用它，用户可以创建、修改和维护数据库及数据库中的数据，并且可以利用向导来完成对数据库的一系列操作。

6. SQLite

SQLite 是一种轻型数据库管理系统，它是遵守 ACID（数据库事务正确执行的 4 个特性）

原则的关系数据库管理系统，包含在一个相对小的 C 库中。它的设计目标是嵌入式的，而且目前已经在很多嵌入式产品中使用了它，它占用资源非常少，能够支持 Windows、Linux、UNIX 等主流操作系统，同时能够与很多编程语言相结合。

1.3 数据管理技术的发展

数据库技术是由于数据管理任务的需求而产生的；管理数据是数据库核心的任务；数据处理是指对各种数据进行收集、加工、存储和传播的一系列活动的总和；数据管理则是指对数据进行的分类、组织、编码、存储、检索和维护，它是数据处理的核心。

计算机的设计初衷是进行复杂的科学计算。随着计算机技术的快速发展，人们开始利用计算机进行数据管理。总体来说，数据管理技术的发展经历了如下几个阶段：人工管理阶段、文件系统阶段、数据库系统阶段。

任何技术都不会一成不变，它们会随着社会的发展而不断变化，尤其以计算机应用的更新换代最为显著。对于我们来说，学会学习比学会知识更重要。我们要具有保持自身可持续发展的能力，能持续不断地获取运用和创新知识的能力，能与时俱进地不断提升自己的能力，从而达到与技术同步发展。

1.3.1 人工管理阶段

人工管理阶段是指 20 世纪 50 年代中期以前。当时计算机的软硬件技术均不完善，人们主要使用计算机进行科学计算。在硬件方面，存储设备只有磁带、卡片和纸带，没有大容量的外存储器；在软件方面，计算机还没有操作系统和管理数据的软件。人工管理阶段的数据处理方式是批处理，而且数据处理基本上依赖于人工。人工管理阶段具有如下特点。

（1）数据不能长期保存，用完就删除。当时的计算机主要用于科学计算，并不需要长期保存数据，只需要在计算时输入数据，完成计算后就可以删除数据。

（2）数据的管理由应用程序完成。当时并没有相关的软件来管理数据，数据需要由应用程序自己来管理。应用程序不仅要“规定”数据的逻辑结构，还要“设计”数据的物理结构，如存储结构、存取方式等。

（3）数据面向应用程序，不能共享。数据是面向应用程序的，一组数据只能对应一个应用程序。当多个应用程序涉及某些相同的数据时，必须各自定义数据，无法相互利用、相互参照数据，产生了大量的冗余数据。

（4）数据不独立。由于使用应用程序管理数据，当数据的逻辑结构或物理结构发生变化时，必须对应用程序做相应的修改。

人工管理阶段的应用程序与数据集的对应关系如图 1-2 所示。

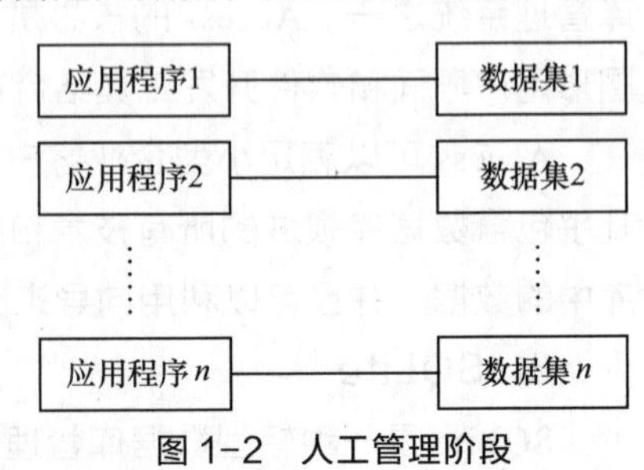

图 1-2　人工管理阶段

1.3.2 文件系统阶段

20 世纪 50 年代后期到 60 年代中期，计算机软硬件技术迅速发展。硬件方面，计算机有了磁盘、磁鼓等可以直接存取数据的存储设备；软件方面，计算机操作系统中已经有了专门管理数据的软件，称为文件系统。同时，计算机的数据处理方式不仅有了批处理，而且能够联机实时处理。在这个时期，计算机应用范围逐渐扩大，从科学计算领域发展到数据管理领域。文件系统阶段具有如下特点。

（1）数据可长期保存。由于计算机逐步被应用于数据管理领域，数据可以以文件的形式长期保存在外存储器上，以供应用程序进行查询、修改、插入、删除等操作。

（2）由文件系统管理数据。由专门的软件（即文件系统）管理数据。文件系统把数据组织成相互独立的数据文件，采用“按文件名访问、按记录存取”的方式对文件进行各种操作。文件系统会提供存储方法负责应用程序和数据之间的转换，使得应用程序与数据有了一定的独立性；程序员可以更专注于算法的设计而不必过多地考虑数据的物理结构，而且数据在存储结构上的改变不一定反映到应用程序中，这在很大程度上减少了维护应用程序的工作量。

（3）数据共享性低、冗余度高。在文件系统中，文件仍然是面向应用程序的。当不同的应用程序具有部分相同的数据时，必须建立各自的文件，由于不能共享相同数据，导致数据的冗余度高。同时，这部分相同数据的重复存储和独立管理极易导致数据的不一致，给数据的修改和维护带来困难。

（4）数据独立性差。文件系统中的文件是为某一特定的应用程序服务的，数据和应用程序之间是相互依赖的关系，要想改变数据的逻辑结构就要相应地修改应用程序和文件结构的定义。用户对应用程序进行修改，也会引起文件结构的改变。因此数据和应用程序之间缺乏独立性，文件系统并不能完全反映客观世界事物之间的内在联系。

文件系统阶段的应用程序与文件的对应关系如图 1-3 所示。

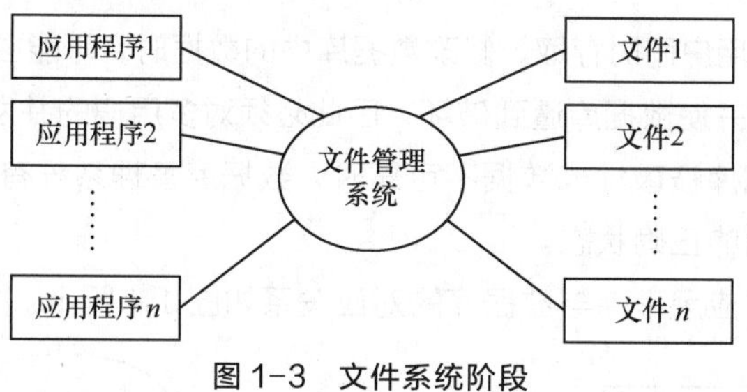

图 1-3 文件系统阶段

1.3.3 数据库系统阶段

20 世纪 60 年代后期以来，随着计算机性能的日益提高，其应用领域也日益扩大，数据量急速增长，同时多种应用、多种语言互相交叉地共享数据集合的要求也越来越多。这一时期，计算机硬件技术快速发展，大容量磁盘、磁盘阵列等基本的数据存储技术日趋成熟并投入使用，同时其设备价格不断下降；而在软件方面，编制和维护系统软件及应用程序所需的成本却在不断增加；在数据处理方式上，联机实时处理需求增多，人们开始考虑采用分布式处理。以上种种原因导致以文件系统作为数据管理手段已经不能满足实际应用的需求。为了满足实际应用中多个用户、多个应用程序共享数据的要求，从而使数据能为尽可能多的应用程序服务，数据库这样的数据管理技术应运而生。数据库的特点是数据不再只针对某一个特定的应用程序，而是面向整个系统，共享性高、冗余度低，应用程序与数据具有一定的独立性，由数据库对数据进行统一控制。数据库系统阶段具有如下特点。

（1）数据结构化。在描述数据时不仅要描述数据本身，还要描述数据之间的联系。数据结构化是数据库的主要特征之一，也是数据库系统与文件系统的本质区别。

（2）数据共享性高、冗余度低且易扩充。数据不再只针对某一个应用程序，而是面向整个系统，数据可被多个用户和多个应用程序共享，而且可轻易地增加新的应用程序来共享数据。数据共享可大大减少数据冗余并节省存储空间，并能更好地保证数据的安全性和完整性。

（3）数据独立性高。应用程序与数据库中的数据相互独立，数据的定义从应用程序中分离出去，数据的存取由数据库管理系统负责，从而简化了应用程序的编写，大大减少了应用程序的维护和修改成本。

（4）数据由数据库管理系统统一管理和控制。数据库为多个用户和应用程序所共享，对数据库中数据的存取很多时候是并发的，即多个用户可以同时存取数据库中的数据，甚至可以同时存取数据库中的同一个数据。

为确保数据库中数据的正确、有效和数据库系统的有效运行，数据库管理系统提供以下几方面的数据控制功能。

数据安全性控制：防止因不合法使用而造成数据的泄露和破坏，保证数据的安全性和机密性。

数据完整性控制：数据库管理系统通过设置一些完整性规则，确保数据的正确性、有效性和相容性。

并发控制：当多个用户同时存取、修改数据库中的数据时，可能由于相互干扰而使部分用户获得不正确的数据，并使数据库遭到破坏，因此必须对多用户的并发操作加以控制和协调。

数据恢复：当数据库被破坏或数据不可靠时，数据库管理系统有能力将数据库从错误状态恢复到最近某一时刻的正确状态。

数据库系统阶段的应用程序与数据库的对应关系如图 1-4 所示。

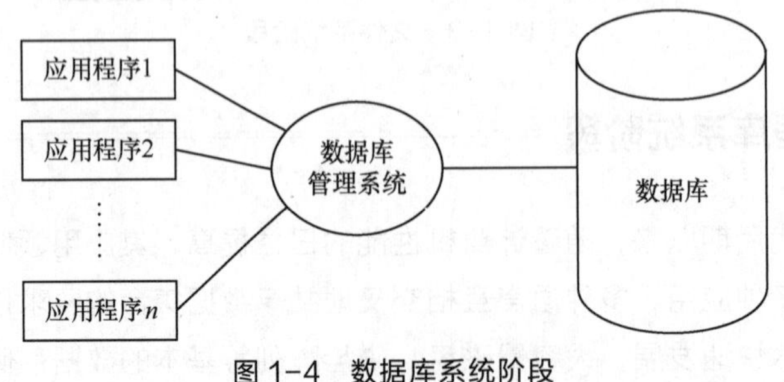

图 1-4　数据库系统阶段

1.4 数据模型

数据模型是学习、研究与应用数据库技术的基础内容，是数据库技术的核心，是最能表现出数据库技术特色的内容之一。

1.4.1 数据模型的概念

模型是现实世界事物特征的模拟与抽象，比如日常生活中所见到的汽车模型、飞机模型等都是具体的模型，人们见到这些模型就会联想到真实的事物。数据模型（Data Model）也是一种模型，它是数据特征的抽象。数据模型是数据库系统的核心与基础，它从抽象层次上描述了数据库系统的静态特征、动态行为和约束条件，为数据库系统的信息表示与操作提供了一个抽象的框架。数据模型所描述的内容有 3 部分：数据结构、数据操作和数据的约束条件。

（1）数据结构：主要描述数据的类型、内容、性质以及数据间的联系等，是对数据库系统静态特征的描述。数据结构是数据模型的基础，数据操作和数据的约束条件都是建立在数据结构上的，不同的数据结构具有不同的操作和约束条件。通常按照数据结构的类型来命名数据模型，例如层次结构、网状结构和关系结构的数据模型分别被命名为层次模型、网状模型和关系模型。

（2）数据操作：主要描述在相应的数据结构上进行的操作类型和操作方式，是对数据库系统动态特征的描述。

（3）数据的约束条件：主要描述数据结构内数据间的语法、词义联系、制约和依存关系，以及数据动态变化的规则，以保证数据的正确性、有效性和相容性。它是一组完整性规则的集合，用以限定符合数据模型的数据库状态及其变化。

1.4.2 数据模型的分类

现有的数据库系统都是建立在某种数据模型之上的。数据模型应满足 3 个要求：一是能比较真实地模拟现实世界，二是容易让人理解，三是在计算机中比较容易实现。一种数据模型要同时满足这 3 个要求比较困难，因此在数据库系统中针对不同的使用对象和应用目的可分别采用不同的数据模型。不同的数据模型实际上也是提供给用户模型化数据和信息的不同工具。

（1）概念数据模型：简称概念模型，是一种面向用户、面向客观世界的模型，主要用来描述世界的概念化结构。它按用户的观点对数据和信息建模，帮助数据库的设计人员在设计的初始阶段，摆脱计算机系统及数据库管理系统的具体技术问题，集中精力分析数据以及数据之间的联系等，与具体的数据库管理系统无关。概念模型是现实世界到信息世界的第一次抽象，用于信息世界的建模，是数据库设计人员的有力工具，也是数据库设计人员与用户之间交流的语言。

（2）逻辑数据模型：是一种面向数据库系统的模型，是具体的数据库管理系统所支持的数据模型，如网状数据模型、层次数据模型等。此模型既要面向用户，又要面向系统，主要用于数据库管理系统的实现。

（3）物理数据模型：是一种面向计算机物理表示的模型，描述了数据在储存介质上的组织结构，它不但与具体的数据库管理系统有关，而且还与操作系统和硬件有关。每一种逻辑数据模型在实现时都有其对应的物理数据模型。

现实世界转换为计算机世界的过程如图 1-5 所示。

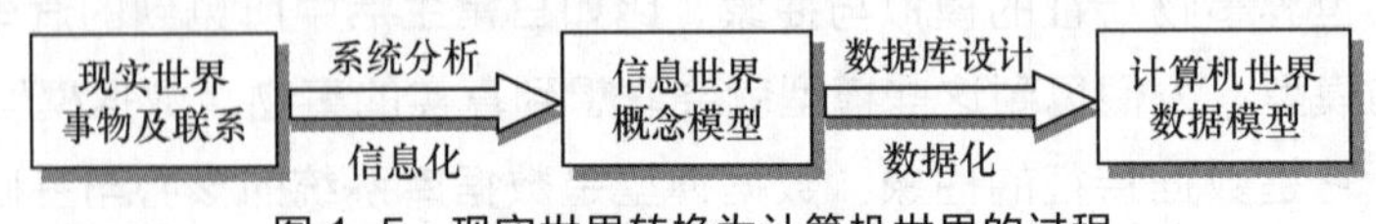

图 1-5　现实世界转换为计算机世界的过程

1.4.3　概念模型

1. 信息世界的基本概念

（1）实体（Entity）：现实世界中存在并且可以相互区分的事物，可以是具体的人、事、物等实际对象，也可以是抽象的概念和联系。一个学生、一个部门、一门课程、一次选课、部门与职工的关系等都是实体。

视频 1-2　概念模型

（2）属性（Attribute）：实体所具有的某一特性，一个实体包含若干属性。例如，职工实体可以由职工号、姓名、性别、年龄、学历、部门等属性描述。（1001，张三丰，男，33，硕士研究生，技术部）这个属性集可以用来描述一个职工实体。

（3）码（Key）：唯一标识实体的属性或属性集。例如，职工号是职工实体的码。

（4）域（Domain）：属性的取值范围。例如，职工号的域为 4 位整数。

（5）实体型（Entity Type）：具有相同属性的实体必然具有共同的特征和性质，可以用实体名及其属性集来抽象刻画这些实体。例如，职工（职工号，姓名，性别，年龄，学历，部门）就是一个实体型。

（6）实体集（Entity Set）：同类实体的集合称为实体集。例如，全体职工就是一个实体集。

（7）联系（Relationship）：在现实世界中，事物内部及事物之间是普遍存在联系的，这些联系在信息世界中表现为实体（型）内部的联系和实体（型）之间的联系。实体（型）内部的联系通常是指组成实体的各属性之间的联系。实体之间的联系通常是指不同实体型之间的联系。

2. 概念模型的表示方法

概念模型的表示方法有很多，较常用的表示方法为实体-联系方法（Entity-Relationship Approach），简称 E-R 方法。该方法使用实体-联系图（Entity-Relationship Diagram，E-R 图）来描述现实世界的概念模型。E-R 方法也称为实体-联系模型（Entity-Relationship Model，E-R 模型）。

（1）实体型用矩形表示，在矩形内写实体名。

（2）属性用椭圆表示，在椭圆内写属性名，并用无向边将其与相应的实体连接起来。例如，学生实体具有学号、姓名、性别、年龄、班级等属性，用 E-R 图表示学生实体及其属性如图 1-6 所示。

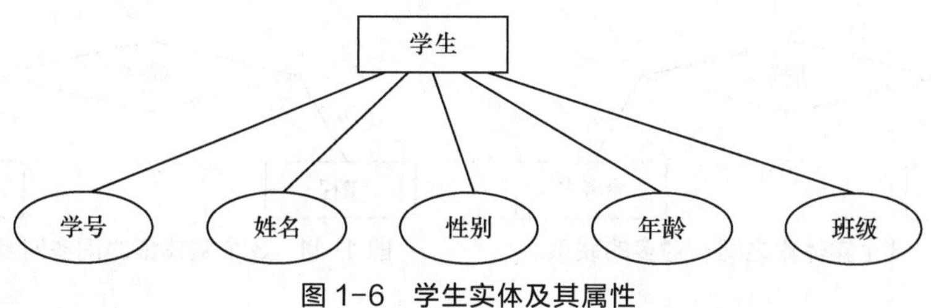

图 1-6　学生实体及其属性

（3）联系用菱形表示，在菱形内写联系名，并用无向边分别与有关实体集连接起来，同时在无向边旁边标注联系的类型。两个实体集之间的联系通常有 3 种。

一对一联系（1:1）：在该联系中，对于实体集 A 中的每一个实体，实体集 B 中至多有一个（也可以没有）实体与之联系，反之亦然，记为 1:1 联系。1:1 联系如图 1-7 所示。例如，一个职工只能有一个工作证，一个工作证也只能属于一个职工，则职工和工作证之间就是一对一联系。

一对多联系（1:n）：在该联系中，对于实体集 A 中的每一个实体，实体集 B 中有 n（$n \geqslant 0$）个实体与之联系；反之，对于实体集 B 中的每一个实体，实体集 A 中至多有一个实体与之联系，记为 1:n 联系。1:n 联系如图 1-8 所示。例如，一个职工可以有多个手机号码，但一个手机号码只能实名认证给一个职工，则职工与手机号码之间的联系就是一对多联系。

多对多联系（m:n）：在该联系中，对于实体集 A 中的每一个实体，实体集 B 中有 n（$n \geqslant 0$）个实体与之联系；反之，对于实体集 B 中的每一个实体，实体集 A 中有 m（$m \geqslant 0$）个实体与之联系，记为 m:n 联系。m:n 联系如图 1-9 所示。例如，一个项目可以有多个职工参加，而一个职工也可以参加多个项目，则项目和职工之间的联系是多对多联系。

实际上，一对一联系是一对多联系的特例，而一对多联系又是多对多联系的特例。

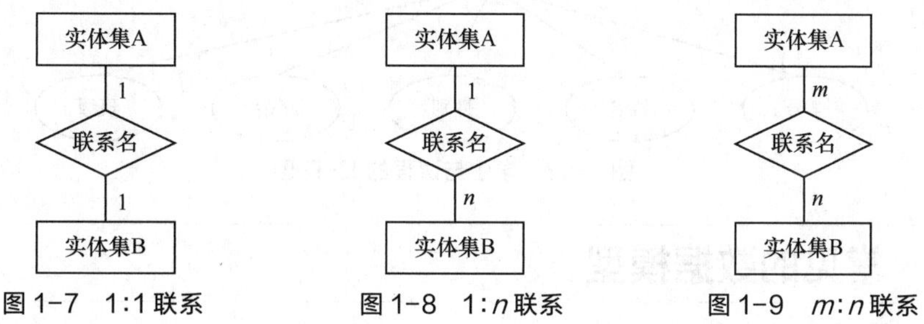

图 1-7　1:1 联系　　图 1-8　1:n 联系　　图 1-9　m:n 联系

通常，两个以上的实体集之间也存在着一对一、一对多、多对多联系。例如，对于课程、教师与参考书 3 个实体集来说，一门课程可以由若干个教师讲授，使用若干本参考书，每一个教师只讲授一门课程，每一本参考书只供一门课程使用，则课程、教师与参考书 3 个实体集之间的联系是一对多的联系，如图 1-10 所示。

再如，对于供货商、工程、材料 3 个实体集来说，一个供货商可以为多个工程提供多种材料，而每个工程可以使用多个供货商提供的材料，每种材料又可以由不同的供货商提供，则供货商、工程、材料 3 个实体集之间的联系是多对多的联系，如图 1-11 所示。

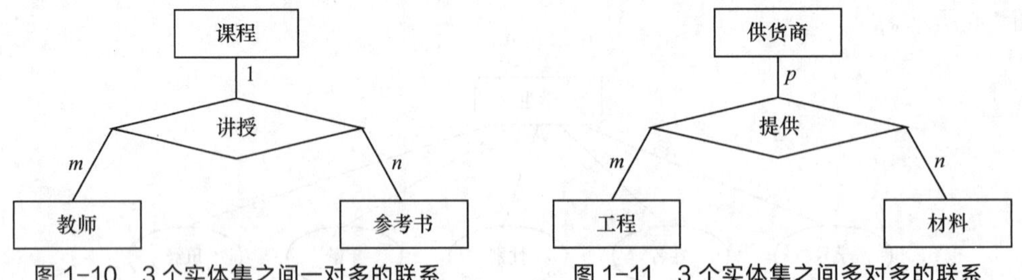

图 1-10　3 个实体集之间一对多的联系

图 1-11　3 个实体集之间多对多的联系

同一个实体集内的各实体之间也存在一对一、一对多、多对多联系。例如，职工实体集内部有领导与被领导的联系，即某一职工（干部）领导若干个职工，而一个职工仅被另外一个职工直接领导，因此这是同一实体集内一对多的联系，如图 1-12 所示。

图 1-12　同一实体集内一对多的联系

注意，如果联系也具有属性，则这些属性也要用无向边与该联系连接起来。例如，学生与课程之间存在“学习”这一联系，“学习”有“成绩”这一属性。学生与课程的 E-R 图如图 1-13 所示。

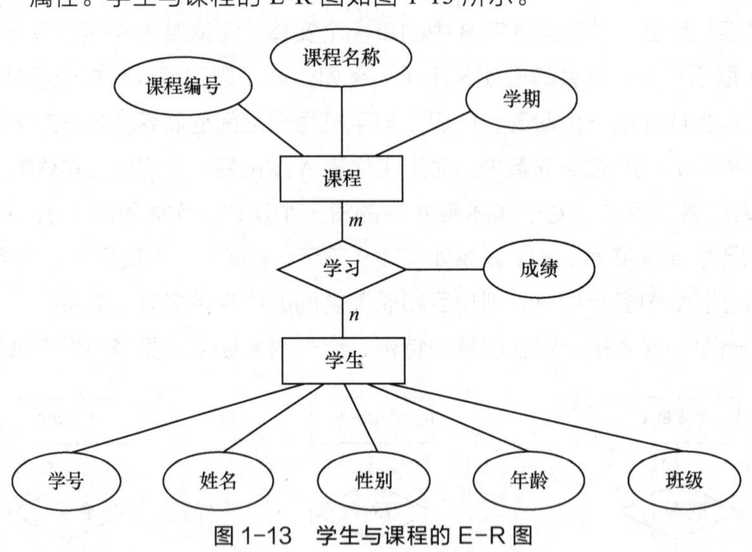

图 1-13　学生与课程的 E-R 图

1.5 常见的数据模型

数据库领域中的常见的数据模型有 4 种：层次模型、网状模型、关系模型、面向对象模型。其中，层次模型和网状模型统称为非关系模型，出现较早，现在正逐渐被关系模型取代；关系模型虽出现相对较晚，但由于其优点很多，具有很强的实用性，一直被广泛使用。下面分别介绍这几种数据模型。

视频 1-3　常见的数据模型

1. 层次模型

层次模型（Hierarchical Model）用树形结构表示各类实体及实体间的联系。它是数据库领域中较早出现的数据模型。

层次模型的特点如下。

① 有且仅有一个节点无双亲节点，称为根节点；

② 除根节点之外的其他节点有且仅有一个双亲节点。

层次模型如图 1-14 所示。

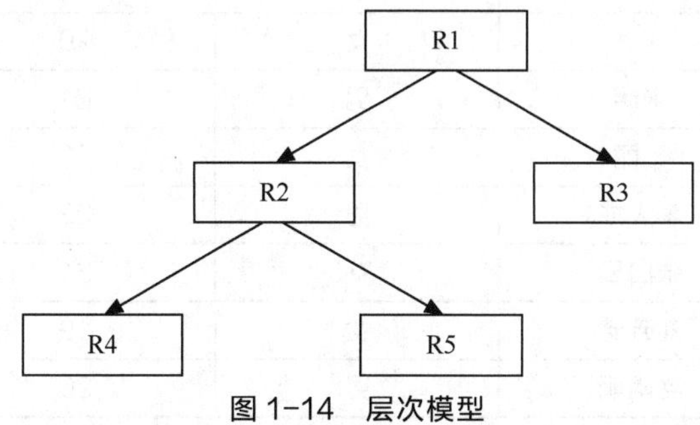

图 1-14 层次模型

在层次模型中，每个节点表示一个记录类型，记录类型之间的联系用节点之间的连线表示，这样就会导致层次模型只能表示 1:*n* 联系。尽管可以借助许多辅助手段实现 *m*:*n* 联系，但实现起来都比较复杂，不易掌握。

2. 网状模型

网状模型（Network Model）用网络结构表示各类实体及实体间的联系。

网状模型的特点如下。

① 允许一个以上的节点无双亲节点；

② 一个节点可以有多于一个的双亲节点。

网状模型有很多种，图 1-15 所示为几种典型的网状模型。

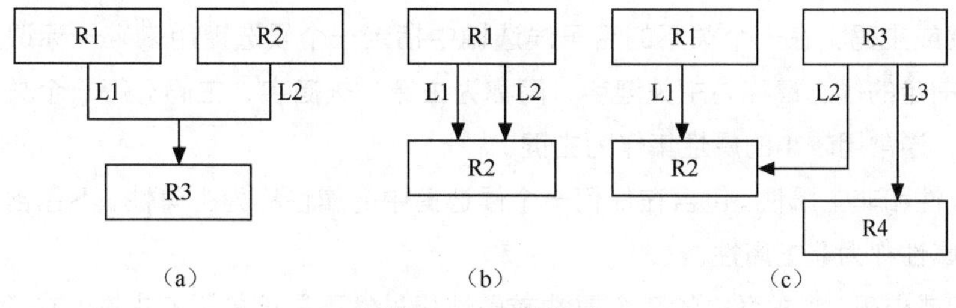

图 1-15 网状模型

在网状模型中，每个节点表示一个记录类型，每个记录类型可以包含若干个字段，节点之间的连线表示记录类型之间一对多的父子关系。

3. 关系模型

关系模型（Relational Model）用二维表的形式表示各类实体及实体间的联系。关系模型是非常重要的一种数据模型。

（1）关系模型的数据结构。

关系模型的数据结构就是一种二维表结构，它由行、列组成，如表 1-1 所示的学生信息表。

表 1-1　学生信息表

学号	姓名	性别	年龄	班级
J2011001	张三丰	男	20	201 班
J2011002	李静	女	20	201 班
J2011003	张明	男	21	201 班
J2021001	王丽	女	19	202 班
J2021002	李大成	男	22	202 班
J2021002	张白云	女	21	202 班
J2031003	刘芳芳	女	19	203 班
J2031003	赵明明	男	20	203 班

表中涉及一些常见术语，其解释如下。

① 关系（Relation）：一个关系对应一张二维表，二维表名就是关系名。

② 元组（Tuple）：表中的一行就是一个元组，也称为记录。

③ 属性：表中的一列称为一个属性，也称为字段。列的值就是属性值，属性值的取值范围为域。

④ 分量：每一行对应的列的属性值称为分量，即元组中的一个属性值。

⑤ 关系模式：对关系的描述称为关系模式。一般表示为关系名（属性 1，属性 2，…，属性 *n*）。

⑥ 候选键或候选码：关系中存在多个属性或属性集都能唯一标识该关系的元组，这些属性或属性集称为该关系的候选键或候选码。

⑦ 主键或主码：在一个关系的若干候选键中指定一个候选键用来唯一标识该关系的元组，这个被指定的候选键称为主关键字，简称为主键、关键字、主码。每一个关系都有且只有一个主键，通常用较小的属性集作为主键。

⑧ 主属性和非主属性：包含在任何一个候选键中的属性称为主属性，不包含在任何一个候选键中的属性称为非主属性。

⑨ 外键或外码：当关系中的某个属性或属性集虽然不是该关系的主键，或者只是主键的一部分，但它却是别的关系的主键时，则称其为外键或者外码。

（2）关系模型的数据操作与完整性约束条件。

关系模型的数据操作主要有查询、插入、删除和修改，进行这些操作必须满足关系模型的完整性约束条件。关系模型的完整性约束条件如下。

① 实体完整性规则（Entity Integrity Rule）：该规则要求关系中的元组在组成主键的属性上不能有空值且值必须唯一。

② 参照完整性规则（Reference Integrity Rule）：该规则用于约束相关联的数据表的数据保持一致。通过建立外键可以实现数据表之间的参照完整性。

③ 用户定义的完整性规则（User Defined Integrity Rule）：该规则为针对某一具体数据库的约束条件并由相关的应用环境确定。

（3）关系模型的优缺点。

关系模型的优点如下。

① 数据结构单一。在该模型中，不管是实体还是实体之间的联系，都用关系来表示，而每个关系都对应一张二维表，数据结构简单、清晰。

② 关系规范化，并建立在严格的数学理论基础之上。

③ 概念简单，用户容易理解和掌握、操作方便。

关系模型的缺点主要有：存储路径透明，查询效率不如非关系模型。

4．面向对象模型

面向对象模型（Object Oriented Model）采用面向对象的方法来设计数据库，其数据库存储的数据以对象为单位，每个对象由属性和方法组成，具有类和继承等特点。

（1）面向对象模型中的常见概念。

① 类（Class）：类是对客观世界中具有共同特征的事物的抽象。如学生是一个类、汽车也是一个类。

② 对象（Object）：对象是客观世界中概念化的实体，是类的具体表现。如一个学生、一辆汽车。

③ 封装（Encapsulation）：利用抽象数据类型将数据和数据的操作结合在一起，使其构成一个不可分割的独立实体，并且尽可能隐藏其内部的细节，只保留一些对外接口来与外部联系。

④ 继承（Inheritance）：在一个现有类的基础上构建一个新类，构建出来的新类被称作子类或派生类，现有类被称作父类或基类，子类会自动拥有父类所有可继承的属性和方法。

（2）面向对象模型的优点。

① 适合处理丰富的数据类型，如图片、声音、视频、文本、数字等。

② 开发效率高。面向对象模型具有强大的特性，如封装、继承、多态等，允许开发者不编写特定对象的代码就可以构建对象并提供解决方案，可有效地提高开发效率。

③ 数据访问的性能好。

（3）面向对象模型的缺点。

① 没有准确的定义。该模型很难提供一个准确的定义来说明面向对象的数据库管理系统应该建成什么样。

② 维护起来比较困难。当对象的定义被改变或移植到其他数据库时，维护起来比较困难。

③ 不适合所有应用。该模型更适合数据对象之间存在复杂关系的应用，并不适合所有应用。

1.6 关系数据库的规范化

视频 1-4 关系数据库的规范化

在设计关系数据库时，不是随便哪种关系模式设计方案都可行，更不是任何一种关系模式都可以投入应用，一个好的关系模式必须满足一定的规范化要求。在设计关系数据库时，每一个关系都要遵守相应的规范化要求。不同的规范化程度可用范式来衡量。范式（Normal Form）是符合某一级别的关系模式的集合，是衡量关系模式规范化程度的标准，满足范式的关系模式才是规范化的。范式可以分为多个等级：第一范式（1NF）、第二范式（2NF）、第三范式（3NF）、BC 范式（BCNF）、第四范式（4NF）、第五范式（5NF）等。满足最低要求的为第一范式，在第一范式基础上进一步满足一些要求的为第二范式，以此类推。通常情况下，将数据规范到第三范式就可以了。将第一范式、第二范式和第三范式应用到数据库设计中，能够减少数据冗余，消除插入异常、更新异常和删除异常。

1.6.1 第一范式

如果关系模式 R 中所有的属性都是不可分解的，则称该关系模式 R 满足第一范式（First Normal Form，1NF），记作 R∈1NF。

表 1-2 中的“联系方式”可以分成“系别”和“班级”两个属性，故不符合 1NF 的要求。如何将该表规范成符合 1NF 的要求呢？有两种方法，一种方法是将“联系方式”展开，如表 1-3 所示；另一种方法是将该关系分解为两个关系，如表 1-4 和表 1-5 所示。在关系数据库中，1NF 是对关系模式设计的最基本要求。

表 1-2 学生信息表（1）

学号	姓名	性别	年龄/岁	联系方式
X201001	张无忌	男	21	信息工程系 201 班
G202011	赵敏	女	20	工商管理系 202 班
J201007	郭靖	男	21	机电工程系 201 班

表 1-3 学生信息表（2）

学号	姓名	性别	年龄/岁	系别	班级
X201001	张无忌	男	21	信息工程系	201 班
G202011	赵敏	女	20	工商管理系	202 班
J201007	郭靖	男	21	机电工程系	201 班

表 1-4 学生信息表（3）

学号	姓名	性别	年龄/岁
X201001	张无忌	男	21
G202011	赵敏	女	20
J201007	郭靖	男	21

表 1-5 联系方式表

学号	系别	班级
X201001	信息工程系	201 班
G202011	工商管理系	202 班
J201007	机电工程系	201 班

1.6.2 第二范式

在学习第二范式（Second Normal Form，2NF）之前，需要先了解一下函数依赖、完全函数依赖和部分函数依赖的概念。

通俗地讲，假设 A、B 是关系模式 R 中的两个属性或属性集，若 A 的值一旦确定，B 的值就能唯一确定，则称 A 函数确定 B 或 B 函数依赖于 A，记作 A→B。例如，对于教学关系（学号，姓名，年龄，性别，系别，系主任，课程名，成绩），其中“学号”的值一旦确定，“姓名”的值也就唯一确定了，“姓名”函数依赖于“学号”，记作学号→姓名。此关系模式中的函数依赖还有：学号→年龄，学号→性别，学号→系别，学号→系主任，系别→系主任，（学号，课程名）→成绩，（学号，姓名）→系别，等等。

如果 A→B 是 R 的一个函数依赖，且对于 A 的任何一个真子集 A'，A' →B 都不成立，则称 A→B 是完全函数依赖。反之，如果 A' →B 成立，则称 A→B 是部分函数依赖。例如，在教学关系中，对于（学号，课程名）→成绩这个函数依赖，学号→成绩和课程名→成绩都不成立，所以（学号，课程名）→成绩是完全函数依赖；而对于（学号，姓名）→系名这个函数依赖，学号→系别成立，所以（学号，姓名）→系别是部分函数依赖。

那么什么是 2NF 呢？

如果一个关系模式 R∈1NF，且 R 中的每一个非主属性都完全函数依赖于主码，则称该关系模式 R 满足 2NF，记作 R∈2NF。

例如表 1-3 所示的学生信息表，“学号”能唯一地标识出该表中的元组，所以“学号”是该表的主码。“学号”为“X201001”的学生姓名是“张无忌”，学生姓名完全能由“学号”来确定，也就是说有一个“学号”就会有且只有一个“姓名”与它对应，则称“姓名”完全函数依赖“学号”，也可以说“学号”确定“姓名”。同理，表 1-3 中的“性别”“年龄”“系别”“班级”也完全函数依赖于“学号”，符合 2NF 的要求。

2NF 是在 1NF 的基础上建立起来的，要求实体的非主属性必须完全函数依赖于主码，不能存在仅依赖主码一部分的属性，如果存在则要把这个属性和主码的这一部分分离出来形成一个新的关系。例如，在学生成绩表（学号，姓名，课程号，课程名，成绩）中，“学号”和“课程号”组成主码，“成绩”完全函数依赖于该主码，但是“姓名”和“课程名”都只是部分函数依赖于主码，“姓名”由“学号”确定，并不需要“课程号”，而“课程名”由“课程号”确定，并不依赖于“学号”。所以该关系模式不符合 2NF，可以将其分解为以下 3 个符合 2NF 的关系模式：

（1）学生信息表（学号，姓名）；

（2）课程信息表（课程号，课程名）；

（3）成绩表（学号，课程号，成绩）。

不满足 2NF 的关系模式会出现诸如插入异常、删除异常和修改复杂等问题。

1.6.3 第三范式

如果一个关系模式 R∈2NF，且 R 中的每个非主属性都不传递函数依赖于主码，则称该关系模式 R 满足第三范式（Third Normal Form，3NF），记作 R∈3NF。

传递函数依赖是指，假设 A、B、C 是关系模式 R 中的 3 个属性或属性集，如果 A→B，B⊊A，B ↛A，B→C，则称 C 对 A 传递函数依赖，记作 A→C。

例如，在学生信息表（学号，姓名，年龄，班级号，班主任）中，“班主任”依赖于“学号”。“班主任”对“学号”的依赖，是因为“班主任”依赖于“班级号”、“班级号”依赖于“学号”而产生的。这样就存在传递依赖，因此不符合 3NF。

要想让这个关系模式符合 3NF，可以将其分解为以下两个关系模式：

（1）学生信息表（学号，姓名，年龄，班级号）；

（2）班级信息表（班级号，班主任）。

1.7 数据库设计

数据库设计会因为数据库应用系统的复杂性而变得异常复杂，因此最佳设计就是一种“反复探寻，逐步求精”的过程，也就是规划和结构化数据库中的数据对象以及这些数据对象之间关系的过程。

1.7.1 数据库设计概述

数据库设计是建立数据库及其应用系统的技术，是信息系统开发过程中的关键技术。数据库设计的主要任务是对一个给定的应用环境，根据用户的各种需求，构造出最优的数据库模式，建立数据库及其应用系统，使之能够有效地对数据进行管理。数据库设计的内容主要有两个方面，分别是结构特性设计和行为特性设计。结构特性设计是指确定数据库的数据模

视频 1-5 数据库设计（1）

型，在满足用户要求的前提下尽可能地减少数据冗余，实现数据共享。行为特性设计是指确定数据库应用的行为，数据库应用的行为由应用程序体现，所以行为特性设计主要是应用程序的设计。在数据库领域中，通常会把使用数据库的各类系统称为数据库应用系统。因此，在进行数据库设计时，要和应用系统的设计紧密联系起来，也就是把结构特性设计和行为特性设计紧密结合起来。

针对数据库设计，人们不断地研究与探索，在不同阶段从不同角度提出了各种数据库设计方法，运用软件工程的思想，提出了各种设计准则和规程，符合一定准则和规程的数据库设计方法，都属于规范设计法。依据规范设计法，考虑数据库及其应用系统开发的全过程，人们将数据库设计分为 6 个阶段，即需求分析、概念结构设计、逻辑结构设计、数据库物理设计、数据库实施、数据库运行和维护，具体步骤如图 1-16 所示。

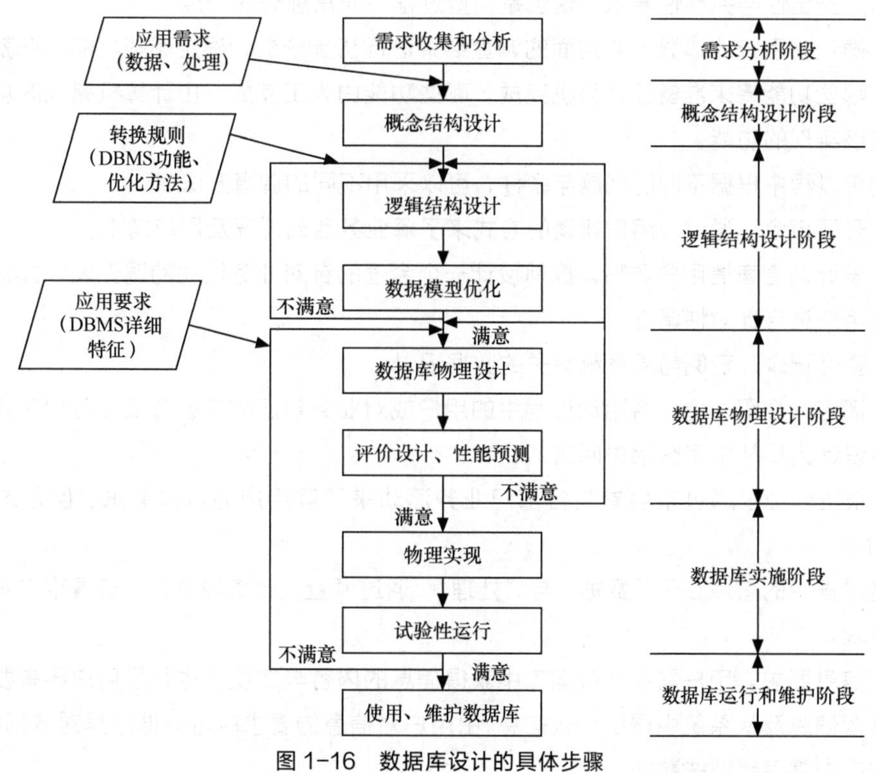

图 1-16　数据库设计的具体步骤

1.7.2　需求分析

需求分析就是分析用户的各种需求。进行数据库设计首先必须充分地了解和分析用户需求（包括数据与处理）。作为整个设计过程的起点，需求分析是否充分和准确，决定了在其基础上构建数据库的速度与质量。需求分析没做好，会导致整个数据库设计不合理、不实用，必须重新设计。

需求分析的任务，就是对现实世界要处理的对象进行详细调查，充分了解现有系统的工作情况或人工处理工作中存在的问题，尽可能多地收集数据，明确用户的各种实际需求，然后在此基础上确定新的系统功能，设计新系统还要充分考虑今后可能的扩充与改变，不能仅按当前应用需求来设计。

调查用户实际需求通常按以下步骤进行。

（1）调查现实世界的组织机构情况。确定数据库与组织机构中的哪些部门相关，了解这些部门的组成情况及职责，为分析信息流程做准备。

（2）调查相关部门的业务活动情况。相关部门需要输入和使用什么数据，这些数据该如何处理，各部门需要输出哪些信息，这些信息输出到哪些部门，输出信息的格式是什么，这些都是调查的重点。

（3）在熟悉业务活动的基础上，协助用户明确对新系统的各种实际需求，包括信息要求、处理要求、安全性与完整性要求，这也是调查过程中非常重要的一点。

（4）确定新系统的边界。对前面的调查结果进行初步分析，确定哪些功能现在就由计算机完成，哪些功能将来准备让计算机完成，哪些功能由人工完成。由计算机完成的功能就是新系统应该实现的功能。

在调查过程中根据不同的问题与条件，可以采用不同的调查方法。

（1）开调查会。通过与用户座谈的方式来了解业务活动情况及用户需求。

（2）设计调查表请用户填写。提前设计一个合理的针对业务活动的调查表，并将此表发给相关的用户进行针对性调查。

（3）查阅记录。查阅与原系统有关的数据记录。

（4）请专人介绍。请业务活动过程中的用户或对业务熟悉的专家介绍业务相关知识和活动情况，设计人员从中了解相关问题。

（5）跟班作业。通过亲自参与各部门业务活动来了解用户的具体需求，但是这种方法比较耗时。

调查过程中的重点在于“数据”与“处理”。通过调查、收集与分析，获得用户对数据库的如下要求。

（1）信息要求。用户需要从数据库中获得信息的内容与实质，也就是用户将来要往系统中输入什么信息及从系统中得到什么信息，由用户对信息的要求就可以推出其对数据的要求，即在数据库中需存储哪些数据。

（2）处理要求。用户要实现哪些数据处理功能，对数据处理响应时间有什么样的要求及要采用什么样的数据处理方式。

（3）安全性与完整性要求。数据的安全性措施和存取控制要求，数据自身的或数据间的约束限制。

了解用户的实际需求以后，还需要进一步分析和表达用户的需求。在众多的分析方法中，结构化分析（Structured Analysis，SA）方法是一种简单、实用的方法。SA方法从最上层的系统组织结构入手，采用自顶向下、逐层分解的方式分析系统。

经过需求分析阶段后会形成系统需求说明书，说明书中要包含数据流图、数据字典、各类数据的统计表格、系统功能结构图和必要的说明。该说明书在数据库设计的全过程中非常重要，是各阶段设计所依据的文档。

1.7.3 概念结构设计

概念结构设计是整个数据库设计的关键，是将需求分析阶段得到的用户需求进行总结、归纳，并抽象成信息结构即概念模型的过程。

概念结构设计通常有 4 类方法。

（1）自顶向下。首先定义全局概念结构的框架，再逐步细化。

（2）自底向上。首先定义各局部应用的概念结构，再按一定规则将它们集成起来，最后得到全局概念结构。

（3）逐步扩张。首先定义核心概念结构，然后向外扩张，以“滚雪球”的方式逐步生成其他概念结构，直至得到全局概念结构。

（4）混合策略。将自顶向下和自底向上相结合，先用自顶向下方法设计一个全局概念结构的框架，再以它为框架集成由自底向上方法设计的各局部概念结构。

在设计过程中通常先自顶向下进行需求分析，再自底向上设计概念结构。其方法如图 1-17 所示。

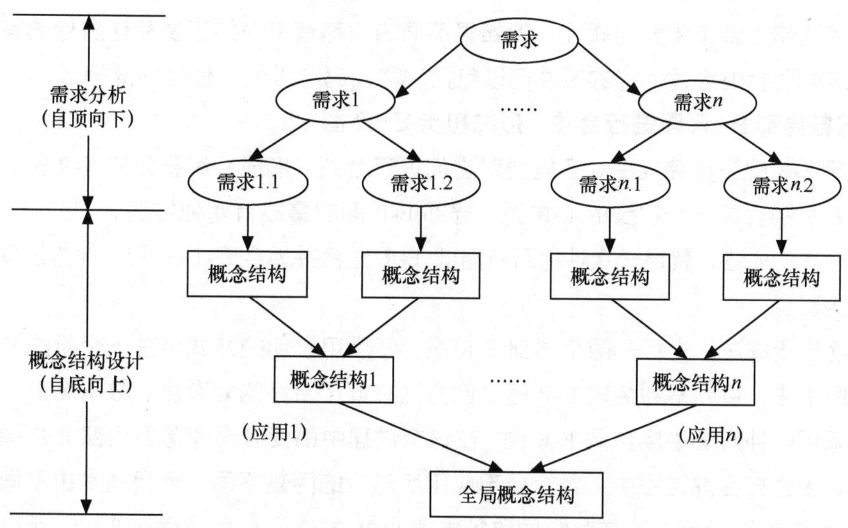

图 1-17　自顶向下需求分析与自底向上概念结构设计

概念结构设计主要应用 E-R 图来完成。按照图 1-17 所示的自顶向下进行需求分析与自底向上进行概念结构设计的方法，概念结构的设计可以按照以下步骤进行。

1. 对数据进行抽象并设计局部 E-R 图

概念结构是对现实世界的一种抽象。抽象就是从众多的事物中把所需要的共同特性抽取出来而忽略非本质的内容，并把这些共同特性用概念精准地描述出来，组成模型。抽象通常有 3 种方法。

（1）分类（Classification）：定义某一类概念作为现实世界中一组对象的类型，这些对象具有某些共同的特性和行为。在 E-R 模型中，实体型就是这种抽象。例如，张三丰是学生，具有学生们共同的特性和行为。

（2）聚集（Aggregation）：定义某一类型的组成成分。在 E-R 模型中若干属性的聚集组成了实体型，例如学生有学号、姓名、系别、专业、班级等属性。有时某一类型的组成成分也可能是一个聚集，例如部门有部门名称、位置及经理等属性，而经理又有姓名、年龄、性别等属性。

（3）概括（Generalization）：定义类型之间的一种子集联系。例如学生是实体型，小学生、本科生也是实体型，但小学生和本科生均是学生的子集。

概念结构设计首先要利用上面的抽象方法对在需求分析阶段收集到的数据进行分类、组织（聚集），形成实体型、属性和码，确定实体型之间的联系类型（一对一、一对多或多对多），进而设计局部 E-R 图。在设计的过程中应该遵循这样一个原则：现实世界中的事物能作为属性对待的尽量作为属性对待。这点可以按以下两条准则来考虑。

（1）作为属性，不能再具有需要描述的性质，也就是属性是不可分的数据项。

（2）属性不能与其他实体型有联系，即 E-R 图所表示的联系是实体型之间的联系。

对于现实世界中的事物，只要满足以上两条准则，通常可将其作为属性对待。例如，职工是一个实体型，可以包括职工号、姓名、年龄等属性，如果职称不与工资、住房标准等相关就可以将其作为该实体型的属性，但如果不同的职称有不同的工资和住房标准等，则职称作为一个实体型会更合适，它的属性可以包括职称代码、工资、住房标准等。

2. 将各局部 E-R 图进行合并，形成初步 E-R 图

各局部 E-R 图设计完成后，还需要对它们进行合并，形成系统整体的 E-R 图，当然，形成的这个 E-R 图只是一个初步的 E-R 图。局部 E-R 图的集成有两种方法。

（1）一次集成法，就是一次性将所有局部 E-R 图合并为全局 E-R 图。此方法操作比较复杂，不易实现。

（2）逐步集成法，先合并两个局部 E-R 图，然后用累加的方式合并一个新的 E-R 图，这样一直继续下去，直到得到全局 E-R 图。此方法降低了合并的复杂度、效率高。

无论采用哪种方法生成全局 E-R 图，在这个过程中都要考虑消除各局部 E-R 图之间的冲突和冗余。因为在合并过程中，各个局部应用所对应的问题不同，而且通常由不同的设计人员进行局部 E-R 图设计，这样就会导致各局部 E-R 图之间有可能存在冲突，所以合并局部 E-R 图时要注意消除各局部 E-R 图中的不一致，以形成一个能被全系统所有用户共同理解和接受的统一概念模型。各局部 E-R 图之间的冲突主要有 3 类。

（1）属性冲突。主要包括：属性域冲突，即属性值的类型、取值范围不同。例如“年龄”，有的部门用日期表示，有的部门用整数表示；属性取值单位冲突，例如“体重”，有的部门以公斤为单位，有的部门以斤为单位。该冲突需要各部门协商解决。

（2）命名冲突。主要包括：同名异义，即意义不同的对象在不同的局部应用中具有相同的名字；异名同义（一义多名），即意义相同的对象在不同的局部应用中有不同的名字。例如，

“单位”可以表示职工所在的部门，也可以表示物品的质量或体积等属性；对于“项目”，有的部门称为项目，而有的部门称为课题。该冲突也可以通过讨论、协商来解决。

（3）结构冲突。主要包括：同一对象在不同的局部应用中具有不同的抽象。例如，“职称”在某一局部应用中作为实体，在另一局部应用中作为属性。解决该冲突的方法就是把属性变为实体或把实体变为属性，使同一对象具有相同的抽象。

另外，同一实体在不同局部 E-R 图中的属性个数和排列顺序也可能不完全一致。其解决方法是使该实体的属性取各局部 E-R 图中属性的并集，再适当调整属性的顺序。

此外，实体之间的联系也可能在不同的局部 E-R 图中呈现不同的类型。例如 E1 与 E2 在一个局部 E-R 图中是一对一联系，而在另一个局部 E-R 图中是多对多联系；又或者在一个局部 E-R 图中 E1 与 E2 有联系，而在另一个局部 E-R 图中 E1、E2 和 E3 三者之间有联系。其解决方法是根据应用的语义对实体联系的类型进行整合或调整。

3．消除不必要的冗余，形成基本 E-R 图

在合并后的初步 E-R 图中，可能存在冗余的数据和冗余的联系。冗余的数据是指可由基本数据导出的数据，冗余的联系是指可由其他联系导出的联系。冗余的数据和联系会破坏数据库的完整性，增加数据库维护的难度，应该消除。但是，并不是所有的冗余都要消除，有时为了提高效率是可以允许冗余的存在的。因此在概念结构设计阶段，哪些冗余信息要消除，哪些可以保留，需要根据用户的整体需求来确定。消除了冗余的初步 E-R 图称为基本 E-R 图，它代表了用户的数据要求，决定了下一步的逻辑结构设计，是成功创建数据库的关键。

1.7.4 逻辑结构设计

在概念结构设计阶段得到的 E-R 图是反映了用户需求的模型，它独立于任何一种数据模型，独立于任何一个数据库管理系统。逻辑结构设计阶段的任务就是将概念结构设计阶段设计好的基本 E-R 图转换为与选用的数据库管理系统产品所支持的数据模型相符合的逻辑结构。

视频 1-6 数据库设计（2）

目前的数据库应用系统通常采用支持关系模型的关系数据库管理系统，所以这里只讨论关系数据库的逻辑结构设计，也就是只介绍将 E-R 图转换为关系模型的原则与方法。

关系模型的逻辑结构是一组关系模式的集合。概念结构设计阶段得到的 E-R 图是由实体、实体的属性和实体间的联系 3 个要素组成的。所以 E-R 图向关系模型的转换要解决的问题是如何将实体、实体的属性和实体间的联系转换为关系模式。在转换过程中要遵循的原则如下。

（1）将一个实体型转换为一个关系模式，实体的属性就是关系的属性，实体的码就是关系的码。

（2）可以将 1:1 联系转换为一个独立的关系模式，也可以与任意一端对应的关系模式合并。若为前者，则与该联系相连的各实体的码及联系本身的属性均转换为关系的属性，且每个实体的码均是该关系的候选码；若为后者，则需要在某一关系模式的属性中加入另一个关系模式的码和联系本身的属性。

【例 1-1】将图 1-18 所示的含有 1:1 联系的 E-R 图按上述规则转换为关系模式。

方案 1——将联系转换为一个独立的关系模式：

职工（职工号，姓名，年龄）；

产品（产品号，产品名，价格）；

负责（职工号，产品号）。

方案 2——“负责”与“职工”关系模式合并：

职工（职工号，姓名，年龄，产品号）；

产品（产品号，产品名，价格）。

方案 3——“负责”与“产品”关系模式合并：

职工（职工号，姓名，年龄）；

产品（产品号，产品名，价格，职工号）。

（3）可以将 1:*n* 联系转换为一个独立的关系模式，也可以与联系 *n* 端对应的关系模式合并。如果为前者，则与该联系相连的各实体的码及联系本身的属性均转换为关系的属性，而关系的码为 *n* 端实体的码；如果为后者，可以在 *n* 端实体中增加由联系对应的 1 端实体的码和联系的属性构成的新属性，新增属性后原关系的码不变。

【例 1-2】将图 1-19 所示的含有 1∶*n* 联系的 E-R 图转换为关系模式。

方案 1——将联系转换为一个独立的关系模式：

仓库（仓库号，地点，面积）；

产品（产品号，产品名，价格）；

仓储（仓库号，产品号，数量）。

方案 2——与 *n* 端对应的关系模式合并：

仓库（仓库号，地点，面积）；

产品（产品号，产品名，价格，仓库号，数量）。

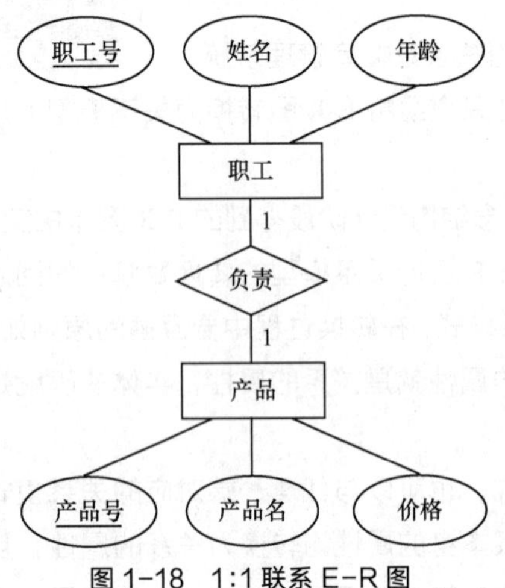

图 1-18　1:1 联系 E-R 图

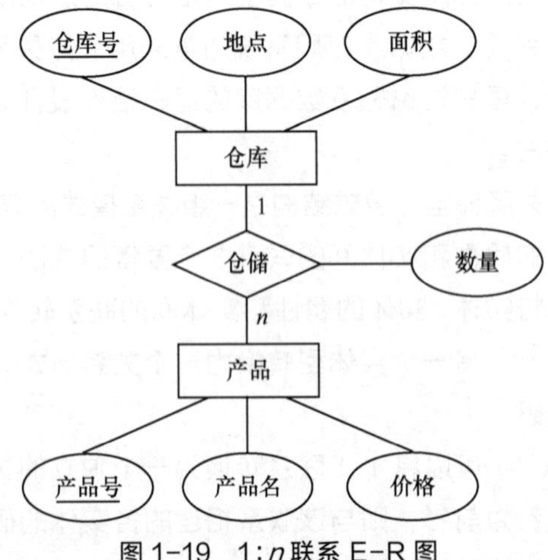

图 1-19　1:*n* 联系 E-R 图

（4）可以将 $m:n$ 联系转换为一个关系模式。与该联系相连的各实体的码以及联系本身的属性均转换为关系的属性，关系的码为各个实体码的组合。

【例 1-3】将图 1-20 所示的含有 $m:n$ 联系的 E-R 图转换为关系模式。

转换后的关系模式为：

学生（学号，姓名，年龄，性别）；

课程（课程号，课程名，学时数）；

选修（学号，课程号，成绩）。

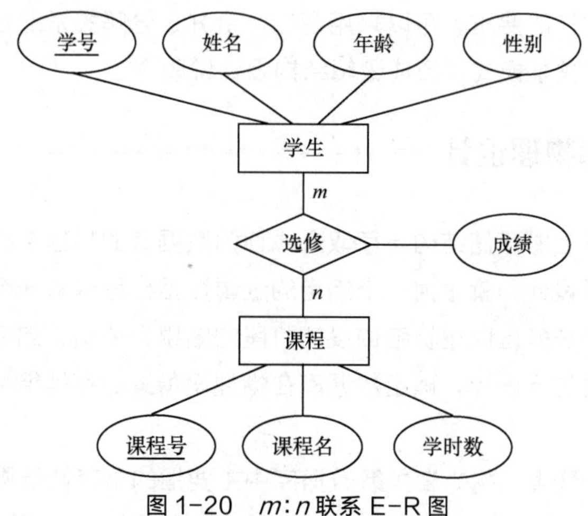

图 1-20　$m:n$ 联系 E-R 图

（5）3 个或 3 个以上实体间的一个多元联系，可以转换为一个关系模式。与该多元联系相连的各实体的码以及联系本身的属性均转换为关系的属性，而关系的码由与联系相连的各个实体的码组合而成。

【例 1-4】将图 1-21 所示的含有多实体间 $m:n$ 联系的 E-R 图转换为关系模式。

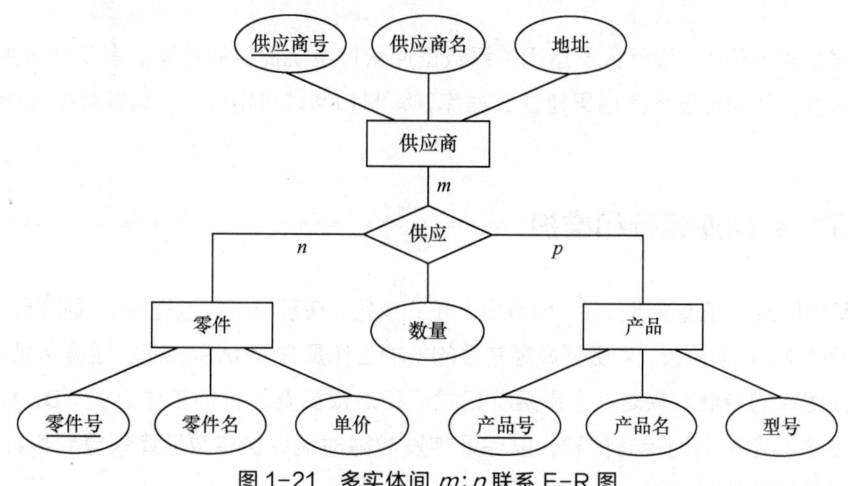

图 1-21　多实体间 $m:n$ 联系 E-R 图

转换后的关系模式为：

供应商（供应商号，供应商名，地址）；

零件（零件号，零件名，单价）；

产品（产品号，产品名，型号）；

供应（供应商号，零件号，产品号，数量）。

（6）具有相同码的关系模式可以合并。

遵循以上 6 项原则就可以将 E-R 图转换成关系模式，但逻辑结构设计的结果并不是唯一的。为了进一步提高数据库应用系统的性能，还应该根据客观需要对结果进行规范化处理，消除异常，改善完整性、一致性，提高存储效率。除此之外，还要从功能及性能角度评价数据库模式是否能满足用户的要求，可以采用增加、合并、分解关系的方法优化数据模型的结构，最后得到规范化的关系模式，形成逻辑结构设计说明书。

1.7.5 数据库物理设计

数据库在物理设备上的存储结构与存取方式称为数据库的物理结构，它与给定的计算机系统相关。数据库物理设计，就是为一个给定的逻辑数据模型选取一个满足应用要求的物理结构的过程。此阶段的任务是以逻辑结构设计阶段的结果为依据，结合具体的数据库管理系统特点与存储设备特性进行设计，确定数据库在物理设备上的存储结构和存取方式。该阶段分以下两步来进行。

（1）确定数据库的物理结构，在关系数据库中主要指的是存储结构与存取方式。

（2）从时间效率和空间效率两个方面来对数据库的物理结构进行评价。

如果评价结果满足原设计要求，则进入数据库实施阶段，否则需要修改，甚至重新设计物理结构，如果还不能满足要求甚至要回到逻辑结构设计阶段修改数据模型。

1.7.6 数据库实施

在数据库实施阶段，设计人员运用关系数据库管理系统提供的数据语言及其宿主语言，根据逻辑结构设计和物理设计的结果建立数据库，编制和调试应用程序，组织数据入库，并进行试运行。

1.7.7 数据库运行和维护

数据库应用系统经过试运行后，即可投入正式运行，在系统运行过程中必须不断对其进行评价、调整和修改。在该阶段，对数据库经常性的维护工作是由 DBA 完成的，主要包括以下几点。

（1）数据库的转储和恢复，它是系统正式运行后最重要的维护工作之一。DBA 要针对不同的应用要求制定不同的转储计划，以保证突发故障时能尽快将数据库恢复到某种一致的状态，并将对数据库的破坏程度降到最低。

（2）数据库的安全性、完整性控制。数据库在运行过程中，安全性要求会发生变化，此时 DBA 要根据实际情况修改原有的安全性控制。同样地，数据库的完整性约束条件也会发生变化，需要 DBA 及时修改，以满足用户要求。

（3）数据库性能的监督、分析和改造。运行过程中，监督系统运行，对监测数据进行分析，找出改进系统性能的方法是 DBA 的又一重要任务。DBA 对这些数据要认真分析，判断当前系统运行状况是否需要改进以达到最佳状态。

（4）数据库的重组和重构。数据库运行一段时间后，由于不断地进行增、删、改操作，会导致数据库的物理存储情况变坏、数据的存取效率降低、数据库的性能下降，这时 DBA 就需要对数据库进行部分重组（只针对频繁改动的数据表进行）。重组，就是按原设计要求重新安排存储位置、回收垃圾、减少指针链等，使系统性能得以提高。数据库的重组并不修改原设计的逻辑和物理结构，但数据库的重构需要部分修改数据库的模式和内模式。

数据库设计过程就是以上步骤的不断反复的过程。

1.7.8 数据库设计案例

本小节以学生选课管理系统的数据库设计为例进行介绍。设计时做了一定的简化，忽略了一些异常情况，旨在重点阐述数据库设计步骤。

1. 基本需求分析

某学校需要开发一个学生选课管理系统。为了收集数据库需要的信息，设计人员与系统使用人员通过交谈、填写调查表等方式进行了系统的需求调研，得出系统要实现的功能有：学生可以通过该系统查看所有选修课程的相关信息，包括课程号、课程名、学时、学分，然后选择要选修的课程（一个学生可以选修多门课程，一门课程可以被多个学生选修）；学生可以通过该系统查看相关授课教师的信息，包括工号、姓名、性别、学历、职称；教师可以通过该系统查看选修自己课程的学生的信息，包括学号、姓名、性别、出生日期、班级（假定本校一个教师可以教授多门课程，一门课程只能由一个教师教授）；在考试结束后，教师可以通过该系统录入学生的考试成绩，学生可以通过该系统查看自己的考试成绩。

2. 概念结构设计

（1）通过分析，得到该系统中的实体以及实体的属性，如图 1-22 所示。

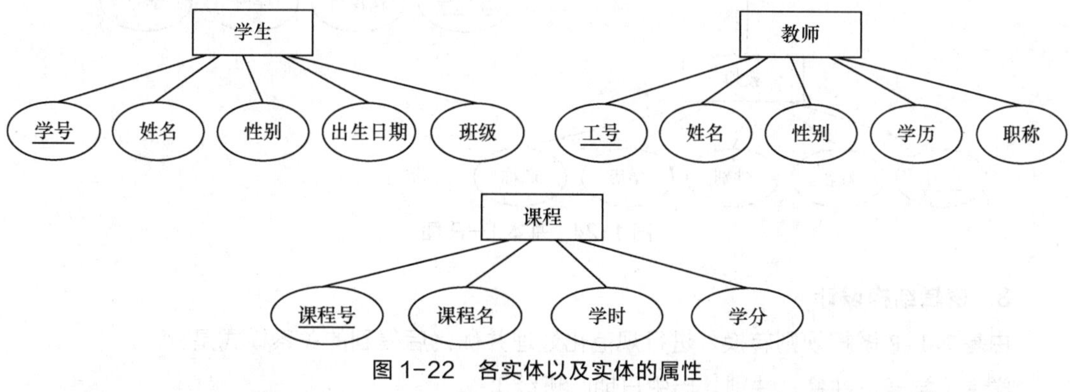

图 1-22　各实体以及实体的属性

（2）根据实体间的联系画出各局部 E-R 图，如图 1-23 所示。

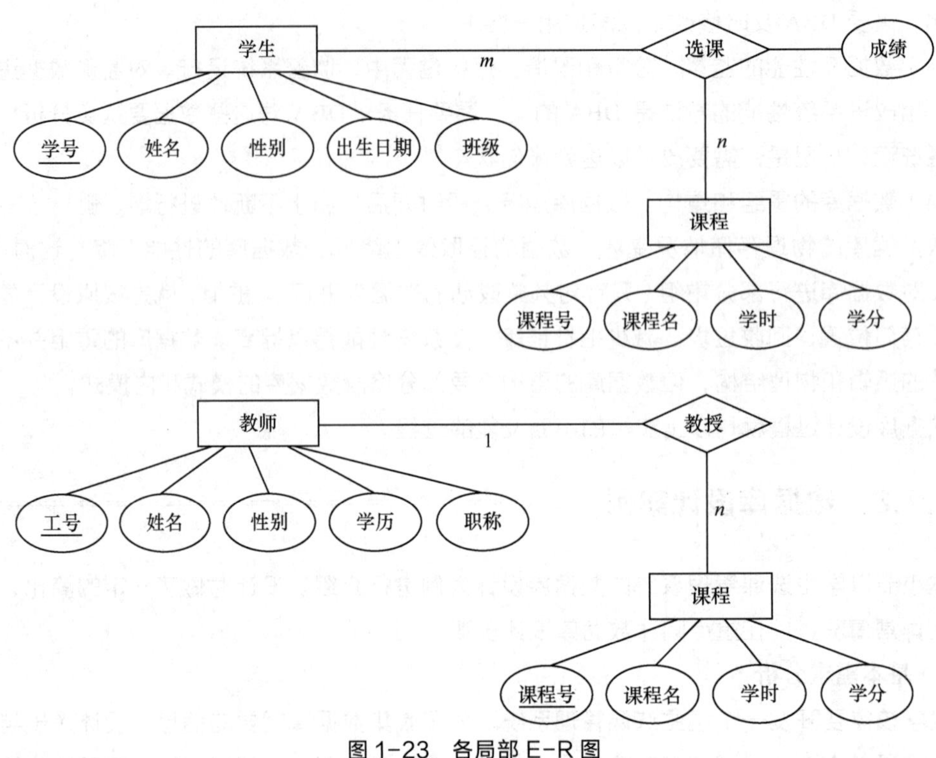

图 1-23　各局部 E-R 图

（3）将各局部 E-R 图进行合并，消除冗余后，形成基本 E-R 图，如图 1-24 所示。

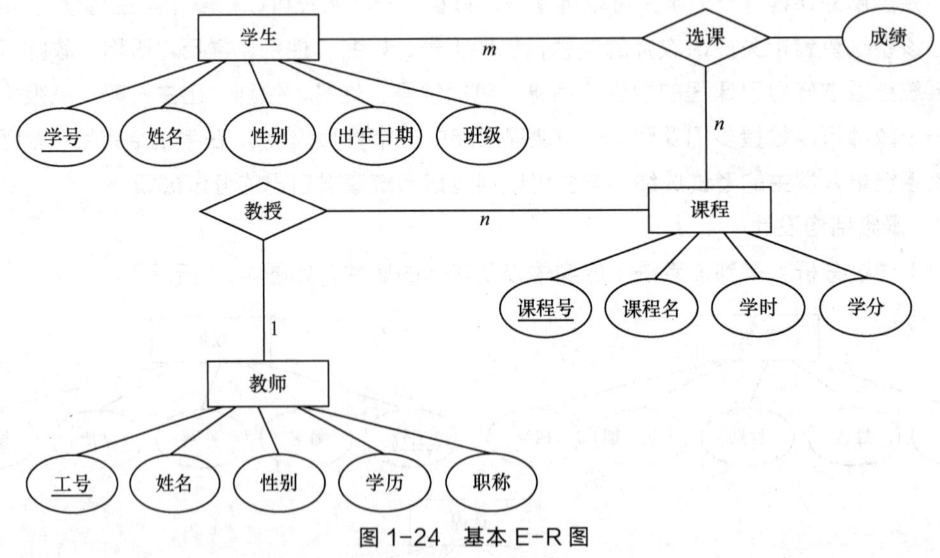

图 1-24　基本 E-R 图

3. 逻辑结构设计

由基本 E-R 图按规则转换、进行规范化处理并优化后得到的关系模式是：

学生（学号，姓名，性别，出生日期，班级）；

教师（工号，姓名，性别，学历，职称）；

课程（课程号，课程名，学时，学分，工号）；

选课（学号，课程号，成绩）。

4. 数据库物理设计

学生表、教师表、课程表、选课表对应的表结构如表 1-6～表 1-9 所示。

表 1-6 学生表（studentinfo 表）结构

序号	字段名	数据类型	是否允许为空	约束	备注
1	sno	CHAR(8)	不能为空	主键	学号
2	sname	VARCHAR(10)	不能为空		姓名
3	sgender	CHAR(1)			性别
4	sbirth	DATETIME			出生日期
5	sclass	VARCHAR(20)			班级

表 1-7 教师表（teacher 表）结构

序号	字段名	数据类型	是否允许为空	约束	备注
1	tno	CHAR(4)	不能为空	主键	工号
2	tname	VARCHAR(10)	不能为空		姓名
3	tgender	CHAR(1)			性别
4	tedu	VARCHAR(10)			学历
5	tpro	VARCHAR(8)			职称

表 1-8 课程表（course 表）结构

序号	字段名	数据类型	是否允许为空	约束	备注
1	cno	CHAR(4)	不能为空	主键	课程号
2	cname	VARCHAR(40)		唯一约束	课程名
3	cperiod	INT			学时
4	credit	DECIMAL(3,1)			学分
5	ctno	CHAR(4)		是教师表工号的外键	工号

表 1-9 选课表（elective 表）结构

序号	字段名	数据类型	是否允许为空	约束	备注
1	sno	CHAR(8)		主键（学号，课程号），其中学号是学生表学号的外键，课程号是课程表课程号的外键	学号
2	cno	CHAR(4)			课程号
3	score	INT			成绩

在数据库系统中建立对应的表，填充一定的测试数据后就可以试运行系统，如无问题即可正式投入使用，后期只需做好更新和维护工作。

本章小结

- 数据库基本概念主要有：信息、数据、数据库、数据库管理系统、数据库系统。
- 常见的数据库管理系统主要有：Oracle、SQL Server、MySQL、DB2、Access、SQLite。
- 数据库管理技术的发展：人工管理阶段、文件系统阶段和数据库系统阶段。
- 概念模型及E-R图表示法。
- 常见的数据模型：层次模型、网状模型、关系模型和面向对象模型。
- 关系数据库的规范化：1NF、2NF、3NF。
- 数据库设计步骤：需求分析、概念结构设计、逻辑结构设计、数据库物理设计、数据库实施、数据库运行和维护。

实训项目

项目：网上书店数据库

网上书店数据库包含4张表，其表结构如表1-10～表1-13所示。

表1-10 会员表结构

会员编号	会员昵称	电子邮箱	联系电话	积分

表1-11 图书表结构

图书编号	图书名称	作者	价格	出版社	折扣	图书类别

表1-12 图书类别表结构

类别编号	类别名称

表1-13 订购表结构

图书编号	会员编号	订购量	订购日期	发货日期

针对该数据库系统执行如下操作。

（1）根据各表结构，写出对应的关系模式。

（2）判断（1）中得到的各个关系模式分别属于1NF、2NF、3NF中的哪一个？

（3）根据（1）中得出的关系模式，画出其对应的E-R图。

（4）写出该数据库系统详细的需求分析结果。

课后习题

一、问答题

1. 关系数据库管理系统有哪些？
2. 举例说明什么是一对多联系、多对多联系。
3. 什么是 E-R 图？简述 E-R 图的绘制步骤。
4. 常见的数据模型有哪些？各有什么优缺点？
5. 数据库设计的过程包括哪些阶段，各阶段的主要任务是什么？
6. 如何减少数据冗余？
7. 什么是 1NF、2NF、3NF？

二、名词解释

1. 数据库。
2. 数据库管理系统。
3. 数据库系统。
4. 实体。
5. 实体型。
6. 实体集。
7. 联系。
8. 属性。
9. 域。
10. 码。
11. 关系模式。

第2章 MySQL基础

02

本章目标

- 了解 MySQL 的发展史和特点。
- 掌握在 Windows 平台和 Linux 平台上安装、配置 MySQL 的方法。
- 掌握 MySQL 的启动、登录以及修改配置的方法。

2.1 MySQL 概述

学习 MySQL 数据库之前，需要对 MySQL 数据库有一个总体的认识。本节将对 MySQL 数据库的发展史和特点进行详细的讲解。

视频 2-1
MySQL 的发展史、特点及安装与配置

2.1.1 MySQL 发展史

MySQL 最早来源于 MySQL AB 公司的 ISAM 与 mSQL 项目（主要用于数据仓库场景），于 1996 年前后发布第一个版本 MySQL 1.0，该版本只支持 SQL 特性，不支持事务。

随后 MySQL 正式发布 3.11.1 版本，这是第一个对外提供服务的版本，MySQL 主从复制功能也在这个时候加入 MySQL。

2000 年 4 月，InnoDB 引擎出现，并被尝试加入 MySQL 中。

2003 年 12 月，MySQL 5.0 发布，它提供了视图、存储过程等功能。

2008 年 1 月，MySQL AB 公司被 Sun 公司收购，自此 MySQL 数据库进入“Sun 时代”。Sun 公司对其进行了大量的推广、优化、Bug 修复等工作。

2008 年 11 月，MySQL 5.1 发布，它提供了分区、事件管理，以及基于行的复制和基于磁盘的 NDB 集群系统，同时修复了大量的 Bug。

2009 年 4 月，Oracle 公司收购 Sun 公司，自此 MySQL 数据库进入“Oracle”时代，而其第三方的存储引擎 InnoDB 早在 2005 年就被 Oracle 公司收购。

2010 年 12 月，MySQL 5.5 发布，其主要的新特性包括半同步的复制以及对 SIGNAL/RESIGNAL 的异常处理功能的支持，最重要的是 InnoDB 存储引擎变为当前 MySQL 的默认存储引擎。MySQL 5.5 不是时隔两年后的一次简单的版本更新，其加强了 MySQL 各个方面在企业级的特性。Oracle 公司同时承诺 MySQL 5.5 和未来版本仍是采用 GPL（General Public License，通用公共许可证）授权的开源产品。这个版本也是目前已知使用最广泛的 MySQL 版本，并且到目前为止，已知的 MySQL 第三方发行版，基本上都是从这一版本开始做独立分支的。由于 MySQL 5.5 被广泛使用，到目前为止，Oracle 公司仍然在对这个版本进行维护。

2011 年 4 月，MySQL 5.6 发布，作为被 Oracle 公司收购后，第一个正式发布并做了大量变更的版本（5.5 版本主要是对社区开发的功能的集成），对复制模式、优化器等做了大量的变更，其中非常重要的主从（Global Transaction ID，GTID）复制模式，大大降低了 MySQL 高可用操作的复杂性。由于对源代码进行了大量的调整，直到 2013 年，5.6GA 版本才正式发布。

2013 年 4 月，5.6GA 版本发布后，新特性的变更开始作为独立的 5.7 分支进行进一步开发，在并行控制、并行复制等方面进行了大量的优化调整，正式 5.7GA 版本于 2015 年 10 月发布，这个版本也是到目前为止（截至本书完稿）最新的稳定版本分支。

2016 年 9 月，Oracle 公司决定跳过 MySQL 5.x 命名系列，并抛弃之前的 MySQL 6、MySQL 7 两个分支（从来没有对外发布的两个分支），直接进入 MySQL 8 命名系列，也就是 MySQL 8.0 的开发。截至本书完稿，其官方网站最新版本为 MySQL 8.0.28。

MySQL 从无到有，技术不断更新，版本不断升级，经历了一个漫长的过程，目前最高版本升至 MySQL 8.0。时至今日，MySQL 和 PHP 完美结合，已应用到很多大型网站的开发上。

2.1.2 MySQL 特点

1. 快速、健壮和易用

MySQL 提供了优化的查询算法，可有效地提高查询速度，可以处理拥有上千万条记录的大型数据库。它提供 C、C++、Java（JDBC）、Perl、Python、PHP 和 TCL 的应用程序接口（Application Program Interface，API）；支持多平台，包括 Solaris、SunOS、BSDI、SGI IRIX、AIX、DEC UNIX、Linux、FreeBSD、SCO OpenServer、NetBSD、OpenBSD、HPUX、Windows 等。它支持多种语言、多样的数据类型，同时还提供了安全的权限系统以及密码加密机制。它为 Windows 平台提供开放式数据库互联（Open DataBase Connectivity，ODBC）接口，可通过 Access 与之相连，另有第三方开发商提供多样的 ODBC 驱动程序。从 MySQL 3.23 开始，新增 MyISAM 存储引擎，最大的表大小可达 800 万 TB（2^{63} 字节）。

2. MySQL 支持强大的内置函数

PHP 中提供了大量内置函数，几乎涵盖了 Web 应用开发中的所有功能。MySQL 内置了数据连接、文件上传等功能。MySQL 支持大量的扩展库，如 MySQLi 等，为快速开发 Web 应用提供方便。

3. 安全性高

灵活、安全的权限和密码系统允许主机的基本验证。连接到服务器时，所有的密码传输均采用加密形式，从而保证了密码的安全。

2.2 MySQL 的安装与配置

MySQL 的安装包可以从 MySQL 官方网站上免费下载。在安装 MySQL 之前，请确保系统中安装了 Microsoft .NET Framework 4.0。MySQL 数据库支持多个平台，不同平台下的安装和配置的过程不一样。本书重点讲解如何在 Windows 平台和 Linux 平台下安装和配置 MySQL 8.0。

2.2.1 Windows 平台下 MySQL 的安装

在 Windows 平台下安装 MySQL 8.0 有两种版本，一种是扩展名为.zip 的压缩文件，另一种是扩展名为.msi 的二进制分发版。其中扩展名为.msi 的安装文件提供了图形化的安装向导，按照向导提示进行操作即可完成 MySQL 的安装；扩展名为.zip 的压缩文件直接解压就可以完成 MySQL 的安装。下面以 mysql-installer-community-8.0.18.0.msi 安装包为例，介绍在 Windows 平台下安装 MySQL 的步骤。

步骤 1：双击安装文件进行安装。此时会弹出 MySQL 安装向导，如图 2-1 所示。在图 2-1 中，“Filter”选择 All Software，Current Bundle 64-bit；依次把“Available Products”中的 MySQL Servers、Applications、MySQL Connectors 添加到“Products/Features To Be Installed”中。

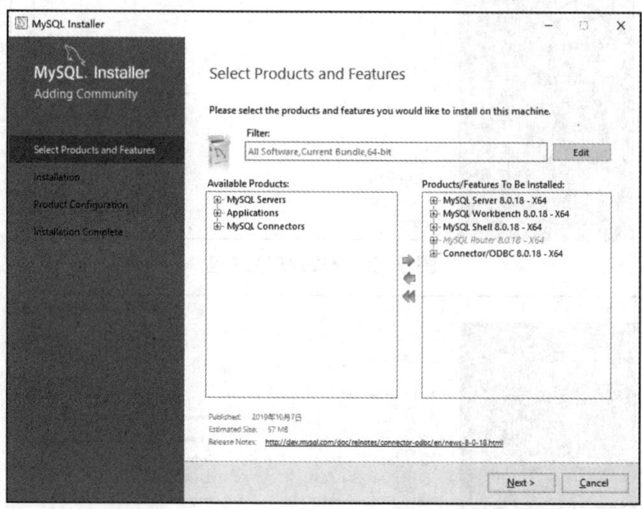

图 2-1　MySQL 安装向导

步骤 2：单击图 2-1 中的“Next”按钮，出现“Installation”界面，如图 2-2 所示。

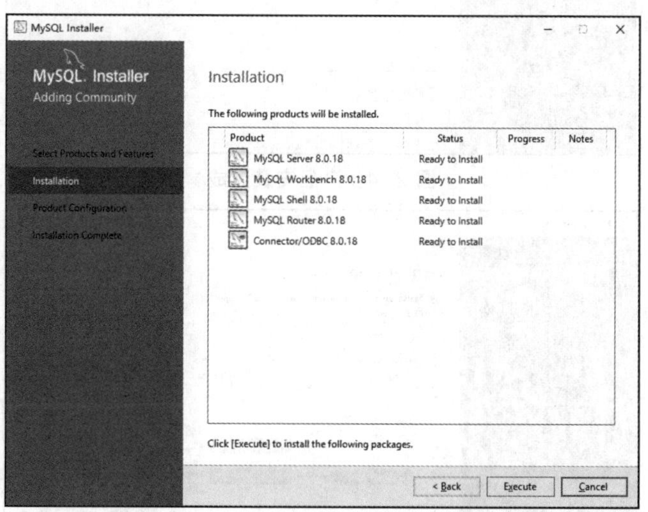

图 2-2　“Installation”界面

步骤 3：单击图 2-2 中的“Execute”按钮，等待直至所有的产品安装完成，如图 2-3 所示。

步骤 4：产品安装完成后，显示所有产品安装完成，如图 2-4 所示。

步骤 5：单击图 2-4 中的“Next”按钮，进入“High Availability”界面，如图 2-5 所示。

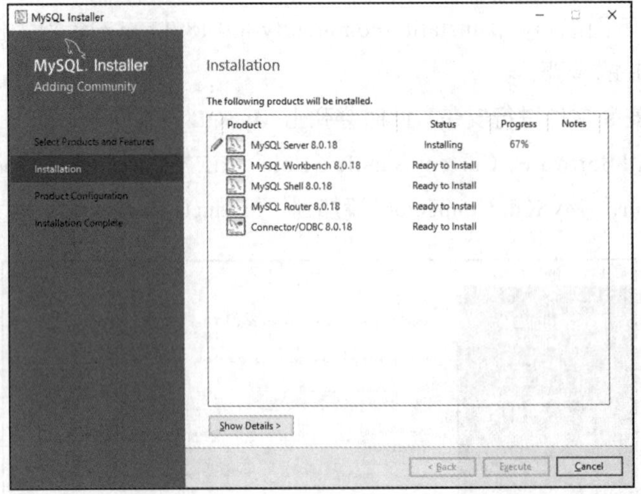

图 2-3　安装产品过程

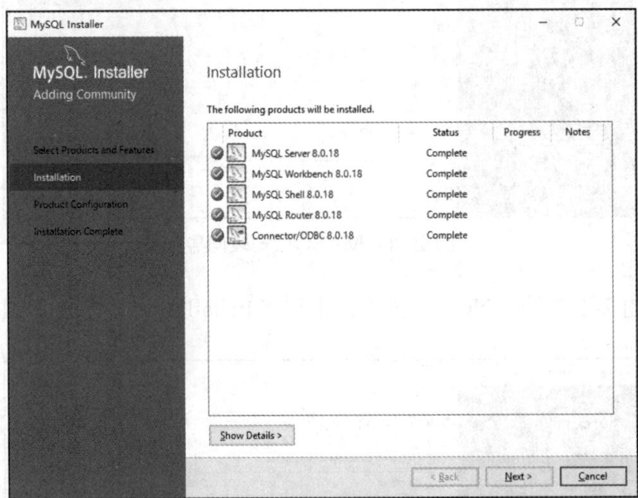

图 2-4　产品安装完成

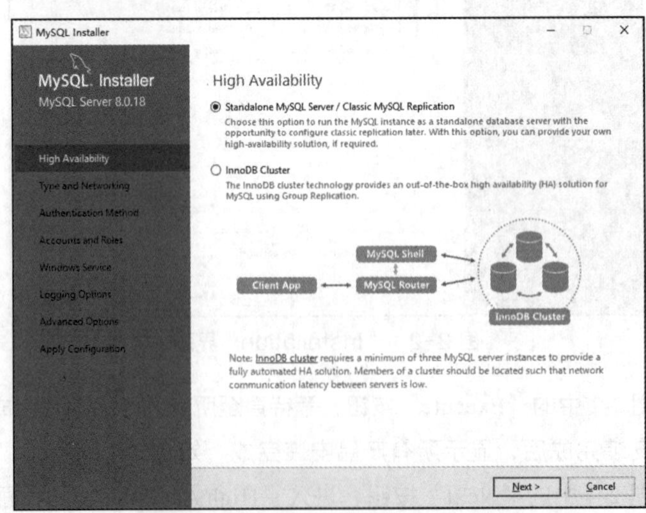

图 2-5　“High Availability”界面

步骤 6：单击图 2-5 中的“Next”按钮，进入“Type and Networking”界面，如图 2-6 所示。

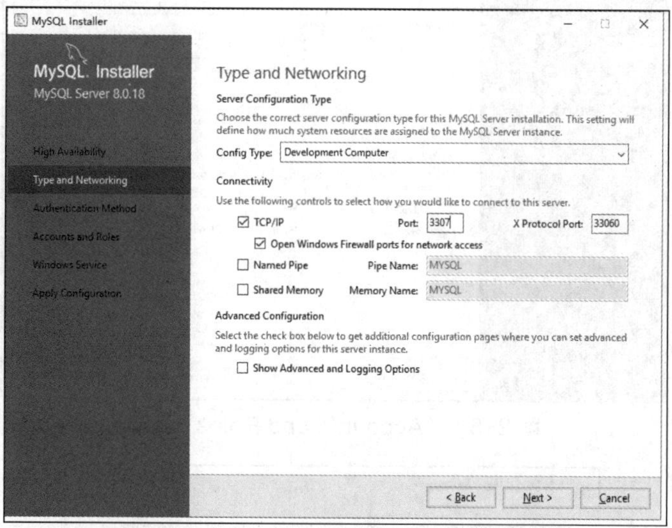

图 2-6 “Type and Networking”界面

步骤 7：单击图 2-6 中的“Next”按钮，进入“Authentication Method”界面，如图 2-7 所示。

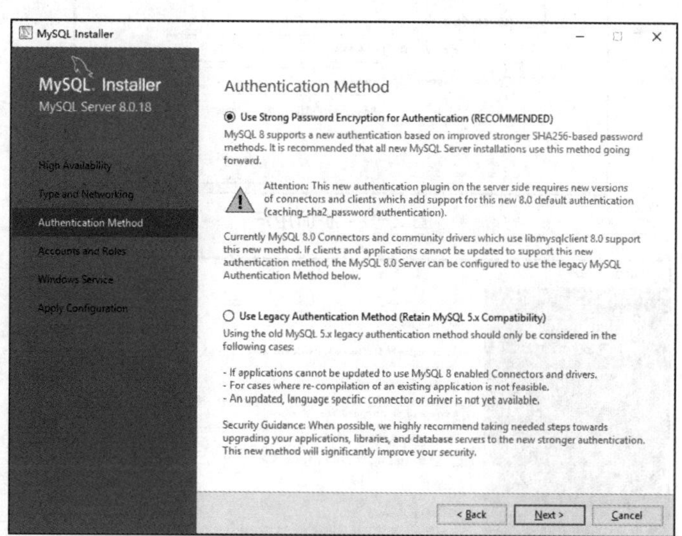

图 2-7 “Authentication Method”界面

步骤 8：单击图 2-7 中的“Next”按钮，进入“Accounts and Roles”界面，如图 2-8 所示。在图 2-8 中输入密码，并单击“Add User”按钮，在弹出的对话框中添加用户，如图 2-9 所示。

步骤 9：在图 2-9 中将用户信息添加完成后，单击“OK”按钮，返回图 2-8 所示的界面。

步骤 10：单击图 2-8 中的“Next”按钮，进入“Windows Service”界面，如图 2-10 所示。

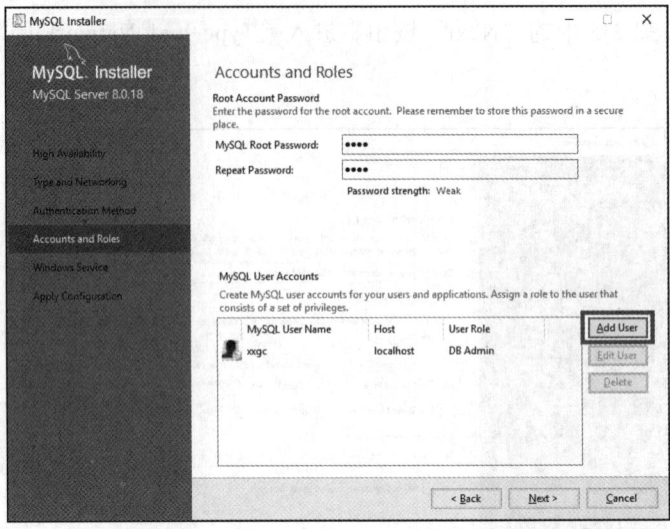

图 2-8 “Accounts and Roles”界面

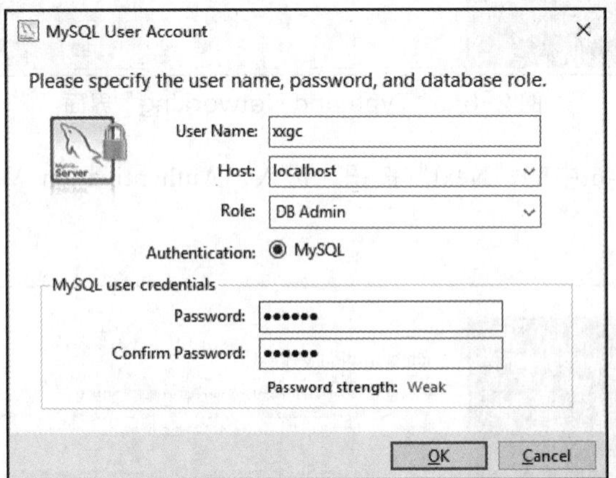

图 2-9 添加用户

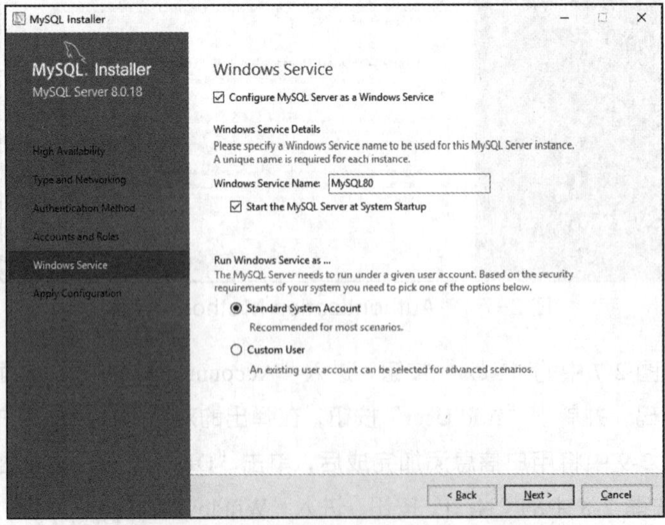

图 2-10 “Windows Service”界面

步骤 11：单击图 2-10 中的“Next”按钮，进入“Apply Configuration”界面，如图 2-11 所示。

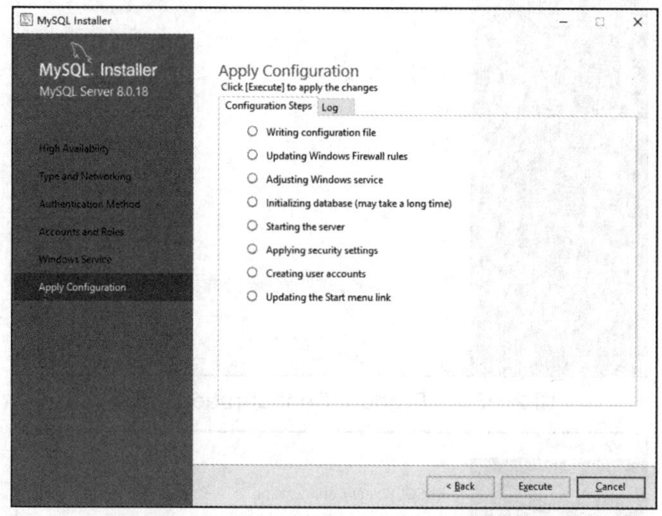

图 2-11 “Apply Configuration”界面

步骤 12：单击图 2-11 中的“Execute”按钮，等待所有配置完成，如图 2-12 所示。

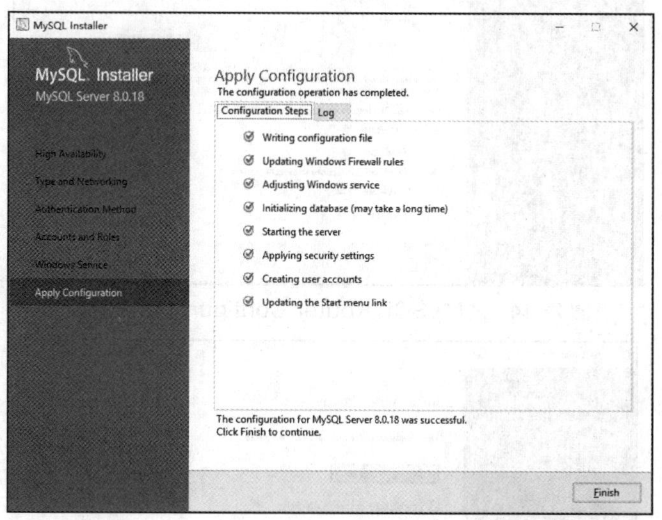

图 2-12 配置完成

步骤 13：单击图 2-12 中的“Finish”按钮，进入“Product Configuration”界面，如图 2-13 所示。

步骤 14：单击图 2-13 中的“Next”按钮，进入“MySQL Router Configuration”界面，如图 2-14 所示。

步骤 15：单击图 2-14 中的“Finish”按钮，进入“Installation Complete”界面，如图 2-15 所示。

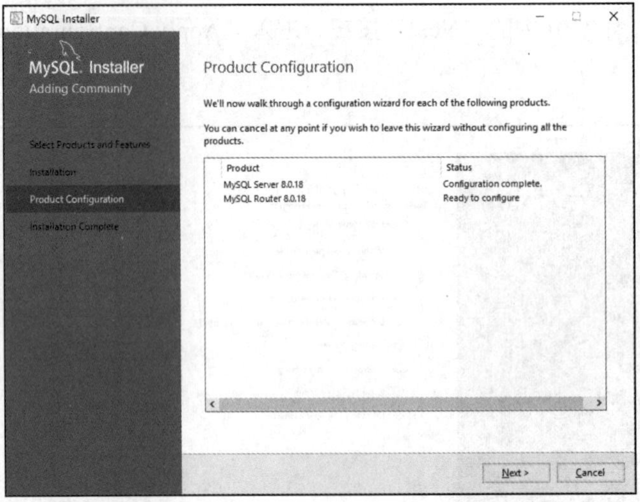

图 2-13 “Product Configuration”界面

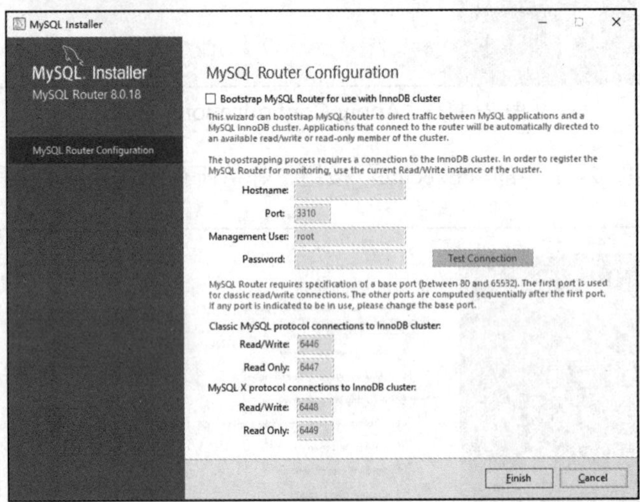

图 2-14 “MySQL Router Configuration”界面

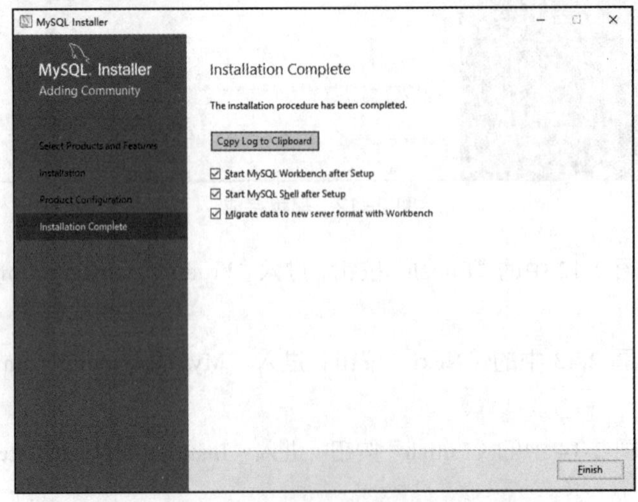

图 2-15 “Installation Complete”界面

步骤 16：单击图 2-15 中的“Finish”按钮，便可成功安装 MySQL。

2.2.2 Linux 平台下 MySQL 的安装

Linux 操作系统有多个版本，如 Ubuntu、CentOS、Red Hat 等，其中 Ubuntu 比较适合个人使用，类似于 Windows 系统；CentOS、Red Hat 适用于服务器，并且 CentOS 是基于 Red Hat 再编译的，这两个版本都很稳定，但由于 Red Hat 的技术支持和更新都是收费的，因此本小节以 CentOS 为例讲解如何在 Linux 平台下安装 MySQL。

基于 Linux 平台的 MySQL 安装文件有 3 个版本，分别是 RPM 软件包、源码包、Generic Binaries 软件包，具体介绍如下。

（1）RPM 软件包是一种 Linux 平台下的安装文件，通过相关命令可以很方便地安装与卸载。该软件包分为服务器端和客户端，需要分别下载和安装。在安装时首先安装服务器端，然后安装客户端。

（2）源码包是 MySQL 数据库的源代码，用户需要自己编译生成二进制文件后才能安装。

（3）Generic Binaries 软件包是一个二进制软件包，是一个经过编译生成二进制文件的软件包。

我们使用 RPM 软件包进行安装。

1. 下载 RPM 软件包

进入 Linux 系统，执行命令：

```
wget https://dev.mysql.com/get/mysql80-community-release-el7-1.noarch.rpm
```

2. 安装 mysql80-community-release-el7-1.noarch.rpm 软件包

执行命令：

```
sudo rpm -ivh mysql80-community-release-el7-1.noarch.rpm
```

安装完毕后，在/etc/yum.repos.d/下多了 mysql-community.repo 和 mysql-community-source.repo 这两个文件，它们分别是 MySQL 社区版 RPM 软件包和源码包的 Yum 源文件，记录了支持的软件版本和下载相关的一些参数。

3. 安装 MySQL

执行命令：

```
sudo yum install mysql-server
```

根据提示安装就可以了，等到出现 Complete，则表示安装完成。不过安装完成后没有密码，需要设置密码。

4. 启动 MySQL 服务

执行如下命令，启动 MySQL 服务：

```
service mysqld start
```

MySQL 服务的操作命令是：

```
service mysqld start|stop|restart|status
```

其中 start 表示启动服务；stop 表示停止服务；restart 表示重启服务；status 表示查看服务器状态。

5. 操作 MySQL

（1）设置 MySQL 登录密码。

MySQL 安装完成后是没有密码的，为了操作安全需要给 root 用户设置一个登录密码，具体命令如下：

```
mysql_secure_installation
```

执行该命令之后，会出现如下信息：

```
Enter current password for root(enter for none):
```

我们在此输入 xxgc 作为 root 用户的密码。注意，输入的密码在命令提示符窗口中并不显示，因此一定要小心谨慎。

（2）登录 MySQL。

具体命令如下：

```
mysql-uroot-pxxgc
```

上述命令中-u 后面为用户名，-p 后面为用户的登录密码。

登录成功之后，就可以对 MySQL 数据库进行操作。

2.3 MySQL 的使用

2.3.1 启动 MySQL 服务

MySQL 安装完毕后，客户端如果要连接数据库，首先需要启动服务进程。在前面安装 MySQL 的过程中，已经将 MySQL 安装为 Windows 服务，并设置为当 Windows 服务启动时 MySQL 服务也会随之启动，当然我们也可以手动控制 MySQL 服务的启动和停止，有以下两种方式。

视频 2-2
MySQL 的使用

1. Windows 服务管理器

通过 Windows 服务管理器可以查看 MySQL 服务是否开启，首先右击“开始”按钮，在弹出的快捷菜单中选择“运行”命令，在弹出的对话框中输入“services.msc”，单击“确定”按钮，此时就会打开 Windows 服务管理器，如图 2-16 所示。也可以通过控制面板打开 Windows 服务管理器。

从图 2-16 可以看出，MySQL 服务已经启动，如果没有启动，可以直接双击 MySQL 服务项打开属性对话框，通过单击“启动”按钮来修改服务的状态，如图 2-17 所示。

在图 2-17 所示对话框的“启动类型”下拉列表中可以修改服务的启动方式，该项有 3 种类型可供选择，具体如下。

（1）自动：服务会随着 Windows 系统的启动而自动启动。

（2）手动：服务不会随着 Windows 系统一起启动，需要用户来启动。

（3）禁用：服务将不再启动，即使在需要它时，也不会被启动。

初学者可以根据实际需求进行选择，建议选择“自动”或者“手动”。

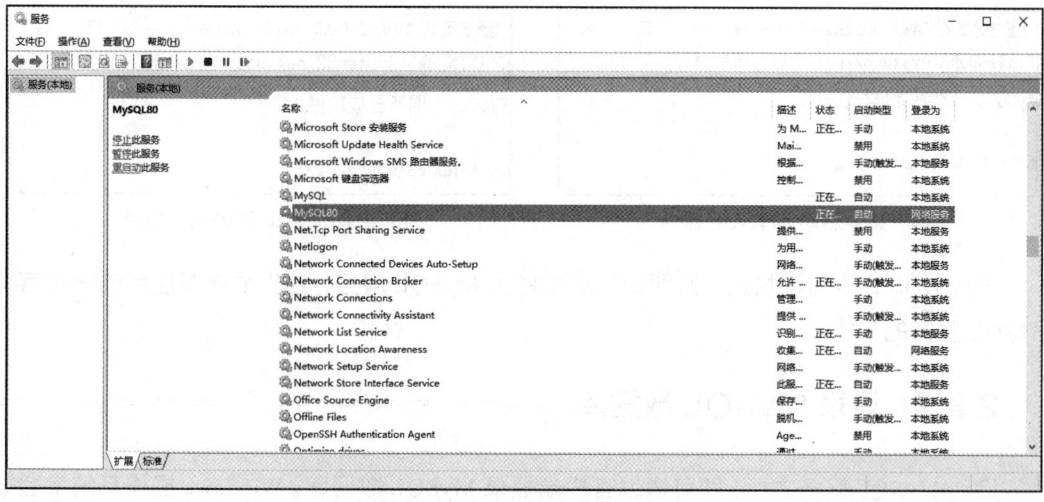

图 2-16　Windows 服务管理器

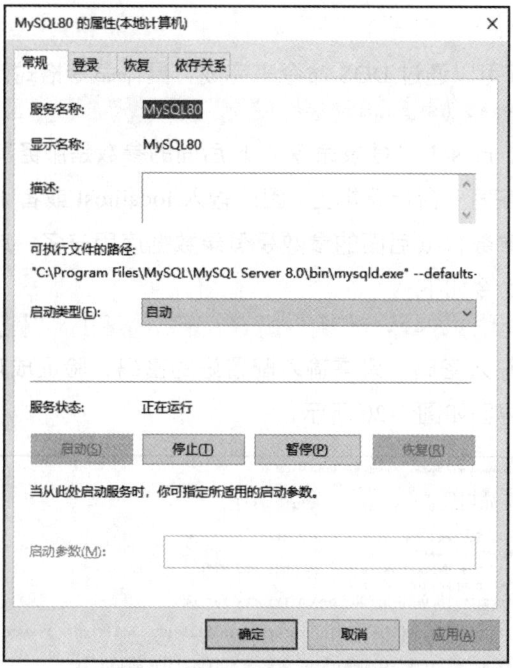

图 2-17　MySQL 属性对话框

2. DOS 命令

MySQL 服务不仅可以通过 Windows 服务管理器启动，还可以通过 DOS 命令来启动。通过 DOS 命令启动 MySQL 服务的具体命令如下：

```
net start mysql80
```

执行上述命令之后，输出结果如图 2-18 所示。

通过 DOS 命令不仅可以启动 MySQL 服务，还可以停止 MySQL 服务，具体命令如下：

```
net stop mysql80
```

执行上述命令之后，输出结果如图 2-19 所示。

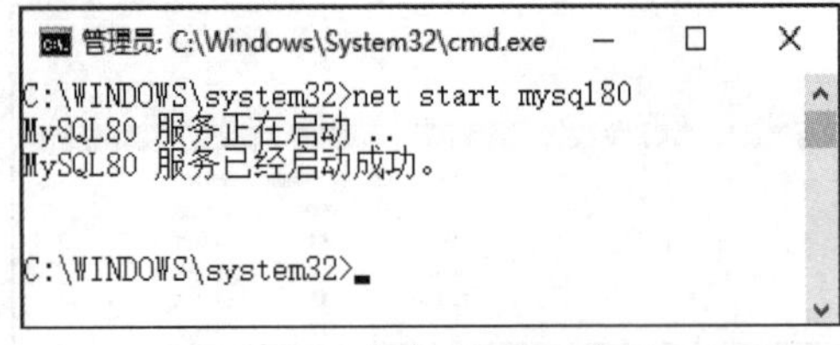

图 2-18　启动 MySQL 服务

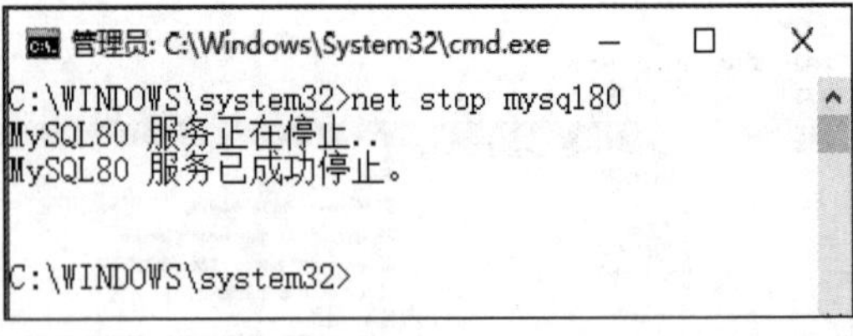

图 2-19　停止 MySQL 服务

通过 DOS 命令可以快速、方便地启动和停止 MySQL 服务，这也是推荐使用的一种管理 MySQL 服务的方式。

2.3.2　登录 MySQL 数据库

启动 MySQL 服务之后，即可通过客户端登录 MySQL 数据库。Windows 操作系统下登录 MySQL 数据库的方式有两种。

1. 使用 DOS 命令

登录 MySQL 数据库可以通过 DOS 命令来完成，具体命令格式如下：

```
mysql -h hostname -u username -p
```

在上述命令格式中，mysql 是登录命令；-h 后面的参数是服务器的主机名，由于本书中客户端和服务器端安装在同一台计算机上，因此输入 localhost 或者 127.0.0.1 都可以，如果是本地登录则可以省略该参数；-u 后面的参数是登录数据库用户名，这里为 root；-p 后面是用户名对应的密码。具体命令如下：

```
mysql -h localhost -u root -p
```

此时，系统会提示输入密码，只需输入配置好的密码，验证成功后即可登录到 MySQL 数据库，登录成功后的界面如图 2-20 所示。

```
C:\Windows\System32\cmd.exe - mysql -h localhost -u root -p
Microsoft Windows [版本 10.0.17134.1184]
(c) 2018 Microsoft Corporation。保留所有权利。

C:\Windows\System32>mysql -h localhost -u root -p
Enter password: ****
Welcome to the MySQL monitor.  Commands end with ; or \g.
Your MySQL connection id is 8
Server version: 8.0.18 MySQL Community Server - GPL

Copyright (c) 2000, 2019, Oracle and/or its affiliates. All rights reserved.

Oracle is a registered trademark of Oracle Corporation and/or its
affiliates. Other names may be trademarks of their respective
owners.

Type 'help;' or '\h' for help. Type '\c' to clear the current input statement.

mysql>
```

图 2-20　使用带主机名方式登录 MySQL 数据库

由于是本地登录，所以可以省略主机名，同时-p 后面可以添加密码，具体命令如下：

```
mysql -u root -pxxgc
```

重新打开一个命令提示符窗口，使用上述命令登录 MySQL 数据库，如图 2-21 所示。

2. 使用 MySQL Command Line Client

使用 DOS 命令方式登录 MySQL 数据库相对比较麻烦，而且命令中的参数容易忘记，因此可以使用一种简单的方式登录 MySQL 数据库。在“开始”菜单中选择“程序”→“MySQL”→“MySQL Server 8.0”→“MySQL 8.0 Command Line Client”，打开 MySQL 8.0 Command Line Client 窗口，此时输入密码，便可以登录到 MySQL 数据库，如图 2-22 所示。

```
C:\Windows\System32\cmd.exe - mysql -u root -pxxgc
C:\Windows\System32>mysql -u root -pxxgc
mysql: [Warning] Using a password on the command line interface can be insecure.

Welcome to the MySQL monitor.  Commands end with ; or \g.
Your MySQL connection id is 9
Server version: 8.0.18 MySQL Community Server - GPL

Copyright (c) 2000, 2019, Oracle and/or its affiliates. All rights reserved.

Oracle is a registered trademark of Oracle Corporation and/or its
affiliates. Other names may be trademarks of their respective
owners.

Type 'help;' or '\h' for help. Type '\c' to clear the current input statement.

mysql>
```

图 2-21　使用不带主机名方式登录 MySQL 数据库

```
MySQL 8.0 Command Line Client
Enter password: ****
Welcome to the MySQL monitor.  Commands end with ; or \g.
Your MySQL connection id is 10
Server version: 8.0.18 MySQL Community Server - GPL

Copyright (c) 2000, 2019, Oracle and/or its affiliates. All rights reserved.

Oracle is a registered trademark of Oracle Corporation and/or its
affiliates. Other names may be trademarks of their respective
owners.

Type 'help;' or '\h' for help. Type '\c' to clear the current input statement.

mysql>
```

图 2-22　使用菜单方式登录 MySQL 数据库

2.3.3　MySQL的相关命令

在学习 MySQL 数据库的过程中，难免会遇到一些问题，此时可以使用 MySQL 的帮助功能。首先登录 MySQL 数据库，然后在命令提示符窗口中执行“help;”或者“\h”命令，此时就会显示 MySQL 的相关命令，如图 2-23 所示。

```
MySQL 8.0 Command Line Client
List of all MySQL commands:
Note that all text commands must be first on line and end with ';'
?         (\?) Synonym for `help'.
clear     (\c) Clear the current input statement.
connect   (\r) Reconnect to the server. Optional arguments are db and host.
delimiter (\d) Set statement delimiter.
ego       (\G) Send command to mysql server, display result vertically.
exit      (\q) Exit mysql. Same as quit.
go        (\g) Send command to mysql server.
help      (\h) Display this help.
notee     (\t) Don't write into outfile.
print     (\p) Print current command.
prompt    (\R) Change your mysql prompt.
quit      (\q) Quit mysql.
rehash    (\#) Rebuild completion hash.
source    (\.) Execute an SQL script file. Takes a file name as an argument.
status    (\s) Get status information from the server.
tee       (\T) Set outfile [to_outfile]. Append everything into given outfile.
use       (\u) Use another database. Takes database name as argument.
charset   (\C) Switch to another charset. Might be needed for processing binlog
with multi-byte charsets.
warnings  (\W) Show warnings after every statement.
nowarning (\w) Don't show warnings after every statement.
resetconnection(\x) Clean session context.

For server side help, type 'help contents'

mysql> _
```

图 2-23　MySQL 的相关命令

图 2-23 中列出了 MySQL 的相关命令，这些命令既可以使用一个单词来表示，也可以通过“\字符”的方式来表示。为了让初学者更好地掌握 MySQL 相关命令，表 2-1 列举了 MySQL 中的常用命令。

表 2-1　MySQL 的常用命令

命令	简写	具体含义
?	\?	显示帮助信息
clear	\c	取消之前的输入，重新开始输入
connect	\r	连接服务器，可选参数为数据库和主机
delimiter	\d	设置语句分隔符
ego	\G	发送命令到 MySQL 服务器，并显示结果
exit	\q	退出 MySQL
go	\g	发送命令到 MySQL 服务器
help	\h	显示帮助信息
notee	\t	不写入输出文件
print	\p	输出当前命令
prompt	\R	改变 MySQL 提示信息
quit	\q	退出 MySQL
rehash	\#	重建完成哈希散列
source	\.	执行一个 SQL 脚本文件，以一个文件名作为参数
status	\s	从服务器获取 MySQL 的状态信息
tee	\T	设置输出文件，并将信息添加到所有给定的输出文件
use	\u	切换数据库
charset	\C	切换到另一个字符集
warnings	\W	每一个语句之后显示警告
nowarning	\w	每一个语句之后不显示警告

表 2-1 中的命令用于帮助我们操作 MySQL 数据库，为了让初学者更好地使用这些命令，接下来以\u、\s 命令为例进行演示。

【例 2-1】使用\u 命令切换数据库，结果如图 2-24 所示。

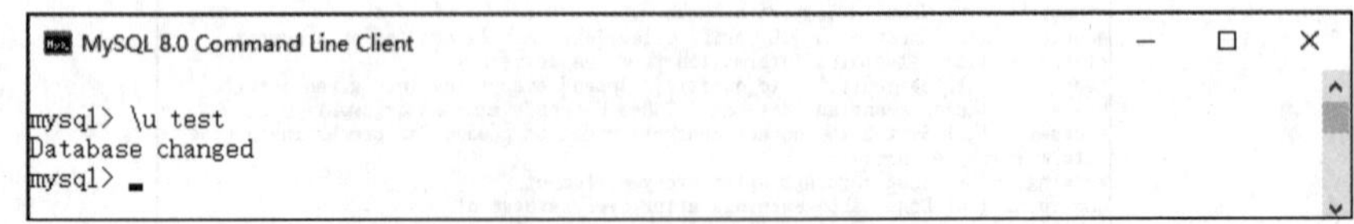

图 2-24　\u 命令执行结果

【例 2-2】使用\s 命令获取 MySQL 的状态信息，结果如图 2-25 所示。

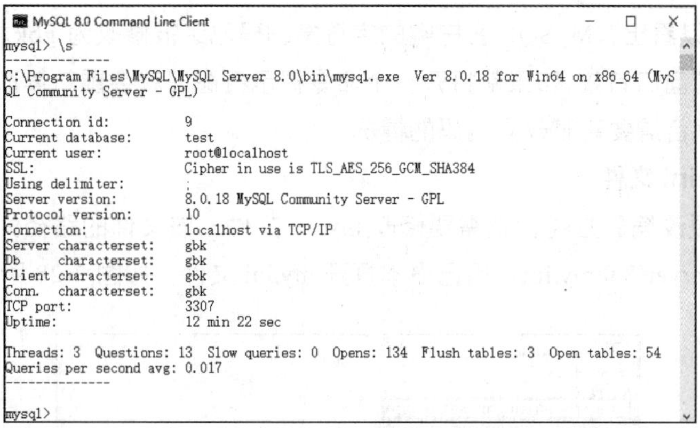

```
MySQL 8.0 Command Line Client
mysql> \s
--------------
C:\Program Files\MySQL\MySQL Server 8.0\bin\mysql.exe  Ver 8.0.18 for Win64 on x86_64 (MySQL Community Server - GPL)

Connection id:          9
Current database:       test
Current user:           root@localhost
SSL:                    Cipher in use is TLS_AES_256_GCM_SHA384
Using delimiter:        ;
Server version:         8.0.18 MySQL Community Server - GPL
Protocol version:       10
Connection:             localhost via TCP/IP
Server characterset:    gbk
Db     characterset:    gbk
Client characterset:    gbk
Conn.  characterset:    gbk
TCP port:               3307
Uptime:                 12 min 22 sec

Threads: 3  Questions: 13  Slow queries: 0  Opens: 134  Flush tables: 3  Open tables: 54
Queries per second avg: 0.017
--------------

mysql>
```

图 2-25　\s 命令执行结果

2.3.4　重新配置 MySQL

在 MySQL 配置向导界面可以对其进行相应的配置，但在实际的应用中某些配置可能无法满足需求，需要对其进行修改。修改 MySQL 的配置有两种方式。下面通过演示如何修改客户端的字符集编码来介绍这两种方式。

1. DOS 命令方式

首先登录 MySQL 数据库，在命令提示符窗口中使用如下命令：

```
set character_set_client =gbk;
```

执行上述命令后，命令提示符窗口显示的结果如图 2-26 所示。

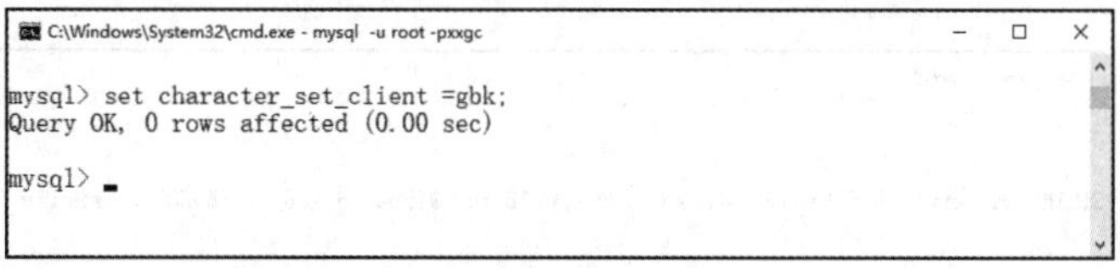

```
C:\Windows\System32\cmd.exe - mysql -u root -pxxgc

mysql> set character_set_client =gbk;
Query OK, 0 rows affected (0.00 sec)

mysql>
```

图 2-26　DOS 命令修改字符集执行结果

图 2-26 中的 Query OK 表示命令执行成功，此时可以使用\s 命令查看执行结果，如图 2-27 所示。

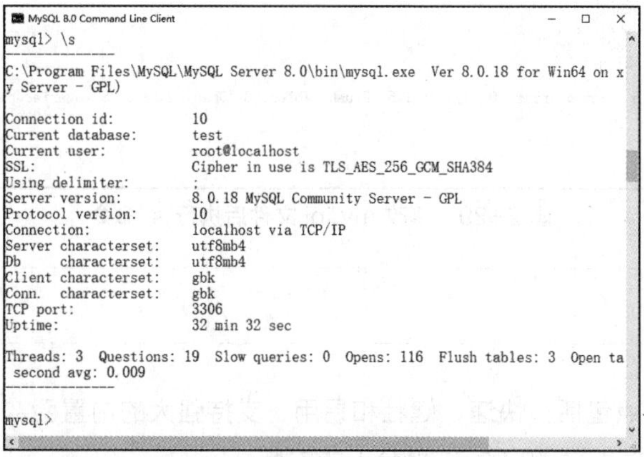

```
MySQL 8.0 Command Line Client
mysql> \s
--------------
C:\Program Files\MySQL\MySQL Server 8.0\bin\mysql.exe  Ver 8.0.18 for Win64 on x
y Server - GPL)

Connection id:          10
Current database:       test
Current user:           root@localhost
SSL:                    Cipher in use is TLS_AES_256_GCM_SHA384
Using delimiter:        ;
Server version:         8.0.18 MySQL Community Server - GPL
Protocol version:       10
Connection:             localhost via TCP/IP
Server characterset:    utf8mb4
Db     characterset:    utf8mb4
Client characterset:    gbk
Conn.  characterset:    gbk
TCP port:               3306
Uptime:                 32 min 32 sec

Threads: 3  Questions: 19  Slow queries: 0  Opens: 116  Flush tables: 3  Open ta
 second avg: 0.009
--------------

mysql>
```

图 2-27　使用\s 命令查看 DOS 命令修改字符集执行结果

从图 2-27 可以看出，MySQL 客户端的字符集编码已经被修改为 gbk。注意，这种 DOS 命令修改只对当前窗口有效，如果新打开一个命令提示符窗口就会重新读取 my.ini 配置文件，因此这种方式只适合需要暂时改变编码的情况。

2. 修改 my.ini 文件

如果想永久更改编码方式，就需要修改 my.ini 文件，该文件的路径为 C:\ProgramData\MySQL\MySQL Server 8.0\my.ini。用记事本打开 my.ini 文件，如图 2-28 所示。

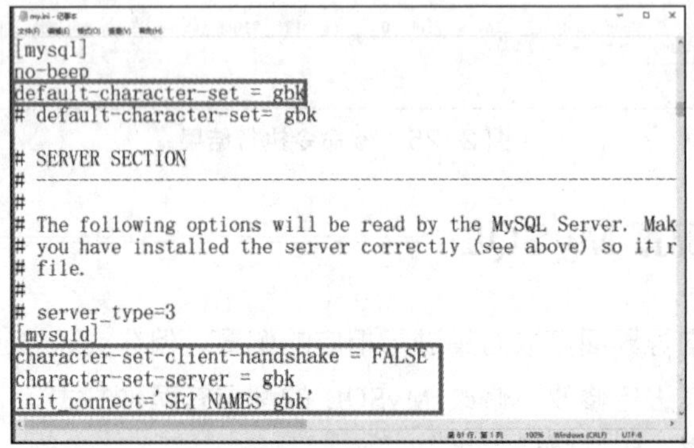

图 2-28　my.ini 文件

在图 2-28 中，如果想要将字符集编码修改为 gbk，添加矩形框中的代码即可。这样修改之后，重新启动 MySQL 服务，即使重新打开一个命令提示符窗口，字符集编码也会是 gbk，永久生效，如图 2-29 所示。

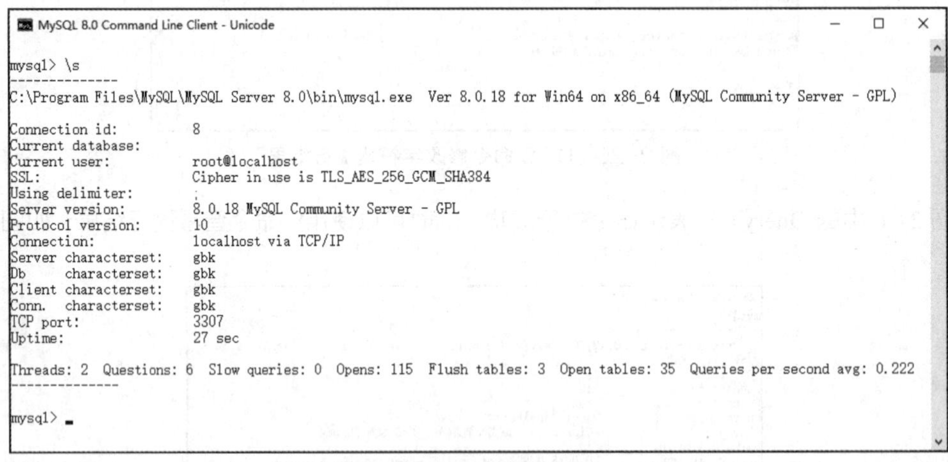

图 2-29　修改 my.ini 文件后执行\s 命令

本章小结

- MySQL 的特点包括：快速、健壮和易用、支持强大的内置函数、安全性高。
- MySQL 在 Windows 和 Linux 平台下的安装。

- MySQL 使用步骤是：启动 MySQL 服务；登录 MySQL 数据库；配置 MySQL 数据库。
- 启动 MySQL 服务有两种方式：DOS 命令和 Windows 服务管理器。
- 登录 MySQL 数据库有两种方式：使用 DOS 命令和使用 MySQL Command Line Client。
- 配置 MySQL 数据库有两种方式：DOS 命令和修改 my.ini 文件。
- 使用 MySQL 的相关命令，可以获取提示信息。

实训项目

项目：MySQL 环境

1．项目目的

（1）熟悉 MySQL 的安装与配置，学会在 Windows 平台上安装 MySQL。

（2）掌握 MySQL 的启动、登录方法。

（3）对 MySQL 数据库有初步的了解。

2．项目内容

（1）安装 MySQL。

（2）配置 MySQL。

（3）利用 Windows 服务管理器和 DOS 命令方式启动 MySQL 服务。

（4）利用 DOS 命令和 MySQL Command Line Client 方式登录 MySQL。

（5）利用 DOS 命令和配置文件 my.ini 修改客户端的字符集编码。

课后习题

一、选择题

1．以下选项中，不属于 MySQL 特点的是（　　）。

A．快速、健壮　　B．支持内置函数

C．界面良好　　D．安全性高

2．MySQL 8.0 数据库的文件默认存储路径是（　　）。

A．C:\ProgramData\MySQL\MySQL Server 8.0\

B．C:\ Program Files (x86)\MySQL\MySQL Server 8.0\

C．C:\ Program Files\MySQL\MySQL Server 8.0\

D．C:\MySQL\MySQL Server 8.0\

3．登录 MySQL 数据库的 DOS 命令是（　　）。

A．mysql -p root –u　　B．mysql -u root –p

C．mysql -u -p root　　　　D．mysql root -u -p

4．停止 MySQL 服务的 DOS 命令是（　　）。

A．stop net mysql　　　　B．service stop mysql

C．net stop mysql　　　　D．service mysql stop

5．关于 MySQL 的编码说法不正确的是（　　）。

A．MySQL 支持中文编码　　　　B．MySQL 不支持中文编码

C．MySQL 支持 UTF8 编码　　　　D．MySQL 支持 GBK 编码

二、问答题

1．简述修改 MySQL 配置的几种方式。

2．简述 MySQL 数据库的特点。

第3章
数据库和数据表的基本操作

本章目标

- 掌握数据库的创建、查看、修改和删除等操作方法。
- 掌握数据表的创建、查看、修改和删除等操作方法。
- 了解 MySQL 的数据类型，掌握基本的数据类型的使用方法。
- 掌握数据表的约束，以及给数据表添加约束的命令。

数据库是数据库管理系统的基础与核心，是存放数据库对象的容器，数据库文件是数据库的存在形式。数据库管理就是设计数据库、定义数据库及修改和维护数据库的过程，数据库的效率和性能在很大程度上取决于数据库的设计和优化。本章将详细地讲解数据库和数据表的基本操作。

数据库是由不同维度数据聚集而成的数据仓库，我们要抓住事物之间的内在联系，学会从多角度去看待事物与思考问题，全面地认识事物的内部与外部之间、某事物与其他事物之间的多种多样的联系，这对逻辑推理素养的提高是十分重要的。

3.1 数据库的基本操作

数据库的基本操作有创建数据库、查看数据库、修改数据库和删除数据库。

视频 3-1 数据库的基本操作和数据类型

3.1.1 创建数据库

MySQL 安装完成后，如果要存储数据，首先要创建一个数据库。创建数据库就是在数据库系统中划分一块存储数据的空间，用于数据的分配、放置和管理。在MySQL 中，使用 CREATE DATABASE 语句创建数据库，其语法格式如下：

```
CREATE DATABASE 数据库名称;
```

其中，“数据库名称”是要创建的数据库的名字，在同一个数据库服务器上是唯一的，不允许重复。

【例 3-1】创建一个名称为 xxgc 的数据库。

SQL 语句如下：

```
CREATE DATABASE xxgc;
```

执行结果如图 3-1 所示。

```
mysql> CREATE DATABASE xxgc;
Query OK, 1 row affected (0.00 sec)

mysql>
```

图 3-1 使用 CREATE DATABASE 语句创建数据库

SQL 语句执行后显示“Query OK”，说明语句执行成功，数据库已经创建。

3.1.2 查看数据库

在 MySQL 中，查看数据库的 SQL 语句的语法格式如下：

```
SHOW DATABASES;
```

使用该语句可以查看在 MySQL 服务器中已经存在的所有数据库。

【例 3-2】使用 SHOW DATABASES 语句查看已经存在的数据库。

SQL 语句如下：

```
SHOW DATABASES;
```

执行结果如图 3-2 所示。

```
mysql> SHOW DATABASES;
+--------------------+
| Database           |
+--------------------+
| information_schema |
| mysql              |
| performance_schema |
| sys                |
| test               |
| xxgc               |
+--------------------+
6 rows in set (0.00 sec)
```

图 3-2　使用 SHOW DATABASES 语句查看数据库

从图 3-2 可以看出，目前在 MySQL 服务器上存在 6 个数据库，其中，除了在例 3-1 中创建的 xxgc 数据库外，还有 information_schema、mysql、performance_schema、sys、test 这 5 个数据库，这 5 个数据库是在 MySQL 安装完成后系统自动创建的。

（1）information_schema 是信息数据库，存储着 MySQL 服务器所维护的所有其他数据库的信息。在 information_schema 中，有数个只读表，它们实际上是视图，而不是基本表，因此用户无法看到与之相关的任何文件。

（2）mysql 是 MySQL 的核心数据库，类似于 SQL Server 中的 master 表，主要负责存储数据库的用户、权限设置、关键字等控制和管理信息。mysql 数据库中的数据不可以删除，否则，MySQL 可能不能正常运行。如果对 mysql 不是很了解，不要轻易修改这个数据库里面的信息。

（3）performance_schema 是主要用于收集数据库服务器性能参数的数据库。该数据库中表的存储引擎均为 performance_schema，而用户是不能创建存储引擎为 performance_schema 的表的。

（4）sys 是一组帮助 DBA 和开发人员解释性能模式收集的数据的对象。sys 模式对象可用于典型的调优和诊断用例。此架构中的对象包括：将 Performance Schema 数据汇总为更易于理解的形式的视图，执行诸如性能架构配置和生成诊断报告等操作的存储过程、存储函数，用于查询性能架构配置并提供格式化服务。

（5）test 是安装 MySQL 时创建的一个测试数据库，是一个空数据库，没有任何表，可以删除。

要想查看某个已经创建的数据库信息，可以通过 SHOW CREATE DATABASE 语句实现，具体语法格式如下：

```
SHOW CREATE DATABASE 数据库名称;
```

【例 3-3】查看创建好的数据库 xxgc 的信息。

SQL 语句如下：

```
SHOW CREATE DATABASE xxgc;
```

执行结果如图 3-3 所示。

```
mysql> SHOW CREATE DATABASE xxgc;
+----------+--------------------------------------------------------------------------------------------------+
| Database | Create Database                                                                                  |
+----------+--------------------------------------------------------------------------------------------------+
| xxgc     | CREATE DATABASE `xxgc` /*!40100 DEFAULT CHARACTER SET utf8 COLLATE utf8_bin */ /*!80016 DEFAULT ENCRYPTION='N' */ |
+----------+--------------------------------------------------------------------------------------------------+
1 row in set (0.00 sec)
```

图 3-3　使用 SHOW CREATE DATABASE 语句查看数据库信息

图 3-3 中显示了数据库 xxgc 的创建信息及其编码方式。

3.1.3　修改数据库

数据库创建之后，数据库编码方式就确定了。如果想修改数据库的编码方式，可以使用 ALTER DATABASE 语句实现，其语法格式如下：

```
ALTER DATABASE 数据库名称 DEFAULT CHARACTER SET 编码方式 COLLATE 编码方式_bin;
```

其中，“数据库名称”是要修改的数据库的名字，“编码方式”是修改后的数据库编码方式。

【例 3-4】将数据库 xxgc 的编码方式修改为 gbk。

SQL 语句如下：

```
ALTER DATABASE xxgc DEFAULT CHARACTER SET gbk COLLATE gbk_bin;
```

为了验证数据库的编码方式是否修改成功，可以使用 SHOW CREATE DATABASE 语句查看修改后的数据库，执行结果如图 3-4 所示。

```
mysql> SHOW CREATE DATABASE xxgc;
+----------+--------------------------------------------------------------------------------------------------+
| Database | Create Database                                                                                  |
+----------+--------------------------------------------------------------------------------------------------+
| xxgc     | CREATE DATABASE `xxgc` /*!40100 DEFAULT CHARACTER SET gbk COLLATE gbk_bin */ /*!80016 DEFAULT ENCRYPTION='N' */ |
+----------+--------------------------------------------------------------------------------------------------+
1 row in set (0.00 sec)
```

图 3-4　使用 SHOW CREATE DATABASE 语句查看 ALTER DATABASE 语句执行结果

从图 3-4 可以看出，数据库 xxgc 的编码方式为 gbk，说明修改成功。

3.1.4　删除数据库

用户删除数据库时可以使用 DROP DATABASE 语句，其语法格式如下：

```
DROP DATABASE 数据库名称;
```

其中，“数据库名称”是要删除的数据库的名字。需要注意的是，如果要删除的数据库不存在，则会出现错误。

【例 3-5】删除名为 xxgc 的数据库。

SQL 语句如下：

```
DROP DATABASE xxgc;
```

为了验证数据库是否删除成功，可以使用 SHOW DATABASES 语句查看当前 MySQL 服务器上的所有数据库，执行结果如图 3-5 所示。

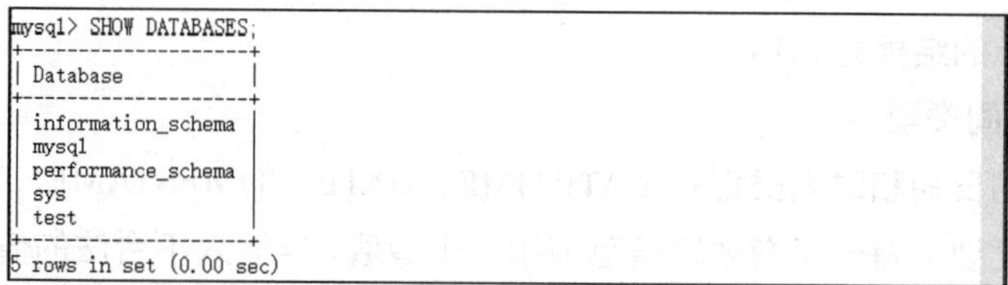

图 3-5　使用 SHOW DATABASES 语句查看 DROP DATABASE 语句执行结果

从图 3-5 可以看出，当前 MySQL 服务器中已经不存在 xxgc 数据库了，该数据库被成功删除了。

3.2 数据类型

在 MySQL 中为字段选择合适的数据类型对数据库的优化非常重要。MySQL 支持多种数据类型，常用的有数值类型、日期和时间类型、字符串（字符）类型和二进制类型。

1. 数值类型

MySQL 支持所有标准 SQL 数值类型，这些类型包括精确数值类型（INTEGER、SMALLINT、DECIMAL），以及近似数值类型（FLOAT、DouBLe 和 DECIMAL)。关键字 INT 是 INTEGER 的同义词，关键字 DEC 是 DECIMAL 的同义词。

作为标准 SQL 的扩展，MySQL 也支持整数类型 TINYINT、MEDIUMINT 和 BIGINT。表 3-1 列出了 MySQL 中常见数值类型占用的字节数、取值范围以及用途。

表 3-1　数值类型

类型	字节数	取值范围（有符号）	取值范围（无符号）	用途
TINYINT	1	(−128, 127)	(0, 255)	小整数值
SMALLINT	2	(−32 768, 32 767)	(0, 65 535)	大整数值
MEDIUMINT	3	(−8 388 608, 8 388 607)	(0, 16 777 215)	大整数值
INT 或 INTEGER	4	(−2 147 483 648, 2 147 483 647)	(0, 4 294 967 295)	大整数值
BIGINT	8	(−9 233 372 036 854 775 808, 9 223 372 036 854 775 807)	(0, 18 446 744 073 709 551 615)	极大整数值
FLOAT	4	(−3.402 823 466 E+38, 1.175 494 351 E−38)	0, (1.175 494 351 E−38, 3.402 823 466 E+38)	单精度浮点数值
DOUBLE	8	(−1.797 693 134 862 315 7 E+308, 2.225 073 858 507 201 4 E−308)	0, (2.225 073 858 507 201 4 E−308, 1.797 693 134 862 315 7 E+308)	双精度浮点数值
DECIMAL(M,D)	M+2	(−1.797 693 134 862 315 7 E+308, 2.225 073 858 507 201 4 E−308)	0, (2.225 073 858 507 201 4 E−308, 1.797 693 134 862 315 7 E+308)	小数值

从表 3-1 可以看出，不同数值类型所占用的字节数和取值范围都是不同的。其中 DECIMAL 类型的有效取值范围是由 M 和 D 决定的，M 表示的是整个数据的位数，不包括小数点；D 表示的是小数点后数据的位数。比如，将数据类型为 DECIMAL(5,3)的数据 3.1415

插入数据库，显示的结果为 3.142。

2. 日期和时间类型

表示时间值的日期和时间类型有 DATETIME、DATE、TIMESTAMP、TIME 和 YEAR。每个日期和时间类型都有一个有效取值范围和一个零值，当输入不合法的值时，MySQL 使用零值插入。TIMESTAMP 类型具备专有的自动更新特性。表 3-2 列举了 MySQL 中日期和时间类型所对应的字节数、取值范围、格式以及零值。

表 3-2　日期和时间类型

类型	字节数	取值范围	格式	零值
DATE	4	(1000-01-01,9999-12-31)	YYYY-MM-DD	0000-00-00
TIME	3	(-838:59:59,838:59:59)	HH:MM:SS	00:00:00
YEAR	1	(1901,2155)	YYYY	0000
DATETIME	8	(1000-01-01 00:00:00, 9999-12-31 23:59:59)	YYYY-MM-DD HH:MM:SS	0000-00-00 00:00:00
TIMESTAMP	4	(1970-01-01 00:00:00, 2038-01-19 03:14:07)	YYYY-MM-DD HH:MM:SS	0000-00-00 00:00:00

其中，DATE 类型用于表示日期值，不包含时间部分。在 MySQL 中，DATE 类型常用的字符串格式为'YYYY-MM-DD'或者'YYYYMMDD'，其中，YYYY 表示年，MM 表示月，DD 表示日。

例如，输入'2021-04-24'或者'20210424'，插入数据库中的日期都为 2021-04-24。

TIME 类型用于表示时间值，它的显示形式一般为'HH:MM:SS'，其中，HH 表示小时，MM 表示分，SS 表示秒。

例如，输入'115253'，插入数据库中的时间为 11:52:53。

YEAR 类型用于表示年，在 MySQL 中，常使用 4 位字符串或数字表示，对应的字符串范围为'1901'～'2155'，数字范围为 1901～2155。

例如，输入'2021'或 2021，插入数据库中的值均为 2021。

DATETIME 类型用于表示日期和时间，它的显示形式为'YYYY-MM-DD HH:MM:SS'。DATETIME 类型常用的字符串格式为'YYYY-MM-DD HH:MM:SS'或者'YYYYMMDD HHMMSS'。

例如，输入'2021-04-24 08:23:52'或'20210424082352'，插入数据库中的 DATETIME 类型的值都为 2021-04-24 08:23:52。

TIMESTAMP 类型用于表示日期和时间，它的显示形式与 DATETIME 类型的相同，但取值范围比 DATETIME 类型的小。当 TIMESTAMP 类型的字段输入为 NULL 时，系统会以当前系统的日期和时间填入。当 TIMESTAMP 类型的字段无输入时，系统也会以当前系统的日期和时间填入。

3. 字符串类型和二进制类型

为了存储字符串、图片和声音等数据，MySQL 提供了字符串类型和二进制类型。表 3-3 描述了这些数据类型的取值范围和用途。

表 3-3　字符串类型和二进制类型

类型	取值范围	用途
CHAR(n)	0～255 字符	定长字符串，n 为字符串的最大长度。若输入数据的长度超过了 n 值，超出部分将会被截断；否则，不足部分用空格填充。例如，CHAR(4)，插入值'abc'，占用的存储空间为 4 字节
VARCHAR(n)	0～65536 字符	变长字符串，n 为字符串的最大长度。占用字节数随输入数据的实际长度变化而变化，最大长度不得超过 n+1。例如，VARCHAR(4)，插入值'abc'，占用的存储空间为 4 字节；插入值'abcd'，占用的存储空间为 5 字节
BINARY(n)	0～255 字节	固定长度的二进制数据，n 为字节。若输入数据的字节长度超过了 n 值，超出部分将会被截断；否则，不足部分用'\0'填充。例如，BINARY(3)，插入值'a\0'时，该值会变成'a\0\0'
VARBINARY(n)	0～65536　字节	可变长度的二进制数据，n 为字节
ENUM	1～65535 个值	枚举类型，该类型字段的值只能为枚举值中的某一个，语法格式为：ENUM ('值 1', '值 2',..., '值 n')。例如，性别字段数据类型可以设为 ENUM('男', '女')
SET	1～64 个值	集合类型，该类型字段的值允许从集合中取得多个值，语法格式为：SET('值 1', '值 2',..., '值 n')。例如，人的兴趣爱好字段数据类型可以设为 SET（'听音乐', '看电影', '购物', '游泳', '旅游'），该字段的值从集合中取值，且可以取多个值
BIT(n)	1～64 位	位字段类型。如果输入的值的长度小于 n 位，在值的左边用 0 填充。例如，BIT(6)分配 b'101'的效果与分配 b'000101'的相同
TINYBLOB	0～255 字节	不超过 255 字节的二进制字符串
BLOB	0～65535 字节	二进制形式的文本数据，主要存储图片、音频等信息
MEDIUMBLOB	0～16777215 字节	二进制形式的中等长度文本数据
LONGBLOB	0～4294967295 字节	二进制形式的极大长度文本数据
TINYTEXT	0～255 字节	短文本字符串
TEXT	0～65535 字节	文本数据，例如新闻内容、博客、日志等数据
MEDIUMTEXT	0～16777215 字节	中等长度文本数据
LONGTEXT	0～4294967295 字节	极大长度文本数据

3.3 数据表的基本操作

数据表的基本操作有创建数据表、查看数据表、修改数据表和删除数据表。

视频 3-2　数据库的基本操作

3.3.1 创建数据表

数据库创建成功之后，接下来就要在数据库中创建数据表，因为表是数据库中存放数据的对象实体。没有表，数据库中其他的数据对象就都没有意义。注意，在创建数据表之前，一定要使用“USE 数据库名称;”明确是在哪个数据库中创建表的，否则会出现“No database selected”错误。创建数据表的语法格式如下：

```
CREATE TABLE 数据表名称
(
字段名 1 数据类型[完整性约束条件],
字段名 2 数据类型[完整性约束条件],
    …
字段名 n 数据类型[完整性约束条件]
);
```

在上述语法格式中，“数据表名称”是要创建的数据表的名字，“字段名”是数据表的列名，“完整性约束条件”是字段的某些特殊约束条件，关于表的约束将在 3.4 节进行详细讲解。

【例 3-6】在 xxgc 数据库中创建一个用于存储教师信息的表 teacher，其结构如表 3-4 所示。

表 3-4　teacher 表结构

字段名	数据类型	说明
id	INT(5)	教师的工号
name	VARCHAR(10)	教师的姓名
email	VARCHAR(30)	教师的邮箱地址

选择创建表的数据库，创建表的 SQL 语句如下：

```
CREATE DATABASE xxgc;
USE xxgc;
CREATE TABLE teacher
(
id INT(5),
name VARCHAR(10),
email VARCHAR(30)
);
```

执行结果如图 3-6 所示。

```
mysql> USE xxgc;
Database changed
mysql> CREATE TABLE teacher
    -> (
    -> id INT(5),
    -> name VARCHAR(10),
    -> email VARCHAR(30)
    -> );
Query OK, 0 rows affected, 1 warning (0.61 sec)
```

图 3-6　使用 CREATE TABLE 语句创建数据表

SQL 语句执行后显示“Query OK”，说明语句执行成功，即数据表创建成功。

3.3.2　查看数据表

使用 SQL 语句创建好数据表之后，可以查看数据表，以确认数据表的定义是否正确。在 MySQL 中，查看数据表的方式有两种。

1. 使用 SHOW CREATE TABLE 查看数据表

语法格式如下：

```
SHOW CREATE TABLE 数据表名称;
```

其中，“数据表名称”（后面简称“表名”）是要查看的数据表的名字。

【例 3-7】使用 SHOW CREATE TABLE 语句查看 teacher 表。

SQL 语句如下：

```
SHOW CREATE TABLE teacher;
```

执行结果如图 3-7 所示。

```
mysql> SHOW CREATE TABLE teacher;
+---------+---------------------------------------------------------------------------------+
| Table   | Create Table                                                                    |
+---------+---------------------------------------------------------------------------------+
| teacher | CREATE TABLE `teacher` (
  `id` int(5) DEFAULT NULL,
  `name` varchar(10) COLLATE utf8_bin DEFAULT NULL,
  `email` varchar(30) COLLATE utf8_bin DEFAULT NULL
) ENGINE=InnoDB DEFAULT CHARSET=utf8 COLLATE=utf8_bin |
+---------+---------------------------------------------------------------------------------+
1 row in set (0.00 sec)
```

图 3-7　使用 SHOW CREATE TABLE 语句查看数据表

从图 3-7 可以看出 teacher 表的定义信息，包括字符编码方式。但显示结果比较混乱，这时可以在“SHOW CREATE TABLE 数据表名称”之后加上参数“\G”，使显示结果整齐美观。重新执行后结果如图 3-8 所示。

```
mysql> SHOW CREATE TABLE teacher\G
*************************** 1. row ***************************
       Table: teacher
Create Table: CREATE TABLE `teacher` (
  `id` int(5) DEFAULT NULL,
  `name` varchar(10) COLLATE utf8_bin DEFAULT NULL,
  `email` varchar(30) COLLATE utf8_bin DEFAULT NULL
) ENGINE=InnoDB DEFAULT CHARSET=utf8 COLLATE=utf8_bin
1 row in set (0.00 sec)
```

图 3-8　使用参数“\G”查看数据表

注意：

“SHOW CREATE TABLE 数据表名称\G”语句后面不要加分号。

2. 使用 DESCRIBE 查看数据表

使用 DESCRIBE 查看数据表，可以查看数据表的字段名、类型、是否为空、是否为主键等信息。语法格式如下：

```
DESCRIBE 数据表名称;
```

或者使用简写：

```
DESC 数据表名称;
```

【例 3-8】使用 DESCRIBE 查看 teacher 表。

SQL 语句如下：

```
DESCRIBE teacher;
```

执行结果如图 3-9 所示。其中：

（1）Field 表示该表的字段名；

（2）Type 表示对应字段的数据类型；

（3）Null 表示对应字段是否可以存储空值；

（4）Key 表示对应字段是否编制索引和约束；

（5）Default 表示对应字段是否有默认值；

（6）Extra 表示获取到的与对应字段相关的附加信息。

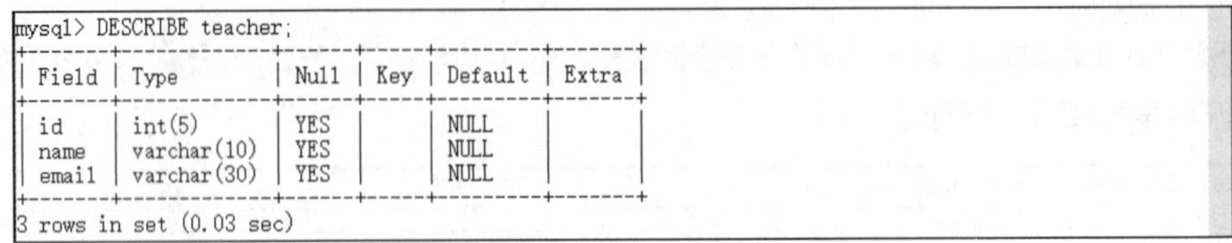

```
mysql> DESCRIBE teacher;
+-------+-------------+------+-----+---------+-------+
| Field | Type        | Null | Key | Default | Extra |
+-------+-------------+------+-----+---------+-------+
| id    | int(5)      | YES  |     | NULL    |       |
| name  | varchar(10) | YES  |     | NULL    |       |
| email | varchar(30) | YES  |     | NULL    |       |
+-------+-------------+------+-----+---------+-------+
3 rows in set (0.03 sec)
```

图 3-9　使用 DESCRIBE 查看数据表

3.3.3　修改数据表

数据表创建之后，还可以对表中的某些信息进行修改。修改数据表，就是修改数据表的结构以及表中字段的信息，比如修改表名、修改字段名、修改字段的数据类型等。

1. 修改表名

语法格式如下：

```
ALTER TABLE 旧表名 RENAME [TO] 新表名;
```

其中，关键字 TO 是可选的。

【例 3-9】将数据库 xxgc 中的 teacher 表的表名改为 xxgc_teacher。

修改表名之前，先用 SHOW TABLES 语句查看数据库中的表，结果如图 3-10 所示。

```
mysql> SHOW TABLES;
+-----------------+
| Tables_in_xxgc  |
+-----------------+
| teacher         |
+-----------------+
1 row in set (0.02 sec)
```

图 3-10　使用 SHOW TABLES 语句查看数据表

执行下述语句，将 teacher 表的表名改为 xxgc_teacher。

```
ALTER TABLE teacher RENAME xxgc_teacher;
```

语句执行成功后，再用 SHOW TABLES 语句查看数据库中的表，结果如图 3-11 所示。

```
mysql>  SHOW TABLES;
+-----------------+
| Tables_in_xxgc  |
+-----------------+
| xxgc_teacher    |
+-----------------+
1 row in set (0.00 sec)
```

图 3-11　使用 SHOW TABLES 语句查看 ALTER TABLE 语句执行结果

从图 3-11 可以看出，数据库 xxgc 中的 teacher 表的表名已经被成功修改为 xxgc_teacher。

2. 修改字段名

语法格式如下：

```
ALTER TABLE 表名 CHANGE 旧字段名 新字段名 新数据类型;
```

其中，“旧字段名”是修改之前的字段名称，“新字段名”是修改之后的字段名称，“新数据类型”是修改后的数据类型。注意，修改后的数据类型不能为空。如果只修改字段名，不修改数据类型，可以将“新数据类型”写为该字段原来的数据类型。

【例 3-10】将 xxgc_teacher 表中的 id 字段改名为 workid，数据类型保持不变。

修改字段名之前，首先查看 xxgc_teacher 表的信息，执行结果如图 3-12 所示。

```
mysql> DESC xxgc_teacher;
+-------+-------------+------+-----+---------+-------+
| Field | Type        | Null | Key | Default | Extra |
+-------+-------------+------+-----+---------+-------+
| id    | int(5)      | YES  |     | NULL    |       |
| name  | varchar(10) | YES  |     | NULL    |       |
| email | varchar(30) | YES  |     | NULL    |       |
+-------+-------------+------+-----+---------+-------+
3 rows in set (0.12 sec)
```

图 3-12　例 3-10 执行结果（1）

执行下述语句，将 xxgc_teacher 表中的 id 字段改名为 workid。

```
ALTER TABLE xxgc_teacher CHANGE id workid INT(5);
```

语句成功执行后，再查看一下 xxgc_teacher 表的信息，执行结果如图 3-13 所示。

```
mysql> DESC xxgc_teacher;
+--------+-------------+------+-----+---------+-------+
| Field  | Type        | Null | Key | Default | Extra |
+--------+-------------+------+-----+---------+-------+
| workid | int(5)      | YES  |     | NULL    |       |
| name   | varchar(10) | YES  |     | NULL    |       |
| email  | varchar(30) | YES  |     | NULL    |       |
+--------+-------------+------+-----+---------+-------+
3 rows in set (0.01 sec)
```

图 3-13　例 3-10 执行结果（2）

从图 3-13 可以看出，xxgc_teacher 表中的 id 字段已经成功改名为 workid。

3. 修改字段的数据类型

语法格式如下：

```
ALTER TABLE 表名 MODIFY 字段名 新数据类型;
```

【例 3-11】将 xxgc_teacher 表中的 workid 字段的数据类型由 INT(5)修改为 TINYINT。

执行修改语句之前，先查看 xxgc_teacher 表的结构，执行结果如图 3-14 所示。

```
mysql> DESC xxgc_teacher;
+--------+-------------+------+-----+---------+-------+
| Field  | Type        | Null | Key | Default | Extra |
+--------+-------------+------+-----+---------+-------+
| workid | int(5)      | YES  |     | NULL    |       |
| name   | varchar(10) | YES  |     | NULL    |       |
| email  | varchar(30) | YES  |     | NULL    |       |
+--------+-------------+------+-----+---------+-------+
3 rows in set (0.01 sec)
```

图 3-14　例 3-11 执行结果（1）

执行修改语句:

```
ALTER TABLE xxgc_teacher MODIFY workid TINYINT;
```

命令成功执行后，再查看一下 xxgc_teacher 表的结构，执行结果如图 3-15 所示。

```
mysql> DESC xxgc_teacher;
+--------+-------------+------+-----+---------+-------+
| Field  | Type        | Null | Key | Default | Extra |
+--------+-------------+------+-----+---------+-------+
| workid | tinyint(4)  | YES  |     | NULL    |       |
| name   | varchar(10) | YES  |     | NULL    |       |
| email  | varchar(30) | YES  |     | NULL    |       |
+--------+-------------+------+-----+---------+-------+
3 rows in set (0.01 sec)
```

图 3-15　例 3-11 执行结果（2）

从图 3-15 可以看出，workid 字段的数据类型已经成功地由 INT(5)修改为 TINYINT。

4. 添加字段

语法格式如下:

```
ALTER TABLE 表名 ADD 新字段名 数据类型 [完整性约束条件]  [FIRST|AFTER 已经存在的字段名];
```

其中，“新字段名”是新添加的字段的名称；“FIRST”是可选参数，用于将新添加的字段设置为表的第一个字段；“AFTER 已经存在的字段名”是可选参数，用于将新添加的字段添加到指定的字段的后面。若不指定位置，则默认将新添加的字段添加到表的末尾。

【例 3-12】在 xxgc_teacher 表中添加一个没有完整性约束条件的 INT(4)类型的 age 字段。

SQL 语句如下:

```
ALTER TABLE xxgc_teacher ADD age INT(4);
```

为了验证 age 字段是否添加成功，使用 DESC 语句查看数据表 xxgc_teacher 的结构，执行结果如图 3-16 所示。

```
mysql> DESC xxgc_teacher;
+--------+-------------+------+-----+---------+-------+
| Field  | Type        | Null | Key | Default | Extra |
+--------+-------------+------+-----+---------+-------+
| workid | tinyint(4)  | YES  |     | NULL    |       |
| name   | varchar(10) | YES  |     | NULL    |       |
| email  | varchar(30) | YES  |     | NULL    |       |
| age    | int(4)      | YES  |     | NULL    |       |
+--------+-------------+------+-----+---------+-------+
4 rows in set (0.01 sec)
```

图 3-16　例 3-12 执行结果

从图 3-16 可以看出，在 xxgc_teacher 表中已经成功添加一个 age 字段，数据类型为 INT(4)。

5. 删除字段

语法格式如下:

```
ALTER TABLE 表名 DROP 字段名;
```

【例 3-13】删除 xxgc_teacher 表中的 email 字段。

SQL 语句如下:

```
ALTER TABLE xxgc_teacher DROP email;
```

为了验证 email 字段是否删除成功，使用 DESC 语句查看数据表 xxgc_teacher 的结构，执行结果如图 3-17 所示。

```
mysql> DESC xxgc_teacher;
+--------+-------------+------+-----+---------+-------+
| Field  | Type        | Null | Key | Default | Extra |
+--------+-------------+------+-----+---------+-------+
| workid | tinyint(4)  | YES  |     | NULL    |       |
| name   | varchar(10) | YES  |     | NULL    |       |
| age    | int(4)      | YES  |     | NULL    |       |
+--------+-------------+------+-----+---------+-------+
3 rows in set (0.01 sec)
```

图 3-17　例 3-13 执行结果

从图 3-17 可以看出，xxgc_teacher 表中的 email 字段已经不存在了。

6. 修改字段的位置

语法格式如下：

```
ALTER TABLE 表名 MODIFY 字段名 1 新数据类型 FIRST|AFTER 字段名 2;
```

其中，“FIRST”是可选参数，用于将“字段名 1”设置为表的第一个字段；“AFTER 字段名 2”是可选参数，用于将“字段名 1”移动到“字段名 2”的后面。此语句可以同时修改字段的数据类型和位置。如果只修改字段位置，不修改数据类型，可以将“新数据类型”写为该字段原来的数据类型。

【例 3-14】将 xxgc_teacher 表中的 name 字段修改为表中的第一个字段。

SQL 语句如下：

```
ALTER TABLE xxgc_teacher MODIFY name VARCHAR(10) FIRST;
```

使用 DESC 语句查看数据表 xxgc_teacher 的结构，执行结果如图 3-18 所示。

```
mysql> DESC xxgc_teacher;
+--------+-------------+------+-----+---------+-------+
| Field  | Type        | Null | Key | Default | Extra |
+--------+-------------+------+-----+---------+-------+
| name   | varchar(10) | YES  |     | NULL    |       |
| workid | tinyint(4)  | YES  |     | NULL    |       |
| age    | int(4)      | YES  |     | NULL    |       |
+--------+-------------+------+-----+---------+-------+
3 rows in set (0.01 sec)
```

图 3-18　例 3-14 执行结果

从图 3-18 可以看出，name 字段已经被修改为 xxgc_teacher 表中的第一个字段了。

【例 3-15】将 xxgc_teacher 表中的 workid 字段移动到 age 字段之后。

SQL 语句如下：

```
ALTER TABLE xxgc_teacher MODIFY workid TINYINT AFTER age;
```

使用 DESC 语句查看数据表 xxgc_teacher 的结构，执行结果如图 3-19 所示。

```
mysql> DESC xxgc_teacher;
+--------+-------------+------+-----+---------+-------+
| Field  | Type        | Null | Key | Default | Extra |
+--------+-------------+------+-----+---------+-------+
| name   | varchar(10) | YES  |     | NULL    |       |
| age    | int(4)      | YES  |     | NULL    |       |
| workid | tinyint(4)  | YES  |     | NULL    |       |
+--------+-------------+------+-----+---------+-------+
3 rows in set (0.02 sec)
```

图 3-19　例 3-15 执行结果

从图 3-19 可以看出，xxgc_teacher 表中的 workid 字段已经被成功移动到 age 字段之后。

3.3.4 删除数据表

删除数据表是指删除数据库中已经存在的表，同时，该数据表中的数据也会被删除。注意，一般一个数据库中的多个数据表可能会相互关联，要删除具有关联关系的数据表比较复杂，将在后续章节介绍。本小节主要讲述删除没有关联关系的数据表。

删除数据表的语法格式如下：

```
DROP TABLE 表名;
```

【例 3-16】删除 xxgc_teacher 表。

SQL 语句如下：

```
DROP TABLE xxgc_teacher;
```

为了验证数据表 xxgc_teacher 是否删除成功，可使用 DESC 语句查看数据表，执行结果如图 3-20 所示。

```
mysql> DESC xxgc_teacher;
ERROR 1146 (42S02): Table 'xxgc.xxgc_teacher' doesn't exist
```

图 3-20 使用 DESC 语句查看 DROP TABLE 语句执行结果

从图 3-20 可以看出，xxgc_teacher 表已经不存在了，说明数据表 xxgc_teacher 已被成功删除。

3.4 数据表的约束

约束的目的是保证数据库中数据的完整性和一致性。在 MySQL 中，常见的表约束有以下几种：主键约束（PRIMARY KEY CONSTRAINT）、外键约束（FOREIGN KEY CONSTRAINT）、非空约束（NOT NULL CONSTRAINT）、唯一约束（UNIQUE CONSTRAINT）、默认约束（DEFAULT CONSTRAINT）以及检查约束（CHECK CONSTRAINT）。

3.4.1 主键约束

主键又称为主码，由表中一个字段或多个字段组成。主键约束要求主键字段中的数据唯一，并且不允许为空。主键能够唯一地标识表中的一条记录。主键分为两种类型：单字段主键和复合主键。

视频 3-3 主键约束和外键约束

注意：

每个数据表中最多只能有一个主键。

1. 单字段主键

（1）创建表时指定主键。

语法格式如下：

```
字段名 数据类型 PRIMARY KEY;
```

【例 3-17】创建一个 company 表，并设置 company_id 为主键。

SQL 语句如下：

```
CREATE TABLE company
(
company_id INT(11) PRIMARY KEY,
company_name VARCHAR(50),
company_address VARCHAR(200)
);
```

执行上述语句之后，用 DESC 语句查看数据表 company 的结构，执行结果如图 3-21 所示。

```
mysql> DESC company;
+-----------------+--------------+------+-----+---------+-------+
| Field           | Type         | Null | Key | Default | Extra |
+-----------------+--------------+------+-----+---------+-------+
| company_id      | int(11)      | NO   | PRI | NULL    |       |
| company_name    | varchar(50)  | YES  |     | NULL    |       |
| company_address | varchar(200) | YES  |     | NULL    |       |
+-----------------+--------------+------+-----+---------+-------+
3 rows in set (0.01 sec)
```

图 3-21　例 3-17 执行结果

从图 3-21 可以看出，字段 company_id 的“Key”列的值为“PRI”，表示此字段为主键。

（2）为已存在的表添加主键约束。

语法格式如下：

```
ALTER TABLE 表名 MODIFY 字段名 数据类型 PRIMARY KEY;
```

【例 3-18】 将 company 表的 company_id 字段修改为主键。

首先将前面创建的 company 表删除，然后重新创建 company 表，SQL 语句如下：

```
DROP TABLE company;
CREATE TABLE company
(
company_id INT(11),
company_name VARCHAR(50),
company_address VARCHAR(200)
);
```

执行上述语句之后，用 DESC 语句查看数据表 company 的结构，执行结果如图 3-22 所示。

```
mysql> DESC company;
+-----------------+--------------+------+-----+---------+-------+
| Field           | Type         | Null | Key | Default | Extra |
+-----------------+--------------+------+-----+---------+-------+
| company_id      | int(11)      | YES  |     | NULL    |       |
| company_name    | varchar(50)  | YES  |     | NULL    |       |
| company_address | varchar(200) | YES  |     | NULL    |       |
+-----------------+--------------+------+-----+---------+-------+
3 rows in set (0.11 sec)
```

图 3-22　例 3-18 创建表执行结果

接下来，使用 ALTER 语句将 company_id 字段修改为主键：

```
ALTER TABLE company MODIFY company_id INT(11) PRIMARY KEY;
```

为了验证 company_id 字段的主键约束是否添加成功，再次使用 DESC 语句查看数据表 company 的结构，执行结果如图 3-23 所示。

```
mysql> DESC company;
+-----------------+--------------+------+-----+---------+-------+
| Field           | Type         | Null | Key | Default | Extra |
+-----------------+--------------+------+-----+---------+-------+
| company_id      | int(11)      | NO   | PRI | NULL    |       |
| company_name    | varchar(50)  | YES  |     | NULL    |       |
| company_address | varchar(200) | YES  |     | NULL    |       |
+-----------------+--------------+------+-----+---------+-------+
3 rows in set (0.01 sec)
```

图 3-23　例 3-18 使用 ALTER 语句执行结果

从图 3-23 可以看出，字段 company_id 的“Key”列的值为“PRI”，表示此字段为主键。

（3）删除主键约束。

语法格式如下：

```
ALTER TABLE 表名 DROP PRIMARY KEY;
```

【例 3-19】删除 company 表中的 company_id 字段的主键约束。

SQL 语句如下：

```
ALTER TABLE company DROP PRIMARY KEY;
```

为了验证 company_id 字段的主键约束是否删除，使用 DESC 语句查看数据表 company 的结构，执行结果如图 3-24 所示。

```
mysql> DESC company;
+-----------------+--------------+------+-----+---------+-------+
| Field           | Type         | Null | Key | Default | Extra |
+-----------------+--------------+------+-----+---------+-------+
| company_id      | int(11)      | NO   |     | NULL    |       |
| company_name    | varchar(50)  | YES  |     | NULL    |       |
| company_address | varchar(200) | YES  |     | NULL    |       |
+-----------------+--------------+------+-----+---------+-------+
3 rows in set (0.01 sec)
```

图 3-24　例 3-19 执行结果

从图 3-24 可以看出，字段 company_id 的“Key”列的值为空，表示此字段不是主键了。

2. 复合主键

复合主键指主键由多个字段组成。

（1）创建表时指定复合主键。

语法格式如下：

```
PRIMARY KEY (字段名 1,字段名 2,...,字段名 n);
```

其中，“字段名 1,字段名 2,...,字段名 n”指的是构成主键的多个字段的名称。

【例 3-20】创建一个 sales 表，其中 product_id 和 region_code 字段作为复合主键。

SQL 语句如下：

```
CREATE TABLE sales
(
product_id INT(11),
region_code VARCHAR(10),
quantity INT(11),
price FLOAT,
PRIMARY KEY (product_id,region_code)
 );
```

执行上述语句之后，用 DESC 语句查看数据表 sales 的结构，执行结果如图 3-25 所示。

```
mysql> DESC sales;
+--------------+-------------+------+-----+---------+-------+
| Field        | Type        | Null | Key | Default | Extra |
+--------------+-------------+------+-----+---------+-------+
| product_id   | int(11)     | NO   | PRI | 0       |       |
| region_code  | varchar(10) | NO   | PRI |         |       |
| quantity     | int(11)     | YES  |     | NULL    |       |
| price        | float       | YES  |     | NULL    |       |
+--------------+-------------+------+-----+---------+-------+
4 rows in set (0.01 sec)
```

图 3-25　例 3-20 执行结果

从图 3-25 可以看出，字段 product_id 和 region_code 的“Key”列的值为“PRI”，表示这两个字段合起来为主键。

（2）为已存在的表添加复合主键。

语法格式如下：

```
ALTER TABLE 表名 ADD PRIMARY KEY (字段名 1,字段名 2,...,字段名 n);
```

【例 3-21】 将 sales 表的 product_id 字段和 region_code 字段作为复合主键。

首先将前面创建的 sales 表删除，重新创建 sales 表，SQL 语句如下：

```
DROP TABLE sales;
CREATE TABLE sales
(
product_id INT(11),
region_code VARCHAR(10),
quantity INT(11),
price FLOAT
);
```

执行上述语句之后，用 DESC 查看数据表 sales 的结构，执行结果如图 3-26 所示。

```
mysql> DESC sales;
+--------------+-------------+------+-----+---------+-------+
| Field        | Type        | Null | Key | Default | Extra |
+--------------+-------------+------+-----+---------+-------+
| product_id   | int(11)     | YES  |     | NULL    |       |
| region_code  | varchar(10) | YES  |     | NULL    |       |
| quantity     | int(11)     | YES  |     | NULL    |       |
| price        | float       | YES  |     | NULL    |       |
+--------------+-------------+------+-----+---------+-------+
4 rows in set (0.01 sec)
```

图 3-26　例 3-21 创建表执行结果

接下来，使用 ALTER 语句将 sales 表的 product_id 字段和 region_code 字段设为复合主键：

```
ALTER TABLE sales ADD PRIMARY KEY (product_id, region_code);
```

为了验证 product_id 字段和 region_code 字段作为复合主键是否添加成功，再次使用 DESC 语句查看数据表 sales 的结构，执行结果如图 3-27 所示。

```
mysql> DESC sales;
+--------------+-------------+------+-----+---------+-------+
| Field        | Type        | Null | Key | Default | Extra |
+--------------+-------------+------+-----+---------+-------+
| product_id   | int(11)     | NO   | PRI | 0       |       |
| region_code  | varchar(10) | NO   | PRI |         |       |
| quantity     | int(11)     | YES  |     | NULL    |       |
| price        | float       | YES  |     | NULL    |       |
+--------------+-------------+------+-----+---------+-------+
4 rows in set (0.01 sec)
```

图 3-27　例 3-21 使用 ALTER 语句执行结果

（3）删除复合主键约束。

语法格式如下:

```
ALTER TABLE 表名 DROP PRIMARY KEY;
```

【例 3-22】删除 sales 表中的 product_id 字段和 region_code 字段的复合主键约束。

SQL 语句如下:

```
ALTER TABLE sales DROP PRIMARY KEY;
```

为了验证 product_id 字段和 region_code 字段的复合主键约束是否删除，使用 DESC 语句查看数据表 sales 的结构，执行结果如图 3-28 所示。

```
mysql> DESC sales;
+-------------+-------------+------+-----+---------+-------+
| Field       | Type        | Null | Key | Default | Extra |
+-------------+-------------+------+-----+---------+-------+
| product_id  | int(11)     | NO   |     | NULL    |       |
| region_code | varchar(10) | NO   |     | NULL    |       |
| quantity    | int(11)     | YES  |     | NULL    |       |
| price       | float       | YES  |     | NULL    |       |
+-------------+-------------+------+-----+---------+-------+
4 rows in set (0.00 sec)
```

图 3-28　例 3-22 执行结果

从图 3-28 可以看出，product_id 字段和 region_code 字段的“key”列的值为空，表示它们组成的复合主键不存在了。

3.4.2　外键约束

外键用来在两个表的数据之间建立关联，它可以是一个字段或者多个字段。一个表可以有一个或者多个外键。外键对应的是参照完整性，一个表的外键可以为空值，若不为空值，则每一个外键值必须等于另一个表中主键的某个值。注意，关联指的是在关系数据库中，相关表之间的联系，它是通过相同或者相容的字段或字段组来表示的。子表的外键必须关联父表的主键，且关联字段的数据类型必须匹配。

定义外键后，主表中不允许删除与子表中具有关联关系的记录。

主表（父表）：对于两个具有关联关系的表而言，相关联字段中主键所在的表即主表。

从表（子表）：对于两个具有关联关系的表而言，相关联字段中外键所在的表即从表。

（1）创建表时添加外键约束。

语法格式如下:

```
CONSTRAINT 外键名 FOREIGN KEY（从表的字段名）REFERENCES 主表名（主表的主键字段）
```

其中，“外键名”是指从表创建的外键约束的名字。

【例 3-23】创建主表 dept 和从表 emp，并为 emp 表添加外键。

步骤 1：创建主表 dept。

```
CREATE TABLE dept
(
 id INT(11) PRIMARY KEY,
name VARCHAR(22),
location VARCHAR(50),
```

```
description VARCHAR(200)
);
```

步骤 2：创建从表 emp。

```
CREATE TABLE emp
(
 id INT(11) PRIMARY KEY,
name VARCHAR(25),
dept_id INT(11),
salary FLOAT,
CONSTRAINT fk_emp_dept FOREIGN KEY(dept_id) REFERENCES dept(id)
 );
```

执行上述语句之后，使用 SHOW CREATE TABLE 语句查看数据表 dept 的结构，执行结果如图 3-29 所示。

```
mysql> SHOW CREATE TABLE dept;
+-------+------------------------------------------------------------------------------
------------------------------------------------------------------------------------------
------------+
| Table | Create Table

            |
+-------+------------------------------------------------------------------------------
------------------------------------------------------------------------------------------
------------+
| dept  | CREATE TABLE `dept` (
  `id` int(11) NOT NULL,
  `name` varchar(22) DEFAULT NULL,
  `location` varchar(50) DEFAULT NULL,
  `description` varchar(200) DEFAULT NULL,
  PRIMARY KEY (`id`)
) ENGINE=InnoDB DEFAULT CHARSET=utf8 |
+-------+------------------------------------------------------------------------------
------------------------------------------------------------------------------------------
------------+
1 row in set (0.00 sec)
```

图 3-29　例 3-23 查看 dept 表执行结果

用 SHOW CREATE TABLE 语句查看数据表 emp 的结构，执行结果如图 3-30 所示。

```
mysql> SHOW CREATE TABLE emp;
+-------+------------------------------------------------------------------------------
------------------------------------------------------------------------------------------
-------------------------------------------------------------------------------------+
| Table | Create Table

                                                                                   |
+-------+------------------------------------------------------------------------------
------------------------------------------------------------------------------------------
-------------------------------------------------------------------------------------+
| emp   | CREATE TABLE `emp` (
  `id` int(11) NOT NULL,
  `name` varchar(25) DEFAULT NULL,
  `dept_id` int(11) DEFAULT NULL,
  `salary` float DEFAULT NULL,
  PRIMARY KEY (`id`),
  KEY `fk_emp_dept` (`dept_id`),
  CONSTRAINT `fk_emp_dept` FOREIGN KEY (`dept_id`) REFERENCES `dept` (`id`)
) ENGINE=InnoDB DEFAULT CHARSET=utf8 |
+-------+------------------------------------------------------------------------------
------------------------------------------------------------------------------------------
-------------------------------------------------------------------------------------+
1 row in set (0.00 sec)
```

图 3-30　例 3-23 查看 emp 表执行结果

从图 3-30 可以看出已经成功地创建了 dept 表和 emp 表的主外键关联。需要特别注意，主表 dept 的主键字段 id 和从表 emp 的外键字段 dept_id 的数据类型必须兼容或者一致，且含义相同。

在创建表时创建表的主外键关联，必须先创建主表，再创建从表。

（2）为已存在的表添加外键约束。

语法格式如下：

```
ALTER TABLE 从表名 ADD CONSTRAINT 外键名 FOREIGN KEY(从表的字段名)
REFERENCES 主表名（主表的主键字段）；
```

其中，“外键名”是指从表创建的外键约束的名字。

【例 3-24】删除前面创建的 dept 表和 emp 表，重新创建主表 dept 和从表 emp，并为 emp 表添加外键。

步骤 1：删除 emp 表和 dept 表。

```
DROP TABLE emp;
DROP TABLE dept;
```

步骤 2：创建主表 dept。

```
CREATE TABLE dept
(
id INT(11) PRIMARY KEY,
name VARCHAR(22),
location VARCHAR(50),
description VARCHAR(200)
);
```

步骤 3：创建从表 emp。

```
CREATE TABLE emp
(
id INT(11) PRIMARY KEY,
name VARCHAR(25),
dept_id INT(11),
salary FLOAT
 );
```

执行上述语句之后，使用 SHOW CREATE TABLE 语句查看数据表 dept，执行结果如图 3-31 所示。

```
mysql> SHOW CREATE TABLE dept;
+-------+-----------------------------------------------------------------------
------------------------------------------------------------------------------
------------+
| Table | Create Table

              |
+-------+-----------------------------------------------------------------------
------------------------------------------------------------------------------
------------+
| dept  | CREATE TABLE `dept` (
  `id` int(11) NOT NULL,
  `name` varchar(22) DEFAULT NULL,
  `location` varchar(50) DEFAULT NULL,
  `description` varchar(200) DEFAULT NULL,
  PRIMARY KEY (`id`)
) ENGINE=InnoDB DEFAULT CHARSET=utf8 |
+-------+-----------------------------------------------------------------------
------------------------------------------------------------------------------
------------+
1 row in set (0.00 sec)
```

图 3-31　例 3-24 查看 dept 表执行结果

使用 SHOW CREATE TABLE 语句查看数据表 emp，执行结果如图 3-32 所示。

```
mysql> SHOW CREATE TABLE emp;
+-------+------------------------------------------------------------------------
| Table | Create Table
+-------+------------------------------------------------------------------------
| emp   | CREATE TABLE `emp` (
  `id` int(11) NOT NULL,
  `name` varchar(25) DEFAULT NULL,
  `dept_id` int(11) DEFAULT NULL,
  `salary` float DEFAULT NULL,
  PRIMARY KEY (`id`)
) ENGINE=InnoDB DEFAULT CHARSET=utf8 |
+-------+------------------------------------------------------------------------
1 row in set (0.00 sec)
```

图 3-32　例 3-24 查看 emp 表执行结果

接下来，使用 ALTER 语句为 emp 表添加外键：

```
ALTER TABLE emp ADD CONSTRAINT fk_emp_dept FOREIGN KEY (dept_id) REFERENCES dept (id);
```

为了验证 emp 表添加外键是否成功，再次使用 SHOW CREATE TABLE 语句查看数据表 emp，执行结果如图 3-33 所示。

```
mysql> SHOW CREATE TABLE emp;
+-------+------------------------------------------------------------------------
| Table | Create Table
+-------+------------------------------------------------------------------------
| emp   | CREATE TABLE `emp` (
  `id` int(11) NOT NULL,
  `name` varchar(25) DEFAULT NULL,
  `dept_id` int(11) DEFAULT NULL,
  `salary` float DEFAULT NULL,
  PRIMARY KEY (`id`),
  KEY `fk_emp_dept` (`dept_id`),
  CONSTRAINT `fk_emp_dept` FOREIGN KEY (`dept_id`) REFERENCES `dept` (`id`)
) ENGINE=InnoDB DEFAULT CHARSET=utf8 |
+-------+------------------------------------------------------------------------
1 row in set (0.00 sec)
```

图 3-33　例 3-24 查看添加外键执行结果

对比图 3-32 和图 3-33，可以看出已经成功地创建了 dept 表和 emp 表的主外键关联。

（3）删除外键约束。

语法格式如下：

```
ALTER TABLE 从表名 DROP FOREIGN KEY 外键名;
```

【例 3-25】 删除 emp 表中 dept_id 字段的外键约束，其外键约束名是 fk_emp_dept。

SQL 语句如下：

```
ALTER TABLE emp DROP FOREIGN KEY fk_emp_dept;
```

为了验证 emp 表中 dept_id 字段的外键约束是否删除，使用 SHOW CREATE TABLE 语句查看数据表 emp，执行结果如图 3-34 所示。

对比图 3-33 和图 3-34，可以看出已经成功地删除了 dept 表和 emp 表的主外键关联。但是仍出现了“KEY ‘fk_emp_dept’ (‘dept_id’)”的信息，这是因为 MySQL 在创建外键后，会自动创建一个同名的索引。外键可以被删除，但索引不会被删除。我们将会在后续章节中详细介绍索引。

```
mysql> SHOW CREATE TABLE emp;
+-------+---------------------------------------------------------
| Table | Create Table
                                                          |
+-------+---------------------------------------------------------
| emp   | CREATE TABLE `emp` (
  `id` int(11) NOT NULL,
  `name` varchar(25) DEFAULT NULL,
  `dept_id` int(11) DEFAULT NULL,
  `salary` float DEFAULT NULL,
  PRIMARY KEY (`id`),
  KEY `fk_emp_dept` (`dept_id`)
) ENGINE=InnoDB DEFAULT CHARSET=utf8 |
+-------+---------------------------------------------------------
1 row in set (0.00 sec)
```

图 3-34　例 3-25 执行结果

3.4.3　非空约束

非空约束是指字段的值不能为空。在同一表中可以定义多个非空字段。

视频 3-4　非空约束、唯一约束和默认约束

（1）创建表时添加非空约束。

语法格式如下：

```
字段名 数据类型 NOT NULL;
```

【例 3-26】创建一个 company 表，并设置 company_id 字段作为主键，将表中的 company_address 字段设置为非空约束。

SQL 语句如下：

```
DROP TABLE IF EXISTS company;
CREATE TABLE company
(
company_id INT(11) PRIMARY KEY,
company_name VARCHAR(50),
company_address VARCHAR(200) NOT NULL
);
```

执行上述语句之后，用 DESC 语句查看数据表 company 的结构，执行结果如图 3-35 所示。

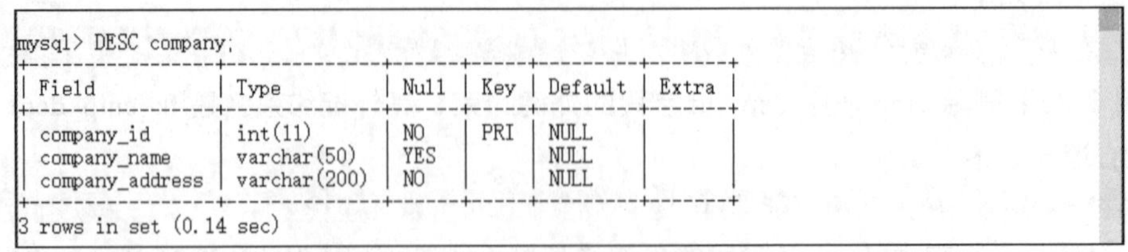

mysql> DESC company;

Field	Type	Null	Key	Default	Extra
company_id	int(11)	NO	PRI	NULL	
company_name	varchar(50)	YES		NULL	
company_address	varchar(200)	NO		NULL	

3 rows in set (0.14 sec)

图 3-35　例 3-26 执行结果

从图 3-35 可以看出，字段 company_address 的“Null”列的值为“NO”，表示这个字段不允许为空。

（2）为已存在的表添加非空约束。

语法格式如下：

```
ALTER TABLE 表名 MODIFY 字段名 新数据类型 NOT NULL;
```

此语句可以同时修改字段的数据类型和增加非空约束。如果不修改字段的数据类型，将“新数据类型”写为字段原来的数据类型即可。

【例 3-27】 将 company 表的 company_address 字段设置为非空约束。

首先创建 company 表，SQL 语句如下：

```
DROP TABLE IF EXISTS company;
CREATE TABLE company
(
company_id INT(11) PRIMARY KEY,
company_name VARCHAR(50),
company_address VARCHAR(200)
);
```

执行上述语句之后，用 DESC 语句查看数据表 company 的结构，执行结果如图 3-36 所示。

```
mysql> DESC company;
+-----------------+--------------+------+-----+---------+-------+
| Field           | Type         | Null | Key | Default | Extra |
+-----------------+--------------+------+-----+---------+-------+
| company_id      | int(11)      | NO   | PRI | NULL    |       |
| company_name    | varchar(50)  | YES  |     | NULL    |       |
| company_address | varchar(200) | YES  |     | NULL    |       |
+-----------------+--------------+------+-----+---------+-------+
3 rows in set (0.01 sec)
```

图 3-36　例 3-27 创建表执行结果

接下来，使用 ALTER 语句将 company_address 字段设置为非空约束：

```
ALTER TABLE company MODIFY company_address VARCHAR(200) NOT NULL;
```

为了验证 company_address 字段的非空约束是否添加成功，再次使用 DESC 语句查看数据表 company 的结构，执行结果如图 3-37 所示。

```
mysql> DESC company;
+-----------------+--------------+------+-----+---------+-------+
| Field           | Type         | Null | Key | Default | Extra |
+-----------------+--------------+------+-----+---------+-------+
| company_id      | int(11)      | NO   | PRI | NULL    |       |
| company_name    | varchar(50)  | YES  |     | NULL    |       |
| company_address | varchar(200) | NO   |     | NULL    |       |
+-----------------+--------------+------+-----+---------+-------+
3 rows in set (0.01 sec)
```

图 3-37　例 3-27 添加非空约束执行结果

从图 3-37 可以看出，字段 company_address 的“Null”列的值为“NO”，表示这个字段不允许为空。

（3）删除非空约束。

语法格式如下：

```
ALTER TABLE 表名 MODIFY 字段名 数据类型;
```

【例 3-28】 删除 company 表的 company_address 字段的非空约束。

SQL 语句如下：

```
ALTER TABLE company MODIFY company_address VARCHAR(200);
```

为了验证 company_address 字段的非空约束是否删除，使用 DESC 语句查看数据表 company 的结构，执行结果如图 3-38 所示。

```
mysql> DESC company;
+-----------------+--------------+------+-----+---------+-------+
| Field           | Type         | Null | Key | Default | Extra |
+-----------------+--------------+------+-----+---------+-------+
| company_id      | int(11)      | NO   | PRI | NULL    |       |
| company_name    | varchar(50)  | YES  |     | NULL    |       |
| company_address | varchar(200) | YES  |     | NULL    |       |
+-----------------+--------------+------+-----+---------+-------+
3 rows in set (0.01 sec)
```

图 3-38　例 3-28 执行结果

从图 3-38 可以看出，字段 company_address 的"Null"列的值为"YES"，表示这个字段允许为空。

3.4.4　唯一约束

唯一约束要求某些列的值唯一，不能重复。唯一约束可以确保一列或者几列不出现重复值。

（1）创建表时添加唯一约束。

语法格式如下：

```
字段名　数据类型　UNIQUE;
```

【例 3-29】创建一个 company 表，并设置 company_id 字段作为主键，将表中的 company_name 字段设置为唯一约束，company_address 字段设置为非空约束。

SQL 语句如下：

```
DROP TABLE IF EXISTS company;
CREATE TABLE company
(
company_id INT(11) PRIMARY KEY,
company_name VARCHAR(50) UNIQUE,
company_address VARCHAR(200) NOT NULL
);
```

执行上述语句之后，用 DESC 语句查看数据表 company 的结构，执行结果如图 3-39 所示。

```
mysql>  DESC company;
+-----------------+--------------+------+-----+---------+-------+
| Field           | Type         | Null | Key | Default | Extra |
+-----------------+--------------+------+-----+---------+-------+
| company_id      | int(11)      | NO   | PRI | NULL    |       |
| company_name    | varchar(50)  | YES  | UNI | NULL    |       |
| company_address | varchar(200) | NO   |     | NULL    |       |
+-----------------+--------------+------+-----+---------+-------+
3 rows in set (0.01 sec)
```

图 3-39　例 3-29 执行结果

从图 3-39 可以看出，字段 company_name 的"Key"列的值为"UNI"，表示这个字段具有唯一约束。

注意：

一个表中可以有多个字段声明为唯一约束，但是只能有一个主键；声明为主键的字段不允许有空值，但是声明为唯一约束的字段允许空值存在。

（2）为已存在的表添加唯一约束。

语法格式如下：

```
ALTER TABLE 表名 MODIFY 字段名 新数据类型 UNIQUE;
```

此语句可以同时修改字段的数据类型和增加唯一约束。如果不修改字段的数据类型，将“新数据类型”写为字段原来的数据类型即可。

【例 3-30】将 company 表的 company_name 字段设置为唯一约束。

首先创建 company 表，SQL 语句如下：

```
DROP TABLE IF EXISTS company;
CREATE TABLE company
(
company_id INT(11) PRIMARY KEY,
company_name VARCHAR(50),
company_address VARCHAR(200) NOT NULL
);
```

执行上述语句之后，用 DESC 语句查看数据表 company 的结构，执行结果如图 3-40 所示。

```
mysql> DESC company;
+-----------------+--------------+------+-----+---------+-------+
| Field           | Type         | Null | Key | Default | Extra |
+-----------------+--------------+------+-----+---------+-------+
| company_id      | int(11)      | NO   | PRI | NULL    |       |
| company_name    | varchar(50)  | YES  |     | NULL    |       |
| company_address | varchar(200) | NO   |     | NULL    |       |
+-----------------+--------------+------+-----+---------+-------+
3 rows in set (0.13 sec)
```

图 3-40 例 3-30 创建表执行结果

接下来，使用 ALTER 语句为 company_name 字段添加唯一约束：

```
ALTER TABLE company MODIFY company_name VARCHAR(50) UNIQUE;
```

为了验证 company_name 字段的唯一约束是否添加成功，再次使用 DESC 语句查看数据表 company 的结构，执行结果如图 3-41 所示。

```
mysql> DESC company;
+-----------------+--------------+------+-----+---------+-------+
| Field           | Type         | Null | Key | Default | Extra |
+-----------------+--------------+------+-----+---------+-------+
| company_id      | int(11)      | NO   | PRI | NULL    |       |
| company_name    | varchar(50)  | YES  | UNI | NULL    |       |
| company_address | varchar(200) | NO   |     | NULL    |       |
+-----------------+--------------+------+-----+---------+-------+
3 rows in set (0.01 sec)
```

图 3-41 例 3-30 添加唯一约束执行结果

从图 3-41 可以看出，字段 company_name 的“Key”列的值为“UNI”，表示这个字段具有唯一约束。

（3）删除唯一约束。

语法格式如下：

```
ALTER TABLE 表名 DROP INDEX 字段名;
```

【例 3-31】删除 company 表的 company_name 字段的唯一约束。

SQL 语句如下：

```
ALTER TABLE company DROP INDEX company_name;
```

为了验证 company_name 字段的唯一约束是否删除，使用 DESC 语句查看数据表 company 的结构，执行结果如图 3-42 所示。

```
mysql> DESC company;
+-----------------+--------------+------+-----+---------+-------+
| Field           | Type         | Null | Key | Default | Extra |
+-----------------+--------------+------+-----+---------+-------+
| company_id      | int(11)      | NO   | PRI | NULL    |       |
| company_name    | varchar(50)  | YES  |     | NULL    |       |
| company_address | varchar(200) | NO   |     | NULL    |       |
+-----------------+--------------+------+-----+---------+-------+
3 rows in set (0.01 sec)
```

图 3-42　例 3-31 执行结果

从图 3-42 可以看出，字段 company_name 的“Key”列的值为空，表示这个字段已没有唯一约束。

3.4.5　默认约束

若为表中某列定义了默认约束，用户在插入新的数据行时，如果没有为该列指定数据，那么数据库系统自动将默认值赋给该列，当然该默认值也可以是空值（NULL）。

（1）创建表时添加默认约束。

语法格式如下：

```
字段名  数据类型  DEFAULT 默认值;
```

【例 3-32】创建一个 company 表，并设置 company_id 字段作为主键，将表中的 company_name 字段设置为唯一约束，company_address 字段设置为非空约束，company_tel 字段的默认值设置为“0371-”。

SQL 语句如下：

```
DROP TABLE IF EXISTS company;
CREATE TABLE company
(
company_id INT(11) PRIMARY KEY,
company_name VARCHAR(50) UNIQUE,
company_address VARCHAR(200) NOT NULL,
company_tel VARCHAR(20) DEFAULT '0371-'
);
```

执行上述语句之后，用 DESC 语句查看数据表 company 的结构，执行结果如图 3-43 所示。

```
mysql> DESC company;
+-----------------+--------------+------+-----+---------+-------+
| Field           | Type         | Null | Key | Default | Extra |
+-----------------+--------------+------+-----+---------+-------+
| company_id      | int(11)      | NO   | PRI | NULL    |       |
| company_name    | varchar(50)  | YES  | UNI | NULL    |       |
| company_address | varchar(200) | NO   |     | NULL    |       |
| company_tel     | varchar(20)  | YES  |     | 0371-   |       |
+-----------------+--------------+------+-----+---------+-------+
4 rows in set (0.01 sec)
```

图 3-43　例 3-32 执行结果

从图 3-43 可以看出，字段 company_tel 的"Default"列的值为"0371-"，表示这个字段具有默认约束。

（2）为已存在的表添加默认约束。

语法格式如下：

```
ALTER TABLE 表名 MODIFY 字段名 新数据类型 DEFAULT 默认值;
```

此语句可以同时修改字段的数据类型和增加默认约束。如果不修改字段的数据类型，将"新数据类型"写为字段原来的数据类型即可。

【例 3-33】为 company 表的 company_tel 字段添加默认约束，默认值为"0371-"。

首先创建 company 表，SQL 语句如下：

```
DROP TABLE IF EXISTS company;
CREATE TABLE company
(
company_id INT(11) PRIMARY KEY,
company_name VARCHAR(50) UNIQUE,
company_address VARCHAR(200) NOT NULL,
company_tel VARCHAR(20)
);
```

执行上述语句之后，用 DESC 语句查看数据表 company 的结构，执行结果如图 3-44 所示。

```
mysql> DESC company;
+-----------------+--------------+------+-----+---------+-------+
| Field           | Type         | Null | Key | Default | Extra |
+-----------------+--------------+------+-----+---------+-------+
| company_id      | int(11)      | NO   | PRI | NULL    |       |
| company_name    | varchar(50)  | YES  | UNI | NULL    |       |
| company_address | varchar(200) | NO   |     | NULL    |       |
| company_tel     | varchar(20)  | YES  |     | NULL    |       |
+-----------------+--------------+------+-----+---------+-------+
4 rows in set (0.02 sec)
```

图 3-44　例 3-33 创建表执行结果

接下来，使用 ALTER 语句为 company_tel 字段添加默认约束：

```
ALTER TABLE company MODIFY company_tel VARCHAR(20) DEFAULT '0371-';
```

为了验证 company_tel 字段的默认约束是否添加成功，再次使用 DESC 语句查看数据表 company 的结构，执行结果如图 3-45 所示。

```
mysql> DESC company;
+-----------------+--------------+------+-----+---------+-------+
| Field           | Type         | Null | Key | Default | Extra |
+-----------------+--------------+------+-----+---------+-------+
| company_id      | int(11)      | NO   | PRI | NULL    |       |
| company_name    | varchar(50)  | YES  | UNI | NULL    |       |
| company_address | varchar(200) | NO   |     | NULL    |       |
| company_tel     | varchar(20)  | YES  |     | 0371-   |       |
+-----------------+--------------+------+-----+---------+-------+
4 rows in set (0.01 sec)
```

图 3-45　例 3-33 添加默认约束执行结果

从图 3-45 可以看出，字段 company_tel 的"Default"列的值为'0371-'，表示这个字段具有默认约束。

（3）删除默认约束。

语法格式如下：

```
ALTER TABLE 表名 MODIFY 字段名 数据类型;
```

【例 3-34】删除 company 表的 company_tel 字段的默认约束。

SQL 语句如下：

```
ALTER TABLE company MODIFY company_tel VARCHAR(20);
```

为了验证 company_tel 字段的默认约束是否删除，使用 DESC 语句查看数据表 company 的结构，执行结果如图 3-46 所示。

```
mysql> DESC company;
+-----------------+--------------+------+-----+---------+-------+
| Field           | Type         | Null | Key | Default | Extra |
+-----------------+--------------+------+-----+---------+-------+
| company_id      | int(11)      | NO   | PRI | NULL    |       |
| company_name    | varchar(50)  | YES  | UNI | NULL    |       |
| company_address | varchar(200) | NO   |     | NULL    |       |
| company_tel     | varchar(20)  | YES  |     | NULL    |       |
+-----------------+--------------+------+-----+---------+-------+
4 rows in set (0.01 sec)
```

图 3-46　例 3-34 执行结果

从图 3-46 可以看出，company_tel 字段已经没有默认约束了。

3.4.6　检查约束

检查约束用于定义列中可接受的数据或者格式，如果不满足约束的要求，则判断其是不合法的数据，不允许输入。

（1）创建表时添加检查约束。

语法格式如下：

```
CONSTRAINT  约束名  CHECK(约束条件)
```

【例 3-35】创建一个 test 表，并设置 id 字段为主键，将 name 字段设置为非空约束，为 gender 字段添加检查约束，约束其值为'M'或'F'。

SQL 语句如下：

```
DROP TABLE IF EXISTS test;
CREATE TABLE test
(
id INT(12) PRIMARY KEY,
name VARCHAR(10) NOT NULL,
gender CHAR(1) ,
score INT,
CONSTRAINT  CK_gender CHECK(gender='M' or gender='F')
);
```

执行上述命令后，用 SHOW 语句查看数据表 test 的结构，执行结果如图 3-47 所示。

```
mysql>  SHOW CREATE TABLE test\G
*************************** 1. row ***************************
       Table: test
Create Table: CREATE TABLE `test` (
  `id` int(12) NOT NULL,
  `name` varchar(10) COLLATE utf8_bin NOT NULL,
  `gender` char(1) COLLATE utf8_bin DEFAULT NULL,
  `score` int(11) DEFAULT NULL,
  PRIMARY KEY (`id`),
  CONSTRAINT `CK_gender` CHECK (((`gender` = _gbk'M') or (`gender` = _gbk'F')))
) ENGINE=InnoDB DEFAULT CHARSET=utf8 COLLATE=utf8_bin
1 row in set (0.00 sec)
```

图 3-47　例 3-35 执行结果

从图 3-47 可以看出，字段 gender 被成功地添加了检查约束，约束其值为'M'或'F'。

（2）为已存在的表添加检查约束。

语法格式如下：

```
ALTER TABLE 表名 ADD CONSTRAINT [约束名] CHECK(约束条件) [[NOT] ENFORCED];
```

[ ]表示可填可不填，不填约束名的话，MySQL 会自动生成约束名。

ENFORCED 表示是否强制，默认是强制的，即会对改变的数据进行约束，NOT ENFORCED 表示检查约束不起作用。

【例 3-36】 为 test 表的 score 字段添加检查约束，约束其值为 0～100。

使用 ALTER 语句为 score 字段添加检查约束：

```
ALTER TABLE test ADD CONSTRAINT CHECK_score CHECK(score >= 0 AND score <=100);
```

为了验证 test 表的 score 字段是否被成功地添加了检查约束，用 SHOW 语句查看 test 表的结构，执行结果如图 3-48 所示。

```
mysql> SHOW CREATE TABLE test\G
*************************** 1. row ***************************
       Table: test
Create Table: CREATE TABLE `test` (
  `id` int(12) NOT NULL,
  `name` varchar(10) COLLATE utf8_bin NOT NULL,
  `gender` char(1) COLLATE utf8_bin DEFAULT NULL,
  `score` int(11) DEFAULT NULL,
  PRIMARY KEY (`id`),
  CONSTRAINT `CHECK_score` CHECK (((`score` >= 0) and (`score` <= 100))),
  CONSTRAINT `CK_gender` CHECK (((`gender` = _utf8mb3'M') or (`gender` = _utf8mb3'F')))
) ENGINE=InnoDB DEFAULT CHARSET=utf8 COLLATE=utf8_bin
1 row in set (0.00 sec)
```

图 3-48　例 3-36 添加检查约束执行结果

从图 3-48 可以看出，字段 score 被成功地添加了检查约束，约束其值为 0～100。

（3）删除检查约束。

语法格式如下：

```
ALTER TABLE 表名 DROP CHECK 约束名;
```

【例 3-37】 删除 test 表中 score 字段的检查约束。

SQL 语句如下：

```
ALTER TABLE test DROP CHECK CHECK_score;
```

为了验证 score 字段的检查约束是否删除，使用 SHOW 语句查看数据表 test 的结构，执行结果如图 3-49 所示。

```
mysql> ALTER TABLE test DROP CHECK CHECK_score;
Query OK, 0 rows affected (0.18 sec)
Records: 0  Duplicates: 0  Warnings: 0

mysql> SHOW CREATE TABLE test\G
*************************** 1. row ***************************
       Table: test
Create Table: CREATE TABLE `test` (
  `id` int(12) NOT NULL,
  `name` varchar(10) COLLATE utf8_bin NOT NULL,
  `gender` char(1) COLLATE utf8_bin DEFAULT NULL,
  `score` int(11) DEFAULT NULL,
  PRIMARY KEY (`id`),
  CONSTRAINT `CK_gender` CHECK (((`gender` = _utf8mb3'M') or (`gender` = _utf8mb3'F')))
) ENGINE=InnoDB DEFAULT CHARSET=utf8 COLLATE=utf8_bin
1 row in set (0.00 sec)
```

图 3-49　例 3-37 删除检查约束执行结果

从图 3-49 可以看出，score 字段已经没有检查约束了。

3.5 设置表的字段值自动增加

在数据库中，如果表的主键值是逐一增加的，我们希望在每次插入记录时，系统自动生成主键值，这可以通过为表的主键添加 AUTO_INCREMENT 约束来实现。

视频 3-5 设置表的字段值自动增加

在 MySQL 中，具有 AUTO_INCREMENT 约束的字段的初始值是 1，每新增加一条记录，字段值自动加 1；一个表只能有一个字段使用 AUTO_INCREMENT 约束，且该字段必须设为主键。AUTO_INCREMENT 约束所在的字段的数据类型可以是任何整数类型（TINYINT、SMALLINT、INT、BIGINT）。

（1）创建表时指定字段值自动增加。

语法格式如下：

```
字段名  数据类型  PRIMARY KEY AUTO_INCREMENT;
```

【例 3-38】创建一个 company 表，并设置 company_id 字段作为主键，且其值自动增加，将表中的 company_name 字段设置为唯一约束，company_address 字段设置为非空约束，company_tel 字段的默认值设置为"0371-"。

SQL 语句如下：

```
DROP TABLE IF EXISTS company;
CREATE TABLE company
(
company_id INT(11) PRIMARY KEY AUTO_INCREMENT,
company_name VARCHAR(50) UNIQUE,
company_address VARCHAR(200) NOT NULL,
company_tel VARCHAR(20) DEFAULT '0371-'
);
```

执行上述命令之后，用 DESC 语句查看数据表 company 的结构，执行结果如图 3-50 所示。

```
mysql> DESC company;
+-----------------+--------------+------+-----+---------+----------------+
| Field           | Type         | Null | Key | Default | Extra          |
+-----------------+--------------+------+-----+---------+----------------+
| company_id      | int(11)      | NO   | PRI | NULL    | auto_increment |
| company_name    | varchar(50)  | YES  | UNI | NULL    |                |
| company_address | varchar(200) | NO   |     | NULL    |                |
| company_tel     | varchar(20)  | YES  |     | 0371-   |                |
+-----------------+--------------+------+-----+---------+----------------+
4 rows in set (0.01 sec)
```

图 3-50 例 3-38 执行结果

从图 3-50 可以看出，字段 company_id 的"Extra"列的值为"auto_increment"，表示这个字段的值自动增加。自动增加字段的值系统会自动填入，用户在插入记录时不需要给出。

（2）为已存在的表设置字段值自动增加。

语法格式如下：

```
ALTER TABLE 表名 MODIFY 字段名 新数据类型 AUTO_INCREMENT;
```

【例 3-39】为 company 表的 company_id 字段设置其值自动增加。

首先创建 company 表，SQL 语句如下：

```
DROP TABLE IF EXISTS company;
CREATE TABLE company
(
company_id INT(11) PRIMARY KEY,
company_name VARCHAR(50) UNIQUE,
company_address VARCHAR(200) NOT NULL,
company_tel VARCHAR(20) DEFAULT '0371-'
);
```

执行上述命令之后，用 DESC 语句查看数据表 company 的结构，执行结果如图 3-51 所示。

```
mysql> DESC company;
+-----------------+--------------+------+-----+---------+-------+
| Field           | Type         | Null | Key | Default | Extra |
+-----------------+--------------+------+-----+---------+-------+
| company_id      | int(11)      | NO   | PRI | NULL    |       |
| company_name    | varchar(50)  | YES  | UNI | NULL    |       |
| company_address | varchar(200) | NO   |     | NULL    |       |
| company_tel     | varchar(20)  | YES  |     | 0371-   |       |
+-----------------+--------------+------+-----+---------+-------+
4 rows in set (0.01 sec)
```

图 3-51　例 3-39 创建表执行结果

接下来，使用 ALTER 语句将 company_id 字段的值设置为自动增加：

```
ALTER TABLE company MODIFY company_id INT(11) AUTO_INCREMENT;
```

为了验证 company_id 字段的值的自动增加是否设置成功，再次使用 DESC 语句查看数据表 company 的结构，执行结果如图 3-52 所示。

```
mysql> DESC company;
+-----------------+--------------+------+-----+---------+----------------+
| Field           | Type         | Null | Key | Default | Extra          |
+-----------------+--------------+------+-----+---------+----------------+
| company_id      | int(11)      | NO   | PRI | NULL    | auto_increment |
| company_name    | varchar(50)  | YES  | UNI | NULL    |                |
| company_address | varchar(200) | NO   |     | NULL    |                |
| company_tel     | varchar(20)  | YES  |     | 0371-   |                |
+-----------------+--------------+------+-----+---------+----------------+
4 rows in set (0.01 sec)
```

图 3-52　例 3-39 字段的值设置为自动增加执行结果

从图 3-52 可以看出，字段 company_id 的“Extra”列的值为“auto_increment”，表示这个字段的值自动增加。

（3）删除字段值自动增加。

语法格式如下：

```
ALTER TABLE 表名 MODIFY 字段名 数据类型;
```

【例 3-40】删除 company 表的 company_id 字段值自动增加。

SQL 语句如下：

```
ALTER TABLE company MODIFY company_id INT(11);
```

为了验证 company_id 字段值自动增加是否删除，使用 DESC 语句查看数据表 company 的结构，执行结果如图 3-53 所示。

```
mysql> DESC company;
+-----------------+--------------+------+-----+---------+-------+
| Field           | Type         | Null | Key | Default | Extra |
+-----------------+--------------+------+-----+---------+-------+
| company_id      | int(11)      | NO   | PRI | 0       |       |
| company_name    | varchar(50)  | YES  | UNI | NULL    |       |
| company_address | varchar(200) | NO   |     | NULL    |       |
| company_tel     | varchar(20)  | YES  |     | 0371-   |       |
+-----------------+--------------+------+-----+---------+-------+
4 rows in set (0.01 sec)
```

图 3-53　例 3-40 执行结果

从图 3-53 可以看出，字段 company_id 的“Extra”列的值为空，表示这个字段的值不再自动增加。

3.6 综合案例——学生选课管理系统

下面以学生选课管理系统为例来介绍数据库的创建和数据表的设计。学生选课管理系统是用来辅助高校学生选修课程的一个软件。学生可以通过系统查看所有选修课程的相关信息，包括课程号、课程名、学时、学分，然后选择要选修的课程；学生也可以通过系统查看相关授课教师的信息，包括工号、姓名、性别、学历、职称；教师可以通过系统查看选修自己课程的学生的信息，包括学号、姓名、性别、出生日期、班级；在考试结束后，教师可以通过系统录入学生的考试成绩，学生可以通过系统查看自己的考试成绩。

3.6.1 创建学生选课数据库

为学生选课数据库设定名称为 stu_course，创建数据库的语句如下：

```
CREATE DATABASE stu_course;
```

3.6.2 在学生选课数据库中创建数据表

根据学生选课管理系统的要求，可以在学生选课数据库中设计如下数据表。

（1）学生表结构如表 3-5 所示。

表 3-5　学生表（studentinfo 表）结构

列名	数据类型	是否允许为空	约束	备注
sno	CHAR(8)	不能为空	主键	学号
sname	VARCHAR(10)	不能为空		姓名
sgender	CHAR(1)		值只能为'男'或'女'	性别
sbirth	DATETIME			出生日期
sclass	VARCHAR(20)			班级

创建 studentinfo 表的 SQL 语句如下：

```
CREATE TABLE studentinfo
 (
```

```
sno CHAR(8) PRIMARY KEY NOT NULL,
sname VARCHAR(10) NOT NULL,
sgender CHAR(1) CHECK(sgender='男' or sgender='女'),
sbirth DATETIME,
sclass VARCHAR(20)
);
```

（2）教师表结构如表 3-6 所示。

表 3-6　教师表（teacher 表）结构

列名	数据类型	是否允许为空	约束	备注
tno	CHAR(4)	不能为空	主键	工号
tname	VARCHAR(10)	不能为空		姓名
tgender	CHAR(1)		值只能为'男'或'女'	性别
tedu	VARCHAR(10)			学历
tpro	VARCHAR(8)			职称

创建 teacher 表的 SQL 语句如下：

```
CREATE TABLE teacher
(
tno CHAR(4) PRIMARY KEY NOT NULL,
tname VARCHAR(10) NOT NULL,
tgender CHAR(1) CHECK(tgender='男' or tgender='女'),
tedu VARCHAR(10),
tpro VARCHAR(8)
);
```

（3）课程表结构如表 3-7 所示。

表 3-7　课程表（course 表）结构

列名	数据类型	是否允许为空	约束	备注
cno	CHAR(4)	不能为空	主键	课程号
cname	VARCHAR(40)		唯一约束	课程名
cperiod	INT			学时
credit	DECIMAL(3,1)			学分
ctno	CHAR(4)		是教师表工号的外键	工号

创建 course 表的 SQL 语句如下：

```
CREATE TABLE course
(
cno CHAR(4) PRIMARY KEY NOT NULL,
cname VARCHAR(40) UNIQUE,
cperiod INT,
credit DECIMAL(3,1),
ctno CHAR(4),
CONSTRAINT fk_teacher_course FOREIGN KEY (ctno) REFERENCES teacher(tno)
);
```

（4）选课表结构如表 3-8 所示。

表 3-8　选课表（elective 表）结构

列名	数据类型	是否允许为空	约束	备注
sno	CHAR(8)		主键（学号，课程号），其中学号是学生表的外键，课程号是课程表的外键	学号
cno	CHAR(4)			课程号
score	INT		值为 0～100	成绩

创建 elective 表的 SQL 语句如下：

```
CREATE TABLE elective
(
sno CHAR(8),
cno CHAR(4),
score INT CHECK(score>=0 and score<=100),
PRIMARY KEY (sno,cno),
CONSTRAINT fk_course_elective FOREIGN KEY (cno) REFERENCES course (cno),
CONSTRAINT fk_stu_elective FOREIGN KEY (sno) REFERENCES studentinfo (sno)
);
```

至此，学生选课数据库和数据表创建完毕。

本章小结

- 数据库的基本操作：创建数据库、查看数据库、修改数据库、删除数据库。
- 数据表的基本操作：创建数据表、查看数据表、修改数据表、删除数据表。
- 4 类数据类型：数值类型、日期和时间类型、字符串（字符）类型、二进制类型。
- MySQL 中的 6 种约束：主键约束、外键约束、非空约束、唯一约束、默认约束和检查约束。读者需要掌握使用 SQL 语句创建这些约束的方法。

实训项目

项目 1：网上书店数据库

在安装好的 MySQL 中创建网上书店数据库，数据库名称为 bookdb。

项目 2：网上书店数据库中数据表的创建

1. 项目目的

（1）熟练掌握创建数据表结构的方法。

（2）掌握查看数据表信息的方法。

2. 项目内容

（1）使用 MySQL 分别创建会员表、图书表、图书类别表和订购表的结构（见表 3-9～表 3-12）。

（2）使用 DROP TABLE 语句删除上述已创建的表，然后使用 CREATE TABLE 语句再次创建上述表。

（3）查看会员表的信息。

（4）修改会员表的结构，添加字段“联系地址”，其数据类型为 VARCHAR(50)；更改“联系地址”为“联系方式”；删除添加的字段“联系方式”。

（5）使用创建数据表时添加约束和 ALTER 语句两种方式给表添加约束。

表 3-9　会员表（user 表）结构

列名	数据类型	是否允许为空	约束	备注
uid	CHAR (4)	不能为空	主键	会员编号
uname	VARCHAR(20)			会员昵称
email	VARCHAR(20)			电子邮箱
tnum	VARCHAR(15)			联系电话
score	INT			积分

表 3-10　图书表（book 表）结构

列名	数据类型	是否允许为空	约束	备注
bid	INT	不能为空	主键	图书编号
bname	VARCHAR(50)	不能为空		图书名称
author	CHAR(8)			作者
price	FLOAT		大于 0	价格
publisher	VARCHAR(50)			出版社
discount	FLOAT			折扣
cid	INT		图书类别表的类别编号的外键	图书类别

表 3-11　图书类别表（category 表）结构

列名	数据类型	是否允许为空	约束	备注
cid	INT	不能为空	主键	类别编号
cname	VARCHAR(16)			类别名称

表 3-12　订购表（b_order 表）结构

列名	数据类型	是否允许为空	约束	备注
id	INT	不能为空	主键	
bid	INT	不能为空		图书编号
uid	CHAR(4)	不能为空		会员编号
ordernum	INT		默认值为 1	订购量
orderdate	DATETIME			订购日期
deliverydate	DATETIME			发货日期

课后习题

一、选择题

1. 一个数据库最多可以创建数据表的个数是（ ）。

A. 1个　　B. 2个

C. 1个或2个　　D. 多个

2. 下面 MySQL 的数据类型中，可以存储整数数值的是（ ）。

A. FLOAT　　B. DOUBLE

C. MEDIUMINT　　D. VARCHAR

3. 下面有关 DECIMAL(6,2)的描述中，正确的是（ ）。

A. 它不可以存储小数

B. 6 表示的是数据的长度，2 表示小数点后的长度

C. 6 代表最多的整数位数，2 代表小数点后的长度

D. 总共允许最多存储 8 位数字

4. 下列选项中，定义字段非空约束的基本语法格式是（ ）。

A. 字段名 数据类型 IS NULL;

B. 字段名 数据类型 NOT NULL;

C. 字段名 数据类型 IS NOT NULL;

D. 字段名 NOT NULL 数据类型;

5. 下面选项中，不能表示日期和时间的数据类型是（ ）。

A. DECIMAL(6，2)　　B. DATE

C. YEAR　　D. TIMESTAMP

二、问答题

1. 简述主键的作用及其特征。
2. 创建、查看、修改、删除数据库的语句分别是什么？
3. 创建、查看、修改、删除数据表的语句分别是什么？
4. 数据表都有哪些约束？写出给数据表添加约束的语句。

第4章 数据表记录的更新操作

04

本章目标

- 掌握向数据表中添加记录的方法。
- 掌握修改数据表中记录的方法。
- 掌握删除数据表中记录的方法。

成功创建数据表后，需要向表中插入数据，必要时还需要对这些数据进行修改和删除，这些操作称为数据表记录的更新操作。本章以 stu_course 数据库为例，介绍数据表记录的更新操作。

4.1 数据表记录的插入

视频 4-1　数据表记录的插入

向数据表中插入新的数据可以使用 INSERT 语句，其语法格式如下：

```
INSERT [INTO] 表名[(字段名列表)]
VALUES (值列表) ;
```

参数说明如下。

（1）INTO：用在 INSERT 关键字与要插入数据的表名之间的关键字，可写可不写。

（2）字段名列表：指定要插入数据的字段名，可写可不写。如果不写，则表示要向表中所有字段插入数据；若写部分字段名，则表示只为指定的字段插入数据，多个字段名之间用逗号隔开。

（3）{ DEFAULT ｜NULL ｜值 }：用花括号标注的多个选项，表示必须选择其中之一。

① DEFAULT：为某字段插入指定的默认值。

② NULL：为某字段插入空值。

③ 值：为某字段插入一个具有数据值的变量或表达式。

注意：

向 CHAR、VARCHAR、DATE 类型的字段插入数据时，数据值要使用英文半角状态下的单引号标注。

4.1.1 向数据表中插入单条记录

【例 4-1】 用 INSERT 语句向 stu_course 数据库中的 studentinfo 表添加一条记录。其中，学号是 10101001，姓名是张永峰，性别是男，出生日期是 2002-8-1，班级是电子商务 201。

SQL 语句如下：

```
INSERT INTO studentinfo(sno,sname,sgender,sbirth,sclass)
VALUES('10101001','张永峰','男','2002-8-1','电子商务 201');
```

执行结果如图 4-1 所示。

```
mysql> INSERT INTO studentinfo(sno,sname,sgender,sbirth,sclass)
    -> VALUES('10101001','张永峰','男','2002-8-1','电子商务201');
Query OK, 1 row affected (0.01 sec)
```

图 4-1　例 4-1 执行结果

注意：

上述语句为数据表 studentinfo 的所有字段都指定了数据值，所以可以简写为如下语句。

```
INSERT INTO studentinfo
VALUES('10101001','张永峰','男','2002-8-1','电子商务 201');
```

【例 4-2】用 INSERT 语句向 stu_course 数据库中的 studentinfo 表添加另一条记录。其中，学号是 10101002，姓名是何小丽，性别是女。

SQL 语句如下：

```
INSERT INTO studentinfo(sno,sname,sgender)
VALUES('10101002','何小丽','女');
```

执行结果如图 4-2 所示。

```
mysql> INSERT INTO studentinfo(sno, sname, sgender)
    -> VALUES('10101002','何小丽','女');
Query OK, 1 row affected (0.03 sec)
```

图 4-2　例 4-2 执行结果

注意：

使用 INSERT 语句为部分字段添加数据时，必须要在表名后写明为哪些字段添加数据。表名后的字段名顺序可以与其在表中定义的顺序不一致，它们只需要与 VALUES 中值的顺序一致即可。

4.1.2　向数据表中插入多条记录

有的时候，需要一次向表中插入多条记录。MySQL 提供了使用一条 INSERT 语句同时添加多条记录的功能，其语法格式如下：

```
INSERT [INTO] 表名[(字段名列表)]
VALUES (值列表) , (值列表) ,…,(值列表);
```

【例 4-3】用 INSERT 语句向 stu_course 数据库中的 studentinfo 表添加两条记录。对于第一条记录，学号是 10102001，姓名是王斌，性别是男，出生日期是 2002-7-14，班级是网络技术 201；对于第二条记录，学号是 10102003，姓名是孙平平，性别是女，出生日期是 2004-2-27，班级是网络技术 201。

SQL 语句如下：

```
INSERT INTO studentinfo
VALUES ('10102001','王斌','男','2002-7-14','网络技术 201'),('10102003','孙平平','女',
       '2004-2-27','网络技术 201');
```

执行结果如图 4-3 所示。

```
mysql> INSERT INTO studentinfo
    -> VALUES ('10102001','王斌','男','2002-7-14','网络技术201'),
    -> ('10102003','孙平平','女','2004-2-27','网络技术201');
Query OK, 2 rows affected (0.01 sec)
Records: 2  Duplicates: 0  Warnings: 0
```

图 4-3　例 4-3 执行结果

注意：

- INSERT 语句成功执行后，可以通过查询语句查看数据是否添加成功。
- 在添加多条记录时，可以不指定字段名列表，只需要保证 VALUES 后面跟随的值列表符合字段在表中定义的顺序即可。
- 和添加单条记录一样，如果不指定字段名，必须为每个字段添加数据；如果指定字段名，只需要为指定的字段添加数据即可。

4.2 数据表记录的修改

在 MySQL 中可以使用 UPDATE 语句来实现数据的修改，其语法格式如下：

视频 4-2 数据表记录的修改和删除

```
UPDATE 表名
SET 字段名=value [,…]
[WHERE 条件表达式] ;
```

参数说明如下。

（1）value：为指定的字段赋予新值，新值可以是表达式或者数据。

（2）WHERE 条件表达式：指定要修改的记录需满足的条件，可写可不写。如果不写，则表示要将所有记录指定字段的值都改成新的值；若写了条件，则只修改满足条件的记录的指定字段的值。

修改表记录时，需要注意表的唯一约束、表与表之间的外键约束，否则可能会出现修改时报错的情况。

【例 4-4】在 stu_course 数据库中，把 studentinfo 表中的 sclass 字段的值改为计算机。

SQL 语句如下：

```
UPDATE studentinfo
SET sclass='计算机';
```

执行结果如图 4-4 所示。

```
mysql> UPDATE studentinfo
    -> SET sclass='计算机';
Query OK, 10 rows affected (0.06 sec)
Rows matched: 10  Changed: 10  Warnings: 0
```

图 4-4 例 4-4 执行结果

注意：

有 10 行数据受影响，说明 sclass 字段下的 10 个值全部被改为了计算机。

【例 4-5】在 stu_course 数据库中，把 studentinfo 表中张宇的 sbirth 改为 2000-8-21。

SQL 语句如下：

```
UPDATE studentinfo
SET sbirth='2000-8-21'
WHERE sname='张宇';
```

执行结果如图 4-5 所示。

```
mysql> UPDATE studentinfo
    -> SET sbirth='2000-8-21'
    -> WHERE sname='张宇';
Query OK, 1 row affected (0.05 sec)
Rows matched: 1  Changed: 1  Warnings: 0
```

图 4-5 例 4-5 执行结果

注意：

有 1 行数据受影响，说明 sclass 字段下只有 1 条数据满足 WHERE 条件，所以只修改了这 1 行数据的值。

4.3 数据表记录的删除

4.3.1 使用 DELETE 删除数据

在 MySQL 中可以使用 DELETE 语句来实现数据的删除，其语法格式如下：

```
DELETE [FROM] 表名
[WHERE 条件表达式] ;
```

参数说明如下。

WHERE 条件表达式：指定表中要删除的记录需满足的条件，可写可不写。如果不写，则表示要清空指定的数据表；若写了条件，则只将满足条件的记录删除。

删除表记录的时候，需要注意表与表之间的外键约束，否则可能会出现删除时报错的情况。

【例 4-6】在 stu_course 数据库中，删除 studentinfo 表中张永峰的基本信息。

SQL 语句如下：

```
DELETE FROM studentinfo
WHERE sname='张永峰';
```

执行结果如图 4-6 所示。

```
mysql>
mysql> DELETE FROM studentinfo
    -> WHERE sname='张永峰';
Query OK, 1 row affected (0.03 sec)
```

图 4-6 例 4-6 执行结果

注意：

有 1 行数据受影响，说明只有姓名是张永峰的那条记录被删除了，其他记录没有受到影响。

【例 4-7】在 stu_course 数据库中，删除数据表 studentinfo 中的所有记录。

SQL 语句如下：

```
DELETE FROM studentinfo;
```

执行结果如图 4-7 所示。

```
mysql> DELETE FROM studentinfo;
Query OK, 9 rows affected (0.07 sec)
```

图 4-7　例 4-7 执行结果

注意：

有 9 行数据受影响，说明 studentinfo 表中所有数据都被删除了，现在的 studentinfo 表就是一张空表。

4.3.2　使用 TRUNCATE 清空数据

在 MySQL 数据库中，还有一种方式可以用来删除表中所有的记录，这种方式需要用到一个关键字 TRUNCATE，其语法格式如下：

```
TRUNCATE [TABLE] 表名;
```

使用 TRUNCATE 清空数据表非常简单。如在上述例 4-7 中，也可以使用 TRUNCATE 语句来清空数据表。

SQL 语句如下：

```
TRUNCATE TABLE studentinfo;
```

其执行结果和执行 DELETE 语句的结果是一样的，如图 4-8 所示。

```
mysql> TRUNCATE TABLE studentinfo;
Query OK, 0 rows affected (0.04 sec)

mysql> SELECT * FROM studentinfo;
Empty set (0.00 sec)
```

图 4-8　使用 TRUNCATE 清空数据表的执行结果

注意：

TRUNCATE 语句和 DETELE 语句都能实现删除数据表中的所有数据的功能，但两者有一定的区别，下面就针对两者的区别进行说明。

- DELETE 语句是 DML 语句，TRUNCATE 语句通常被认为是 DDL 语句。
- DELETE 语句后面可以跟 WHERE 子句，通过指定 WHERE 子句中的条件表达式只删除满足条件的部分记录；而 TRUNCATE 语句只能用于删除表中的所有记录，不能加 WHERE 子句。
- 使用 TRUNCATE 语句清空数据表后，AUTO_INCREMENT 计数器会被重新置为初始值；而使用 DELETE 语句清空数据表后，AUTO_INCREMENT 计数器会维持已经自增的值，不会恢复为初始值。

本章小结

可使用 SQL 语句对表中记录进行操作，包括添加记录、修改记录、删除记录。在向表中添加记录的时候用关键字 INSERT；需要修改表中的记录时用关键字 UPDATE；需要删除表中的记录时用关键字 DELETE；需要清空数据表时用关键字 DELETE 或者 TRUNCATE。

实训项目

项目：在 bookdb 数据库的相关数据表中插入数据

1. 项目目的

熟练掌握使用 INSERT、UPDATE、DELETE 语句向表中添加、修改、删除记录的方法。

2. 项目内容

（1）bookdb 数据库的数据表中的数据分别如表 4-1～表 4-4 所示。

表 4-1　user 表数据

uid	uname	email	tnum	score
1001	春天	spring@163.com	13320105678	20
1002	平平人生	123456@126.com	13545153456	300
1003	四十不惑	123456@qq.com	18688166789	1000
1004	桃花岛主	654321@qq.com	13068011234	600
1005	水灵	654321@163.com	15838182345	150
1006	感动心灵	gandong@tom.com	13641151234	500

表 4-2　book 表数据

bid	bname	author	price	publisher	discount	cid
1	中国时代	师永刚	39.0	作家出版社	27.8	1
2	大国工匠	于万夫	76.0	石油工业出版社	71	1
3	给孩子的科技史	吴军	69.0	中信出版社	49	2
4	故乡的泥土（全二册）	章云天	98.0	作家出版社	98	4
5	老人与海	海明威	29.8	北京时代华文书局	20.6	4
6	舒克贝塔传	郑渊洁	25.0	浙江少年儿童出版社	18	3
7	漫画中国第一季（全书册）	上海印象	140	北方妇女儿童出版社	118	3

表 4-3 category 表数据

cid	cname
1	历史
2	科技
3	儿童
4	小说

表 4-4 b_order 表数据

uid	bid	ordernum	orderdate	deliverydate
1001	1	2	2020-03-12	
1001	3	1	2020-04-15	
1001	1	1	2020-09-15	
1003	7	1	2019-12-14	
1003	3	1	2020-10-10	
1005	5	1	2019-08-17	
1005	7	3	2020-11-12	
1006	5	1	2020-09-01	
1006	1	2	2020-10-21	
1006	7	2	2020-12-03	

（2）使用 SQL 语句分别向 user 表、book 表、category 表、b_order 表插入记录。

（3）使用 SQL 语句修改表中记录。

① 把 user 表中 uid 为 1001 的记录的 uname 修改为“spring”。

② 把 b_order 表中 uid 为 1003 且 bid 为 3 的记录的 ordernum 改为“10”，并把 orderdate 改为“2021-03-01”，deliverydate 设为“2021-03-03”。

（4）使用 SQL 语句删除表中记录。

① 删除 2019 年的订单信息。

② 清空 book 表数据。

课后习题

一、选择题

1．下面选项中，用于删除表中数据的关键字是（　　）。

A．ALTER　　B．DELETE

C．DROP　　D．UPDATE

2．在执行添加数据时出现“Field 'name' doesn't have a default value”错误，可能导致错误的原因是（　　）。

A．name 字段指定了默认值，且添加了 NOT NULL 约束

B．name 字段指定了默认值

C．name 字段没有指定默认值，且添加了 NOT NULL 约束

D．INSERT 语句出现了语法问题

3．下列用于更新的 SQL 语句中，正确的是（　　）。

A．UPDATE user SET id='u001',username='jack';

B．UPDATE user(id,username) VALUES('u001', 'jack');

C．UPDATE into user SET id='u001', username='jack';

D．UPDATE user SET id=u001;

4．下面选项中，关于 SQL 语句 TRUNCATE TABLE user;的作用，解释正确的是（　　）。

A．与 SQL 语句 DELETE FROM user;完全一样

B．删除 user 表

C．查询 user 表中的所有数据

D．不仅清空 user 表中的所有数据，还重置 AUTO_INCREMENT 所在字段的值

5．假设 user 表中有 4 个字段，分别为 id、name、age、gender。下面为 user 表中 id 字段和 name 字段同时添加两条记录的语句，正确的是（　　）。

A．INSERT INTO user(id,name) VALUES('u101', 'Lucy'),('u102', 'Lily');

B．INSERT INTO user( ) VALUES('u101', 'Lucy'),('u102', 'Lily');

C．INSERT INTO user VALUES('u101', 'Lucy'),('u102', 'Lily');

D．INSERT INTO user(id,name) VALUES('u101', 'Lucy');('u102', 'Lily');

二、问答题

1．数据表中自增约束的字段如何赋值？

2．INSERT 语句的用途是什么？如果在 INSERT 语句中给出了 6 个字段名，那需要提供几个字段值？如果向一个没有默认值而且也不允许 NULL 值的字段中插入一个 NULL 值，结果会怎样？

3．执行 DELETE 语句后，表结构是否被删除？

第5章

数据查询

05

本章目标

- 熟练应用 SELECT 语句进行简单查询。
- 掌握用 SELECT 语句进行统计查询的方法。
- 掌握用 SELECT 语句进行子查询的方法。
- 能够应用 SELECT 语句对多表进行连接、联合和嵌套查询。

数据查询主要是根据用户提供的限定条件，从已存在的数据表中检索用户需要的数据。在MySQL中可使用SELECT语句从数据库中检索数据，并将结果集以表格的形式返回给用户。

5.1 SELECT语句的基本语法

SELECT语句是数据库最基本的语句之一，同时是SQL编程中最常用的语句之一。使用SELECT语句不但可以从数据库中精确地查询数据，而且可以模糊地查找带有某项特征的多条数据。其基本语法如下：

视频5-1
SELECT语句的基本语法

```
SELECT  [ALL|DISTINCT] 要查询的内容
FROM 表名列表
[WHERE 条件表达式]
[GROUP BY 字段名列表 [HAVING 逻辑表达式]]
[ORDER BY 字段名[ASC|DESC]]
[LIMIT  [OFFSET,]  n];
```

参数说明如下。

（1）SELECT 要查询的内容：“要查询的内容”表示你想要看到的内容，可以是一个字段、多个字段，甚至是全部字段，还可以是表达式或函数。若要查询部分字段，则各字段名用逗号分隔，并且各字段名在SELECT子句中的顺序决定了它们在结果中显示的顺序；若要查询所有字段，则可以用“*”表示。

（2）ALL|DISTINCT：用来标识在查询结果集中对相同行的处理方式。默认值为ALL。

① 关键字ALL表示返回查询结果集中的所有行，包括重复行。

② 关键字DISTINCT表示若查询结果集中有相同的数据行则只保留并显示一行。

（3）FROM 表名列表：用于指定要查询的数据表的名称以及它们之间的逻辑关系。

（4）WHERE 条件表达式：用于指定数据查询的条件。

（5）GROUP BY 字段名列表：用来指定将查询结果根据什么字段进行分组。

（6）HAVING 逻辑表达式：用来指定对分组的过滤条件，选择满足查询条件的分组记录集。

（7）ORDER BY 字段名[ASC|DESC]：用来指定查询结果集的排序方式。ASC表示结果集按指定的字段以升序排列，DESC表示结果集按指定的字段以降序排列。默认为ASC。

（8）LIMIT [OFFSET,] n：用于限制查询结果的数量。LIMIT后面可以跟两个参数。第一个参数“OFFSET”表示偏移量，如果偏移量为0则从第一条记录开始查询，如果偏移量为1则从第二条记录开始查询，以此类推。OFFSET为可选值，如果不指定具体的值，则其默认值为0。第二个参数“n”表示返回查询记录的条数。

注意：

- 上面的语法结构中，SELECT语句中共有7个子句，其中SELECT和FROM子句为必选子句，而WHERE、GROUP BY、ORDER BY和LIMIT子句为可选子句，HAVING与GROUP BY子句联合使用，而不单独使用。

• SELECT 语句既可以实现数据的简单查询、结果集的统计查询，也可以实现复杂的多表连接查询。

5.2 简单查询

简单查询是指使用 SELECT、FROM 关键字，组合 WHERE 关键字，或者 ORDER BY 子句，或者 LIMIT 子句实现的查询。

视频 5-2 简单查询

5.2.1 基本查询

基本查询只包括两个部分：

```
SELECT  [ALL|DISTINCT] 要查询的内容
FROM 表名列表;
```

参数说明如下。

（1）SELECT 子句用于指定查询结果要输出的字段名。

（2）FROM 子句包含提供数据的表的名称。

【例 5-1】查询 stu_course 数据库的 studentinfo 表，输出所有学生的详细信息。

提示：在查询结果中要输出表或视图的特定字段时，要明确指出字段名，多个字段名用逗号分开。

对应的 SQL 语句如下：

```
SELECT sno,sname,sgender,sbirth,sclass
FROM studentinfo;
```

执行结果如图 5-1 所示。

```
mysql> SELECT sno, sname, sgender, sbirth, sclass
    -> FROM studentinfo;
+----------+--------+---------+---------------------+-------------+
| sno      | sname  | sgender | sbirth              | sclass      |
+----------+--------+---------+---------------------+-------------+
| 10101001 | 张永峰 | 男      | 2002-08-01 00:00:00 | 电子商务201 |
| 10101002 | 何小丽 | 女      | 2001-11-03 00:00:00 | 电子商务201 |
| 10101003 | 张宇   | 男      | 2003-08-21 00:00:00 | 电子商务201 |
| 10102001 | 王斌   | 男      | 2002-07-14 00:00:00 | 网络技术201 |
| 10102002 | 包玉明 | 男      | 2003-11-15 00:00:00 | 网络技术201 |
| 10102003 | 孙平平 | 女      | 2004-02-27 00:00:00 | 网络技术201 |
| 10102004 | 翁静静 | 女      | 2002-05-09 00:00:00 | 网络技术201 |
| 11101001 | 刘淑芳 | 女      | 2002-06-10 00:00:00 | 电子商务211 |
| 11101002 | 王亚旭 | 男      | 2003-03-18 00:00:00 | 电子商务211 |
| 11101003 | 高磊   | 男      | 2004-05-11 00:00:00 | 电子商务211 |
+----------+--------+---------+---------------------+-------------+
10 rows in set (0.00 sec)
```

图 5-1 例 5-1 执行结果

注意：

• 在 SELECT 语句的查询字段列表中，字段的顺序是可以改变的，无须按照其表中定义的顺序进行排列。例如，上述语句可以写为：

```
SELECT sname,sgender,sno,sclass,sbirth
FROM studentinfo;
```

执行结果如图 5-2 所示。

```
mysql> SELECT sname, sgender, sno, sclass, sbirth
    -> FROM studentinfo;
+--------+---------+----------+-----------+---------------------+
| sname  | sgender | sno      | sclass    | sbirth              |
+--------+---------+----------+-----------+---------------------+
| 张永峰 | 男      | 10101001 | 电子商务201 | 2002-08-01 00:00:00 |
| 何小丽 | 女      | 10101002 | 电子商务201 | 2001-11-03 00:00:00 |
| 张宇   | 男      | 10101003 | 电子商务201 | 2003-08-21 00:00:00 |
| 王斌   | 男      | 10102001 | 网络技术201 | 2002-07-14 00:00:00 |
| 包玉明 | 男      | 10102002 | 网络技术201 | 2003-11-15 00:00:00 |
| 孙平平 | 女      | 10102003 | 网络技术201 | 2004-02-27 00:00:00 |
| 翁静静 | 女      | 10102004 | 网络技术201 | 2002-05-09 00:00:00 |
| 刘淑芳 | 女      | 11101001 | 电子商务211 | 2002-06-10 00:00:00 |
| 王亚旭 | 男      | 11101002 | 电子商务211 | 2003-03-18 00:00:00 |
| 高磊   | 男      | 11101003 | 电子商务211 | 2004-05-11 00:00:00 |
+--------+---------+----------+-----------+---------------------+
10 rows in set (0.00 sec)
```

图 5-2　在 SELECT 子句中改变 studentinfo 表字段顺序的查询结果

- 当要查询的内容是数据表中所有字段的集合时，可以用符号“*”来代表所有字段名的集合。例如，上述语句可以写为：

```
SELECT * FROM studentinfo;
```

其执行结果和图 5-1 所示是一样的。

【例 5-2】查询 stu_course 数据库的 studentinfo 表，输出所有学生的学号和姓名。

提示：要从表中选择部分字段进行输出，则需要在 SELECT 后面给出所选的字段名，各字段名用逗号隔开。查询结果集中字段的顺序取决于 SELECT 语句中给出的字段的顺序。

对应的 SQL 语句如下：

```
SELECT sno,sname
FROM studentinfo;
```

执行结果如图 5-3 所示。

```
mysql> SELECT sno, sname
    -> FROM studentinfo;
+----------+--------+
| sno      | sname  |
+----------+--------+
| 10101001 | 张永峰 |
| 10101002 | 何小丽 |
| 10101003 | 张宇   |
| 10102001 | 王斌   |
| 10102002 | 包玉明 |
| 10102003 | 孙平平 |
| 10102004 | 翁静静 |
| 11101001 | 刘淑芳 |
| 11101002 | 王亚旭 |
| 11101003 | 高磊   |
+----------+--------+
10 rows in set (0.00 sec)
```

图 5-3　例 5-2 执行结果

【例 5-3】查询 stu_course 数据库的 studentinfo 表，输出所有学生的学号、姓名，以及此次查询日期和时间。

提示：输出当前日期和时间可以使用 now()函数实现。

对应的 SQL 语句如下：

```
SELECT sno,sname,now()
FROM studentinfo;
```

执行结果如图 5-4 所示。

```
mysql> SELECT sno, sname, now()
    -> FROM studentinfo;
+----------+--------+---------------------+
| sno      | sname  | now()               |
+----------+--------+---------------------+
| 10101001 | 张永峰 | 2021-05-19 10:18:19 |
| 10101002 | 何小丽 | 2021-05-19 10:18:19 |
| 10101003 | 张宇   | 2021-05-19 10:18:19 |
| 10102001 | 王斌   | 2021-05-19 10:18:19 |
| 10102002 | 包玉明 | 2021-05-19 10:18:19 |
| 10102003 | 孙平平 | 2021-05-19 10:18:19 |
| 10102004 | 翁静静 | 2021-05-19 10:18:19 |
| 11101001 | 刘淑芳 | 2021-05-19 10:18:19 |
| 11101002 | 王亚旭 | 2021-05-19 10:18:19 |
| 11101003 | 高磊   | 2021-05-19 10:18:19 |
+----------+--------+---------------------+
10 rows in set (0.00 sec)
```

图 5-4　例 5-3 执行结果

注意：

使用 SELECT 语句进行查询时，查询结果集中字段的名称与 SELECT 子句中字段的名称相同。我们也可以指定查询结果集中显示的字段名称，指定的字段名称被称为字段的别名。指定返回字段的别名有两种方法：

① 字段名 AS 别名；

② 字段名 别名。

【例 5-4】 查询 stu_course 数据库的 studentinfo 表，输出所有学生的学号、姓名，以及此次查询日期和时间，并分别使用“学生学号”“学生姓名”“查询日期”作为别名。

对应的 SQL 语句如下：

```
SELECT sno 学生学号,sname AS 学生姓名, now() AS 查询日期
FROM studentinfo;
```

执行结果如图 5-5 所示。

```
mysql> SELECT sno 学生学号, sname AS 学生姓名, now() AS 查询日期
    -> FROM studentinfo;
+----------+----------+---------------------+
| 学生学号 | 学生姓名 | 查询日期            |
+----------+----------+---------------------+
| 10101001 | 张永峰   | 2021-05-19 10:29:52 |
| 10101002 | 何小丽   | 2021-05-19 10:29:52 |
| 10101003 | 张宇     | 2021-05-19 10:29:52 |
| 10102001 | 王斌     | 2021-05-19 10:29:52 |
| 10102002 | 包玉明   | 2021-05-19 10:29:52 |
| 10102003 | 孙平平   | 2021-05-19 10:29:52 |
| 10102004 | 翁静静   | 2021-05-19 10:29:52 |
| 11101001 | 刘淑芳   | 2021-05-19 10:29:52 |
| 11101002 | 王亚旭   | 2021-05-19 10:29:52 |
| 11101003 | 高磊     | 2021-05-19 10:29:52 |
+----------+----------+---------------------+
10 rows in set (0.00 sec)
```

图 5-5　例 5-4 执行结果

【例 5-5】查询 stu_course 数据库的 studentinfo 表，输出学生所在的班级，每个班级只输出一次。

提示：在 SELECT 语句中可使用 DISTINCT 关键字消除结果集中的重复行。否则，结果集中将包括所有满足条件的行。

对应的 SQL 语句如下：

```
SELECT DISTINCT sclass
FROM studentinfo;
```

执行结果如图 5-6 所示。

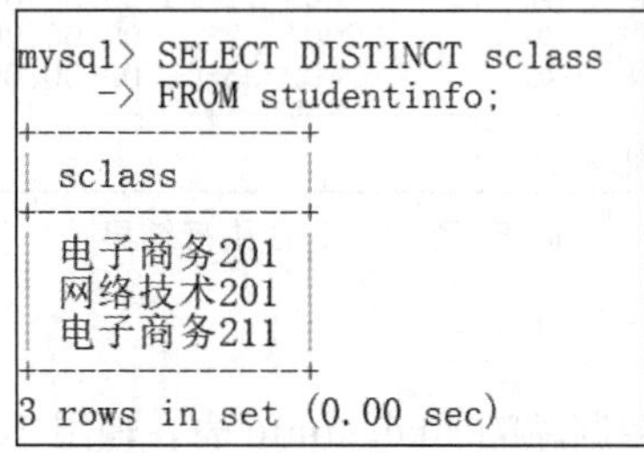

```
mysql> SELECT DISTINCT sclass
    -> FROM studentinfo;
+--------------+
| sclass       |
+--------------+
| 电子商务201  |
| 网络技术201  |
| 电子商务211  |
+--------------+
3 rows in set (0.00 sec)
```

图 5-6　例 5-5 执行结果

5.2.2　使用 WHERE 子句

使用 WHERE 子句可以指定查询条件，用以从数据表中筛选出满足条件的数据行。其语法格式如下：

```
SELECT  [ALL|DISTINCT] 要查询的内容
FROM 表名列表
WHERE 条件表达式;
```

WHERE 子句中条件表达式的运算符如表 5-1 所示。

表 5-1　条件表达式的运算符

运算符分类	运算符	说明
比较运算符	>、>=、=、<、<=、<>、!=、!>、!<	比较字段值的大小
范围运算符	BETWEEN...AND、NOT BETWEEN...AND	判断字段值是否在指定范围内
列表运算符	IN、NOT IN	判断字段值是否在指定的列表中
模式匹配运算符	LIKE、NOT LIKE	判断字段值是否和指定的模式字符串匹配
空值判断运算符	IS NULL、IS NOT NULL	判断字段值是否为空
逻辑运算符	AND、OR、NOT	用于多个条件表达式的逻辑连接

1. 比较运算符的使用

【例 5-6】查询 stu_course 数据库的 studentinfo 表，输出“网络技术 201”班学生的详细信息。

对应的 SQL 语句如下：

```
SELECT *
FROM studentinfo
WHERE sclass= '网络技术 201';
```

执行结果如图 5-7 所示。

```
mysql> SELECT *
    -> FROM studentinfo
    -> WHERE sclass= '网络技术201';
+----------+--------+---------+---------------------+-----------+
| sno      | sname  | sgender | sbirth              | sclass    |
+----------+--------+---------+---------------------+-----------+
| 10102001 | 王斌   | 男      | 2002-07-14 00:00:00 | 网络技术201 |
| 10102002 | 包玉明 | 男      | 2003-11-15 00:00:00 | 网络技术201 |
| 10102003 | 孙平平 | 女      | 2004-02-27 00:00:00 | 网络技术201 |
| 10102004 | 翁静静 | 女      | 2002-05-09 00:00:00 | 网络技术201 |
+----------+--------+---------+---------------------+-----------+
4 rows in set (0.00 sec)
```

图 5-7 例 5-6 执行结果

2. 范围运算符的使用

【例 5-7】查询 stu_course 数据库的 studentinfo 表，输出 2002 年出生的学生的详细信息。

对应的 SQL 语句如下：

```
SELECT *
FROM studentinfo
WHERE sbirth BETWEEN '2002-1-1' AND '2002-12-31';
```

执行结果如图 5-8 所示。

```
mysql> SELECT *
    -> FROM studentinfo
    -> WHERE sbirth BETWEEN '2002-1-1' AND '2002-12-31';
+----------+--------+---------+---------------------+-----------+
| sno      | sname  | sgender | sbirth              | sclass    |
+----------+--------+---------+---------------------+-----------+
| 10101001 | 张永峰 | 男      | 2002-08-01 00:00:00 | 电子商务201 |
| 10102001 | 王斌   | 男      | 2002-07-14 00:00:00 | 网络技术201 |
| 10102004 | 翁静静 | 女      | 2002-05-09 00:00:00 | 网络技术201 |
| 11101001 | 刘淑芳 | 女      | 2002-06-10 00:00:00 | 电子商务211 |
+----------+--------+---------+---------------------+-----------+
4 rows in set (0.03 sec)
```

图 5-8 例 5-7 执行结果

注意：

日期和时间类型是一个很特殊的数据类型，它不仅可以作为一个连续的范围使用 BETWEEN...AND，还可以进行加、减以及比较大小的操作。例如，上述语句可以写成如下形式：

```
SELECT *
FROM studentinfo
WHERE sbirth>='2002-1-1' AND sbirth <= '2002-12-31';
```

其执行结果和图 5-8 所示是一样的。

3. 列表运算符的使用

【例 5-8】查询 stu_course 数据库的 studentinfo 表，输出学号为“10101001”“10102001”“11101001”的学生的详细信息。

对应的 SQL 语句如下：

```
SELECT *
FROM studentinfo
WHERE sno IN ('10101001', '10102001', '11101001');
```

执行结果如图 5-9 所示。

```
mysql> SELECT *
    -> FROM studentinfo
    -> WHERE sno IN ('10101001', '10102001', '11101001');
+----------+--------+---------+---------------------+-------------+
| sno      | sname  | sgender | sbirth              | sclass      |
+----------+--------+---------+---------------------+-------------+
| 10101001 | 张永峰 | 男      | 2002-08-01 00:00:00 | 电子商务201 |
| 10102001 | 王斌   | 男      | 2002-07-14 00:00:00 | 网络技术201 |
| 11101001 | 刘淑芳 | 女      | 2002-06-10 00:00:00 | 电子商务211 |
+----------+--------+---------+---------------------+-------------+
3 rows in set (0.00 sec)
```

图 5-9　例 5-8 执行结果

4. 模式匹配运算符的使用

在指定的条件不是很明确的情况下，可以使用 LIKE 运算符与模式字符串进行匹配运算。其语法格式如下：

```
字段名 [NOT] LIKE '模式字符串'
```

参数说明如下。

（1）字段名：指明要进行匹配的字段。字段的数据类型可以是字符串类型或日期和时间类型。

（2）模式字符串：可以是一般的字符串，也可以是包含通配符的字符串。通配符如表 5-2 所示。

表 5-2　通配符

通配符	含义
%	匹配任意长度（0 个或多个）的字符串
_	匹配任意单个字符

通配符和字符串必须标注在单引号中。例如，表达式 LIKE 'a%'用于匹配以字母“a”开头的字符串；表达式 LIKE '%101'用于匹配以“101”结尾的字符串；表达式 LIKE '_学%'用于匹配第 2 个字符为“学”的字符串。

如果要查找的字符串本身就包括通配符，可以用符号“\”将通配符转义为普通字符。例如，表达式 LIKE 'A_'表示要匹配长度为 2，且第 1 个字符为“A”，第 2 个字符为“_”的字符串。

【例 5-9】查询 stu_course 数据库的 studentinfo 表，输出姓“张”的学生的详细信息。

对应的 SQL 语句如下：

```
SELECT *
FROM studentinfo
WHERE sname LIKE '张%';
```

执行结果如图 5-10 所示。

```
mysql> SELECT *
    -> FROM studentinfo
    -> WHERE sname LIKE '张%';
+----------+--------+---------+---------------------+------------+
| sno      | sname  | sgender | sbirth              | sclass     |
+----------+--------+---------+---------------------+------------+
| 10101001 | 张永峰 | 男      | 2002-08-01 00:00:00 | 电子商务201 |
| 10101003 | 张宇   | 男      | 2003-08-21 00:00:00 | 电子商务201 |
+----------+--------+---------+---------------------+------------+
2 rows in set (0.00 sec)
```

图 5-10 例 5-9 执行结果

5. 空值判断运算符的使用

在 SQL 语句中可使用 IS [NOT] NULL 运算符判断指定字段的值是否为空值。对于空值的判断，不能使用比较运算符或模式匹配运算符。

【例 5-10】查询 stu_course 数据库的 elective 表，输出没有成绩的学生的信息。

对应的 SQL 语句如下：

```
SELECT *
FROM elective
WHERE score IS NULL;
```

执行结果如图 5-11 所示。

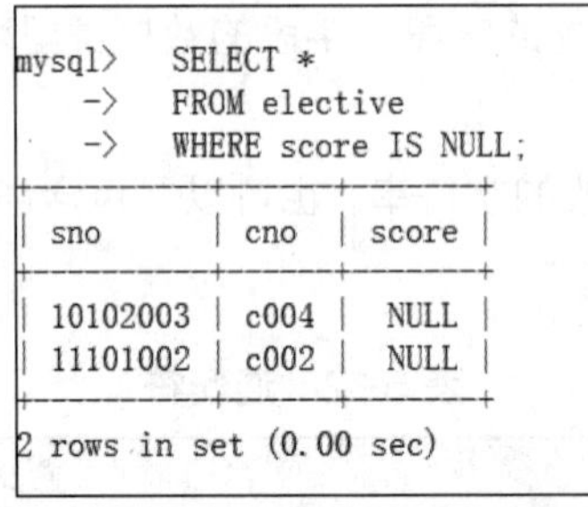

```
mysql> SELECT *
    -> FROM elective
    -> WHERE score IS NULL;
+----------+------+-------+
| sno      | cno  | score |
+----------+------+-------+
| 10102003 | c004 |  NULL |
| 11101002 | c002 |  NULL |
+----------+------+-------+
2 rows in set (0.00 sec)
```

图 5-11 例 5-10 执行结果

6. 逻辑运算符的使用

查询条件可以是一个条件表达式，也可以是多个条件表达式的组合。逻辑运算符能够连接多个条件表达式，构成一个复杂的查询条件。逻辑运算符包括：AND（逻辑与）、OR（逻辑或）、NOT（逻辑非）。

（1）AND：连接两个条件表达式。当且仅当两个条件表达式都成立，组合起来的条件成立。

（2）OR：连接两个条件表达式。如果两个条件表达式中任何一个成立，则组合起来的条件成立。

（3）NOT：连接一个条件表达式，对该条件表达式的值取反。

【例 5-11】查询 stu_course 数据库的 studentinfo 表，输出姓“王”且是“电子商务 211”班的学生的信息。

对应的 SQL 语句如下：

```
SELECT *
FROM studentinfo
WHERE sname LIKE '王%' AND sclass = '电子商务 211';
```

执行结果如图 5-12 所示。

```
mysql> SELECT *
    -> FROM studentinfo
    -> WHERE sname LIKE '王%' AND sclass = '电子商务211';
+----------+--------+---------+---------------------+-----------+
| sno      | sname  | sgender | sbirth              | sclass    |
+----------+--------+---------+---------------------+-----------+
| 11101002 | 王亚旭 | 男      | 2003-03-18 00:00:00 | 电子商务211 |
+----------+--------+---------+---------------------+-----------+
1 row in set (0.00 sec)
```

图 5-12　例 5-11 执行结果

【例 5-12】查询 stu_course 数据库的 studentinfo 表，输出姓“王”或者是“电子商务 211”班的学生的信息。

对应的 SQL 语句如下：

```
SELECT *
FROM studentinfo
WHERE sname LIKE '王%' OR sclass = '电子商务 211';
```

执行结果如图 5-13 所示。

```
mysql> SELECT *
    -> FROM studentinfo
    -> WHERE sname LIKE  '王%' OR sclass = '电子商务211';
+----------+--------+---------+---------------------+-----------+
| sno      | sname  | sgender | sbirth              | sclass    |
+----------+--------+---------+---------------------+-----------+
| 10102001 | 王斌   | 男      | 2002-07-14 00:00:00 | 网络技术201 |
| 11101001 | 刘淑芳 | 女      | 2002-06-10 00:00:00 | 电子商务211 |
| 11101002 | 王亚旭 | 男      | 2003-03-18 00:00:00 | 电子商务211 |
| 11101003 | 高磊   | 男      | 2004-05-11 00:00:00 | 电子商务211 |
+----------+--------+---------+---------------------+-----------+
4 rows in set (0.00 sec)
```

图 5-13　例 5-12 执行结果

注意：

AND 的优先级高于 OR，因此当两者一起使用时，应该先运算 AND 两边的条件表达式，再运算 OR 两边的条件表达式。

【例 5-13】查询 stu_course 数据库的 studentinfo 表，输出不在 2002 年出生的学生的信息。

提示：如果想要得到指定日期和时间类型数据的年份，可以使用函数 YEAR()。

对应的 SQL 语句如下：

```
SELECT *
FROM studentinfo
WHERE NOT(YEAR(sbirth)=2002);
```

执行结果如图 5-14 所示。

```
mysql> SELECT *
    -> FROM studentinfo
    -> WHERE NOT(YEAR(sbirth)=2002);
+----------+--------+---------+---------------------+-------------+
| sno      | sname  | sgender | sbirth              | sclass      |
+----------+--------+---------+---------------------+-------------+
| 10101002 | 何小丽 | 女      | 2001-11-03 00:00:00 | 电子商务201 |
| 10101003 | 张宇   | 男      | 2003-08-21 00:00:00 | 电子商务201 |
| 10102002 | 包玉明 | 男      | 2003-11-15 00:00:00 | 网络技术201 |
| 10102003 | 孙平平 | 女      | 2004-02-27 00:00:00 | 网络技术201 |
| 11101002 | 王亚旭 | 男      | 2003-03-18 00:00:00 | 电子商务211 |
| 11101003 | 高磊   | 男      | 2004-05-11 00:00:00 | 电子商务211 |
+----------+--------+---------+---------------------+-------------+
6 rows in set (0.00 sec)
```

图 5-14　例 5-13 执行结果

5.2.3　使用 ORDER BY 子句

在查询结果集中，数据行是按它们在表中的顺序进行排列的。可以使用 ORDER BY 子句对结果集中的数据行按指定字段的值重新排列顺序。其语法格式如下：

```
SELECT  [ALL|DISTINCT] 要查询的内容
FROM 表名列表
[WHERE 条件表达式]
ORDER  BY 字段名[ASC|DESC] ;
```

参数说明如下。

（1）可以规定按升序排列（使用参数 ASC），也可以规定按降序排列（使用参数 DESC），默认参数为 ASC。

（2）可以在 ORDER BY 子句中指定多个字段，查询结果首先按第一个字段的值进行排序，第一个字段的值相同的数据行，再按照第二个字段的值进行排序，以此类推。

（3）ORDER BY 子句要写在 WHERE 子句后面。

【例 5-14】 查询 stu_course 数据库的 elective 表，输出选修了 c001 号课程的学生的信息，并将查询结果按成绩进行降序排列。

对应的 SQL 语句如下：

```
SELECT *
FROM elective
WHERE cno= 'c001'
ORDER BY score DESC;
```

执行结果如图 5-15 所示。

```
mysql> SELECT *
    -> FROM elective
    -> WHERE cno= 'c001'
    -> ORDER BY score DESC;
+----------+------+-------+
| sno      | cno  | score |
+----------+------+-------+
| 10102003 | c001 |    85 |
| 10101002 | c001 |    78 |
| 10101001 | c001 |    73 |
| 11101002 | c001 |    67 |
| 10102001 | c001 |    50 |
| 11101001 | c001 |    49 |
+----------+------+-------+
6 rows in set (0.01 sec)
```

图 5-15　例 5-14 执行结果

5.2.4 使用 LIMIT 子句

MySQL 中提供了一个关键字 LIMIT，可以指定从哪一条记录开始查询以及一共查询多少条记录。其语法格式如下：

```
SELECT  [ALL|DISTINCT] 要查询的内容
FROM 表名列表
[WHERE 条件表达式]
[ORDER  BY 字段名[ASC|DESC]]
LIMIT  [OFFSET,]  n;
```

参数说明如下。

LIMIT 子句包括一个或两个整数类型的参数。其中 OFFSET 代表从第几条记录开始查询，n 代表查询多少条记录。

注意：

OFFSET 可以省略不写，其默认值为 0，表示从数据表中的第 1 条记录开始查询。

【例 5-15】查询 stu_course 数据库的 studentinfo 表，输出前 3 条学生信息。

对应的 SQL 语句如下：

```
SELECT *
FROM studentinfo
LIMIT 3;
```

执行结果如图 5-16 所示。

```
mysql> SELECT *
    -> FROM studentinfo
    -> LIMIT 3;
+----------+--------+---------+---------------------+-------------+
| sno      | sname  | sgender | sbirth              | sclass      |
+----------+--------+---------+---------------------+-------------+
| 10101001 | 张永峰 | 男      | 2002-08-01 00:00:00 | 电子商务201 |
| 10101002 | 何小丽 | 女      | 2001-11-03 00:00:00 | 电子商务201 |
| 10101003 | 张宇   | 男      | 2003-08-21 00:00:00 | 电子商务201 |
+----------+--------+---------+---------------------+-------------+
3 rows in set (0.00 sec)
```

图 5-16　例 5-15 执行结果

【例 5-16】查询 stu_course 数据库的 studentinfo 表，输出表中第 5 行学生的信息。

对应的 SQL 语句如下：

```
SELECT *
FROM studentinfo
LIMIT 4,1;
```

执行结果如图 5-17 所示。

```
mysql> SELECT *
    -> FROM studentinfo
    -> LIMIT 4,1;
+----------+--------+---------+---------------------+-------------+
| sno      | sname  | sgender | sbirth              | sclass      |
+----------+--------+---------+---------------------+-------------+
| 10102002 | 包玉明 | 男      | 2003-11-15 00:00:00 | 网络技术201 |
+----------+--------+---------+---------------------+-------------+
1 row in set (0.00 sec)
```

图 5-17　例 5-16 执行结果

5.3 统计查询

SELECT 语句的统计功能可以对查询结果集进行求和、求平均值、求最大值、求最小值以及对查询结果集进行分组，统计功能是通过将集合函数和 GROUP BY 子句、HAVING 子句进行组合来实现的。

视频 5-3 统计查询

5.3.1 集合函数

集合函数用于对查询结果集中的指定字段进行统计，并输出统计值。常用的集合函数如表 5-3 所示。

表 5-3 集合函数

集合函数	功能描述
COUNT([DISTINCT|ALL]字段|*)	计算指定字段中值的个数。COUNT(*)返回满足条件的行数，包括含有空值的行，不能与 DISTINCT 一起使用
SUM([DISTINCT|ALL]字段)	计算指定字段中数据的总和（此字段为数值型）
AVG([DISTINCT|ALL]字段)	计算指定字段中数据的平均值（此字段为数值型）
MAX([DISTINCT|ALL]字段)	计算指定字段中数据的最大值
MIN([DISTINCT|ALL]字段)	计算指定字段中数据的最小值

说明：

（1）ALL 为默认参数，表示计算所有的值；

（2）DISTINCT 表示去掉重复值后再计算。

【例 5-17】查询 stu_course 数据库的 studentinfo 表，统计学生总人数。

提示：统计学生总人数就是统计 studentinfo 表中的数据的行数。

对应的 SQL 语句如下：

```
SELECT COUNT(*) AS 学生总人数
FROM studentinfo;
```

执行结果如图 5-18 所示。

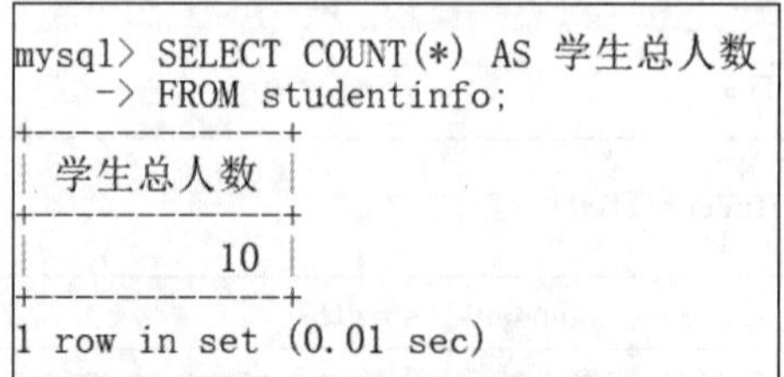
```
mysql> SELECT COUNT(*) AS 学生总人数
    -> FROM studentinfo;
+------------+
| 学生总人数 |
+------------+
|         10 |
+------------+
1 row in set (0.01 sec)
```

图 5-18 例 5-17 执行结果

【例 5-18】查询 stu_course 数据库的 elective 表，统计选修了 c003 号课程的学生人数、总成绩、平均分、最高分和最低分。

对应的 SQL 语句如下：

```
SELECT COUNT(*) AS 学生人数,SUM(score) AS 总成绩,
       AVG(score) 平均分,MAX(score) 最高分,MIN(score) 最低分
FROM elective
WHERE cno='c003';
```

执行结果如图 5-19 所示。

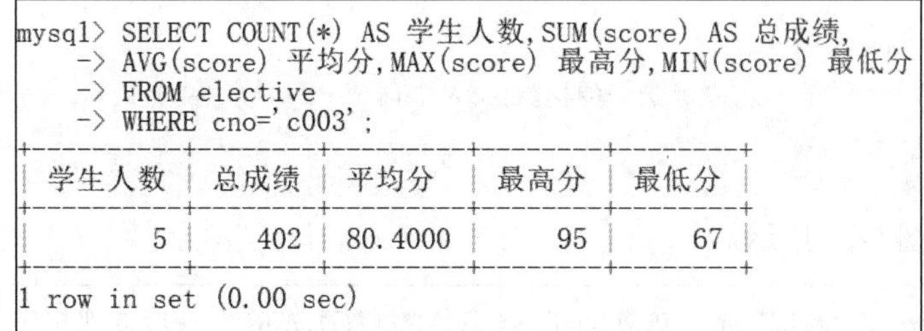

```
mysql> SELECT COUNT(*) AS 学生人数,SUM(score) AS 总成绩,
    -> AVG(score) 平均分,MAX(score) 最高分,MIN(score) 最低分
    -> FROM elective
    -> WHERE cno='c003';
+----------+--------+---------+--------+--------+
| 学生人数 | 总成绩 | 平均分  | 最高分 | 最低分 |
+----------+--------+---------+--------+--------+
|        5 |    402 | 80.4000 |     95 |     67 |
+----------+--------+---------+--------+--------+
1 row in set (0.00 sec)
```

图 5-19　例 5-18 执行结果

5.3.2　使用 GROUP BY 子句

在前面的例子中所进行的查询都是对整个查询结果集进行的，而 GROUP BY 子句用于对查询结果集按指定字段的值进行分组，字段值相同的放在一组。将集合函数和 GROUP BY 子句配合使用，可对查询结果集进行分组统计。其语法格式如下：

```
SELECT  [ALL|DISTINCT] 要查询的内容
FROM 表名列表
[WHERE 条件表达式]
GROUP  BY 字段名列表 [HAVING 条件表达式];
```

注意：

使用 GROUP BY 子句进行分组统计时，SELECT 子句中要查询的内容所包含的字段要满足以下两种情况之一。

① 字段应用了集合函数。

② 未应用集合函数的字段必须包含在 GROUP BY 子句中。

【例 5-19】查询 studentinfo 表，分别统计男、女生人数。

对应的 SQL 语句如下：

```
SELECT sgender,COUNT(*) AS 人数
FROM studentinfo
GROUP BY sgender;
```

执行结果如图 5-20 所示。

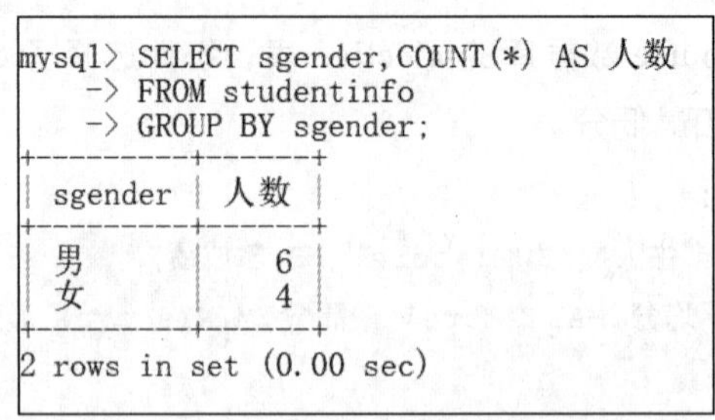

```
mysql> SELECT sgender,COUNT(*) AS 人数
    -> FROM studentinfo
    -> GROUP BY sgender;
+---------+------+
| sgender | 人数 |
+---------+------+
| 男      |    6 |
| 女      |    4 |
+---------+------+
2 rows in set (0.00 sec)
```

图 5-20　例 5-19 执行结果

【例 5-20】查询 elective 表，统计每个学生所选课程数目及平均分。

对应的 SQL 语句如下：

```
SELECT sno,COUNT(cno) AS 选修课程数目,AVG(score) AS 平均分
FROM elective
GROUP BY sno;
```

执行结果如图 5-21 所示。

```
mysql> SELECT sno,COUNT(cno) AS 选修课程数目,AVG(score) AS 平均分
    -> FROM elective
    -> GROUP BY sno;
+----------+--------------+---------+
| sno      | 选修课程数目 | 平均分  |
+----------+--------------+---------+
| 10101001 |            3 | 68.3333 |
| 10101002 |            1 | 78.0000 |
| 10101003 |            1 | 69.0000 |
| 10102001 |            1 | 50.0000 |
| 10102002 |            3 | 79.3333 |
| 10102003 |            4 | 76.6667 |
| 11101001 |            3 | 59.3333 |
| 11101002 |            2 | 67.0000 |
| 11101003 |            3 | 86.6667 |
+----------+--------------+---------+
9 rows in set (0.00 sec)
```

图 5-21　例 5-20 执行结果

【例 5-21】查询 elective 表，统计每门课程的学生人数及最高分。

对应的 SQL 语句如下：

```
SELECT cno,COUNT(sno) AS 学生人数,MAX(score) AS 最高分
FROM elective
GROUP BY cno;
```

执行结果如图 5-22 所示。

```
mysql> SELECT cno,COUNT(sno) AS 学生人数,MAX(score) AS 最高分
    -> FROM elective
    -> GROUP BY cno;
+------+----------+--------+
| cno  | 学生人数 | 最高分 |
+------+----------+--------+
| c001 |        6 |     85 |
| c002 |        5 |     88 |
| c003 |        5 |     95 |
| c004 |        5 |     82 |
+------+----------+--------+
4 rows in set (0.00 sec)
```

图 5-22　例 5-21 执行结果

注意：

（1）GROUP BY 子句常和 HAVING 子句配合使用。HAVING 子句用于将分组后的结果进行条件筛选。HAVING 子句只能出现在 GROUP BY 子句后。

（2）作为条件筛选功能的子句，WHERE 子句和 HAVING 子句的区别如下。

- WHERE 子句设置的查询筛选条件在 GROUP BY 子句之前发生作用，并且条件中不能使用集合函数。
- HAVING 子句设置的查询筛选条件在 GROUP BY 子句之后发生作用，并且条件中允许使用集合函数。

（3）当一个语句中同时出现 WHERE 子句、GROUP BY 子句和 HAVING 子句时，其执行顺序如下。

① 执行 WHERE 子句，从数据表中选取满足条件的数据行。

② 由 GROUP BY 子句对选取的行进行分组。

③ 执行集合函数。

④ 执行 HAVING 子句，选取满足条件的分组。

【例 5-22】查询 elective 表中每门课成绩都在 70～90 分之间的学生的学号。

对应的 SQL 语句如下：

```
SELECT sno AS 每门课成绩都在 70 - 90 分之间的学生
FROM elective
GROUP BY sno
HAVING MIN(score)>=70 AND MAX(score)<=90;
```

执行结果如图 5-23 所示。

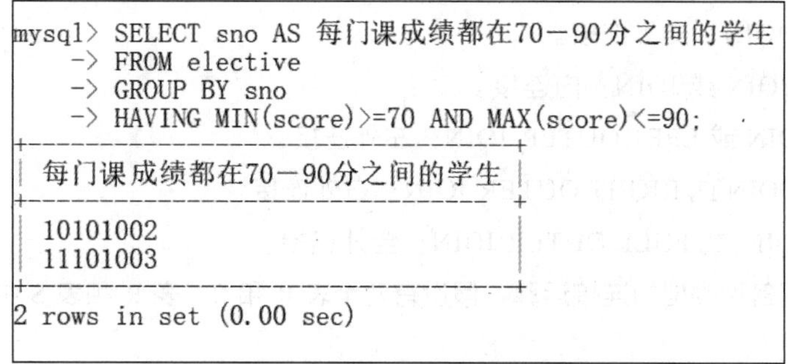

```
mysql> SELECT sno AS 每门课成绩都在70－90分之间的学生
    -> FROM elective
    -> GROUP BY sno
    -> HAVING MIN(score)>=70 AND MAX(score)<=90;
+-------------------------------+
| 每门课成绩都在70－90分之间的学生 |
+-------------------------------+
| 10101002                      |
| 11101003                      |
+-------------------------------+
2 rows in set (0.00 sec)
```

图 5-23　例 5-22 执行结果

【例 5-23】查询 elective 表中选修了至少 3 门课的学生的学号。

对应的 SQL 语句如下：

```
SELECT sno,COUNT(*) 选修课程数
FROM elective
GROUP BY sno
HAVING COUNT(*)>=3;
```

执行结果如图 5-24 所示。

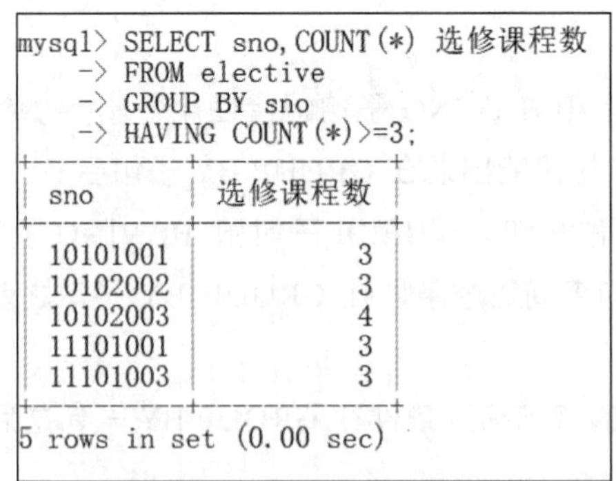

```
mysql> SELECT sno,COUNT(*) 选修课程数
    -> FROM elective
    -> GROUP BY sno
    -> HAVING COUNT(*)>=3;
+----------+------------+
| sno      | 选修课程数 |
+----------+------------+
| 10101001 |          3 |
| 10102002 |          3 |
| 10102003 |          4 |
| 11101001 |          3 |
| 11101003 |          3 |
+----------+------------+
5 rows in set (0.00 sec)
```

图 5-24　例 5-23 执行结果

5.4 多表连接查询

在实际查询中，很多情况下用户所需要的数据并不是全部都在一个表中，而是存在于多个不同的表中，这时就要使用多表连接查询。多表连接查询是通过各个表之间的共同列的相关性来查询数据的。进行多表连接查询时，首先要在这些表中建立连接，再在连接生成的结果集中进行筛选。

视频 5-4　多表连接查询

多表连接查询的语法格式如下：

```
SELECT [表名.]目标字段表达式 [AS 别名],…
FROM 左表名 [AS 别名] 连接类型 右表名 [AS 别名]
ON 连接条件
[WHERE 条件表达式];
```

其中，连接类型有以下几种。

（1）CROSS JOIN：交叉连接。

（2）INNER JOIN 或 JOIN：内连接。

（3）LEFT JOIN 或 LEFT OUTER JOIN：左外连接。

（4）RIGHT JOIN 或 RIGHT OUTER JOIN：右外连接。

（5）FULL JOIN 或 FULL OUTER JOIN：全外连接。

为了便于理解各种类型的连接运算，假设有两个表 R 和 S，表 R 和表 S 中的数据如图 5-25 所示。

R

A	B	C
1	2	3
4	5	6

S

A	D
1	2
3	4
5	6

图 5-25　表 R 和表 S 中的数据

5.4.1 交叉连接

交叉连接就是将连接的两个表的所有行进行组合，也就是将第一个表的所有行分别与第二个表的每行连接形成一个新的数据行。连接后生成的结果集的数据行数等于两个表的行数的乘积，字段个数等于两个表的字段个数的和。其语法格式如下：

```
SELECT 字段名列表
FROM 表名 1 CROSS JOIN 表名 2;
```

图 5-25 中的表 R 和表 S 进行交叉连接的结果集如图 5-26 所示。

R CROSS JOIN S

A	B	C	A	D
1	2	3	1	2
1	2	3	3	4
1	2	3	5	6
4	5	6	1	2
4	5	6	3	4
4	5	6	5	6

图 5-26　表 R 和表 S 交叉连接的结果集

注意：

交叉连接用来返回连接表的笛卡儿积，笛卡儿积在实际应用中一般是没有任何意义的。

【例 5-24】对 course 表和 teacher 表进行交叉连接，观察连接后的结果集。

对应的 SQL 语句如下：

```
SELECT *
FROM course CROSS JOIN teacher;
```

执行结果如图 5-27 所示。

```
mysql> SELECT *
    -> FROM course CROSS JOIN teacher;
+------+--------------+---------+--------+------+------+--------+---------+------------+----------+
| cno  | cname        | cperiod | credit | ctno | tno  | tname  | tgender | tedu       | tpro     |
+------+--------------+---------+--------+------+------+--------+---------+------------+----------+
| c001 | 文学欣赏     |      40 |    1.5 | t001 | t001 | 吴亚飞 | 男      | 本科       | 讲师     |
| c002 | 中国历史文化 |      60 |    2.0 | t003 | t001 | 吴亚飞 | 男      | 本科       | 讲师     |
| c003 | 视频编辑     |      70 |    2.5 | t002 | t001 | 吴亚飞 | 男      | 本科       | 讲师     |
| c004 | 音乐欣赏     |      40 |    1.5 | t005 | t001 | 吴亚飞 | 男      | 本科       | 讲师     |
| c001 | 文学欣赏     |      40 |    1.5 | t001 | t002 | 李琦   | 男      | 硕士研究生 | 副教授   |
| c002 | 中国历史文化 |      60 |    2.0 | t003 | t002 | 李琦   | 男      | 硕士研究生 | 副教授   |
| c003 | 视频编辑     |      70 |    2.5 | t002 | t002 | 李琦   | 男      | 硕士研究生 | 副教授   |
| c004 | 音乐欣赏     |      40 |    1.5 | t005 | t002 | 李琦   | 男      | 硕士研究生 | 副教授   |
| c001 | 文学欣赏     |      40 |    1.5 | t001 | t003 | 王艳红 | 女      | 硕士研究生 | 讲师     |
| c002 | 中国历史文化 |      60 |    2.0 | t003 | t003 | 王艳红 | 女      | 硕士研究生 | 讲师     |
| c003 | 视频编辑     |      70 |    2.5 | t002 | t003 | 王艳红 | 女      | 硕士研究生 | 讲师     |
| c004 | 音乐欣赏     |      40 |    1.5 | t005 | t003 | 王艳红 | 女      | 硕士研究生 | 讲师     |
| c001 | 文学欣赏     |      40 |    1.5 | t001 | t004 | 马志超 | 男      | 博士研究生 | 教授     |
| c002 | 中国历史文化 |      60 |    2.0 | t003 | t004 | 马志超 | 男      | 博士研究生 | 教授     |
| c003 | 视频编辑     |      70 |    2.5 | t002 | t004 | 马志超 | 男      | 博士研究生 | 教授     |
| c004 | 音乐欣赏     |      40 |    1.5 | t005 | t004 | 马志超 | 男      | 博士研究生 | 教授     |
| c001 | 文学欣赏     |      40 |    1.5 | t001 | t005 | 万丽   | 女      | 硕士研究生 | 助理讲师 |
| c002 | 中国历史文化 |      60 |    2.0 | t003 | t005 | 万丽   | 女      | 硕士研究生 | 助理讲师 |
| c003 | 视频编辑     |      70 |    2.5 | t002 | t005 | 万丽   | 女      | 硕士研究生 | 助理讲师 |
| c004 | 音乐欣赏     |      40 |    1.5 | t005 | t005 | 万丽   | 女      | 硕士研究生 | 助理讲师 |
| c001 | 文学欣赏     |      40 |    1.5 | t001 | t006 | 张君瑞 | 男      | 硕士研究生 | 副教授   |
| c002 | 中国历史文化 |      60 |    2.0 | t003 | t006 | 张君瑞 | 男      | 硕士研究生 | 副教授   |
| c003 | 视频编辑     |      70 |    2.5 | t002 | t006 | 张君瑞 | 男      | 硕士研究生 | 副教授   |
| c004 | 音乐欣赏     |      40 |    1.5 | t005 | t006 | 张君瑞 | 男      | 硕士研究生 | 副教授   |
| c001 | 文学欣赏     |      40 |    1.5 | t001 | t007 | 赵楠   | 女      | 博士研究生 | 教授     |
| c002 | 中国历史文化 |      60 |    2.0 | t003 | t007 | 赵楠   | 女      | 博士研究生 | 教授     |
| c003 | 视频编辑     |      70 |    2.5 | t002 | t007 | 赵楠   | 女      | 博士研究生 | 教授     |
| c004 | 音乐欣赏     |      40 |    1.5 | t005 | t007 | 赵楠   | 女      | 博士研究生 | 教授     |
+------+--------------+---------+--------+------+------+--------+---------+------------+----------+
28 rows in set (0.01 sec)
```

图 5-27　例 5-24 执行结果

说明：course 表是 5 列 4 行的表，teacher 表是 5 列 5 行的表，这两张表进行交叉连接形成的结果表就是 28 行 10 列的表。但从图 5-27 可以看出，这张结果表是没有实际意义的。

5.4.2 内连接

内连接是指用比较运算符设置连接条件，只返回满足连接条件的数据行，相当于将交叉连接生成的结果集按照连接条件进行筛选。

内连接有以下两种语法格式：

```
SELECT 字段名列表
FROM 表名 1 [INNER] JOIN 表名 2
ON 表名 1.字段名 比较运算符 表名 2.字段名;
```

或者

```
SELECT 字段名列表
FROM 表名 1, 表名 2
WHERE 表名 1.字段名 比较运算符 表名 2.字段名;
```

内连接包括 3 种类型：等值连接、非等值连接和自然连接。

（1）等值连接：在连接条件中使用等号（=）来比较连接字段的值，其查询结果中包含被连接表的所有字段，包括重复字段。在等值连接中，两个表的连接条件通常采用“表 1.主键字段=表 2.外键字段”的形式。

（2）非等值连接：在连接条件中使用除等号之外的比较运算符（>、<、>=、<=、!=）来比较连接字段的值。

（3）自然连接：与等值连接相同，两者都在连接条件中使用等号，但自然连接的结果集中不包括重复字段。

表 R 和表 S 进行等值连接、非等值连接和自然连接的结果集如图 5-28 所示。

R JOIN S(R.A=S.A)

R.A	B	C	S.A	D
1	2	3	1	2

等值连接

R JOIN S（R.A>S.A）

R.A	B	C	S.A	D
4	5	6	1	2
4	5	6	3	4

非等值连接

R JOIN S

R.A	B	C	D
1	2	3	2

自然连接

图 5-28 表 R 和表 S 内连接的结果集

在上述语法格式中，如果在 SELECT 语句中要输出的字段是表名 1 和表名 2 都有的字段，则必须在输出的字段名前加上表名以进行区分，即用“表名.字段名”来表示。如果表名太长，可以给表名定义一个简短的别名，这样在 SELECT 语句的输出字段名和连接条件中需要用到表名的地方都可以用该别名来代替。

【例 5-25】查询 stu_course 数据库，输出考试成绩不及格的学生的学号、姓名、课程号以及成绩。

提示：查询结果需要输出 4 个字段，在 stu_course 数据库中，没有任何一个表同时包含这 4 个字段，这时就需要进行多表连接查询。进行多表连接查询时，首先要确定哪几个表需要进行连接查询。进行连接查询的表要能够包括输出的所有字段，并且用到的表的数量要尽可能地少。进行连接的表之间要有含义相同的字段。

在本例中，在 studentinfo 表和 elective 表中有 sno（学号）字段，在 studentinfo 表中有 sname（姓名）字段，在 course 表和 elective 表中有 cno（课程号）字段，在 elective 表中有 score（成绩）字段。由此可知，要查询并输出指定的 4 个字段，最少需要 studentinfo 表和 elective 表两个表，这两个表可以用来进行连接的共同的字段为 sno（学号）。

对应的 SQL 语句如下：

```
SELECT s.sno,sname,cno,score
FROM studentinfo AS s JOIN elective AS e
ON s.sno=e.sno
WHERE score<60;
```

或者

```
SELECT s.sno,sname,cno,score
FROM studentinfo AS s,elective AS e
WHERE s.sno=e.sno AND score<60;
```

执行结果如图 5-29 所示。

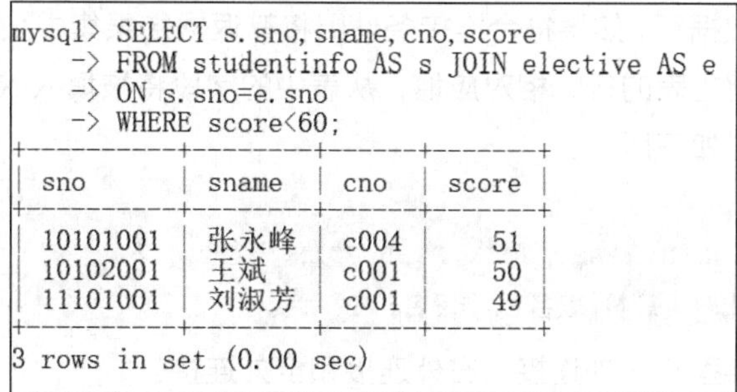

```
mysql> SELECT s.sno, sname, cno, score
    -> FROM studentinfo AS s JOIN elective AS e
    -> ON s.sno=e.sno
    -> WHERE score<60;
+----------+--------+------+-------+
| sno      | sname  | cno  | score |
+----------+--------+------+-------+
| 10101001 | 张永峰 | c004 |    51 |
| 10102001 | 王斌   | c001 |    50 |
| 11101001 | 刘淑芳 | c001 |    49 |
+----------+--------+------+-------+
3 rows in set (0.00 sec)
```

图 5-29 例 5-25 执行结果

【例 5-26】查询 stu_course 数据库，输出考试成绩不及格的学生的学号、姓名、课程名以及成绩。

提示：完成本例需要用到 3 个表，即 studentinfo 表、course 表、elective 表。3 个表进行连接查询，是通过表的两两连接来实现的。在本例的这 3 个表中，elective 表和 studentinfo 表有相同的字段 sno，elective 表和 course 表有相同的字段 cno，所以 elective 表作为中间表，可以先和 studentinfo 表连接，再和 course 表连接。当然，这个连接顺序是不固定的，elective 表也可以先和 course 表连接，再和 studentinfo 表连接。

对应的 SQL 语句如下：

```
SELECT s.sno,sname,cname,score
FROM studentinfo AS s JOIN elective AS e ON s.sno=e.sno
                      JOIN course AS c ON c.cno=e.cno
WHERE score<60;
```

或者

```
SELECT s.sno,sname,cname,score
FROM studentinfo AS s,elective AS e,course AS c
WHERE s.sno=e.sno AND e.cno=c.cno AND score<60;
```

执行结果如图 5-30 所示。

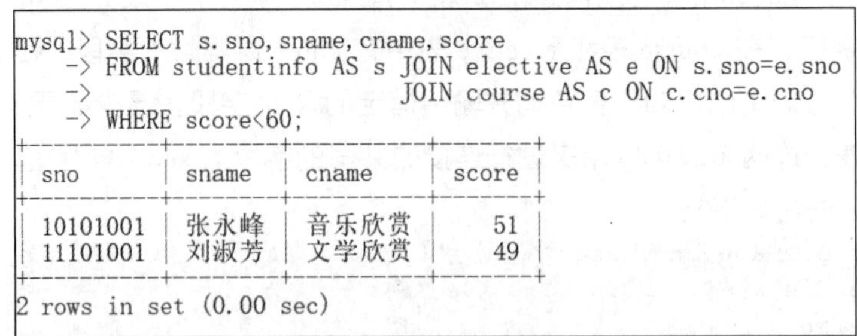

```
mysql> SELECT s.sno, sname, cname, score
    -> FROM studentinfo AS s JOIN elective AS e ON s.sno=e.sno
    ->                       JOIN course AS c ON c.cno=e.cno
    -> WHERE score<60;
+----------+--------+----------+-------+
| sno      | sname  | cname    | score |
+----------+--------+----------+-------+
| 10101001 | 张永峰 | 音乐欣赏 |    51 |
| 11101001 | 刘淑芳 | 文学欣赏 |    49 |
+----------+--------+----------+-------+
2 rows in set (0.00 sec)
```

图 5-30　例 5-26 执行结果

5.4.3　外连接

外连接与内连接不同，其在查询时所用的表有主从之分。进行外连接时，以主表中每行数据去匹配从表中的数据行，如果符合连接条件则将其返回结果集中；如果没有找到匹配行，则在结果集中仍然保留主表的行，相对应地，从表中的字段将被填入 NULL 值。

外连接的语法格式如下所示：

```
SELECT 字段名列表
FROM 表名1 LEFT JOIN|RIGHT JOIN|FULL JOIN 表名2
ON 表名1.字段名 比较运算符 表名2.字段名;
```

外连接包括 3 种类型：左外连接、右外连接和全外连接。

（1）左外连接：左表为主表，连接关键字为 LEFT JOIN。关键字左边的表为左表，右边的表为右表。将左表中的所有数据行与右表中的每行按连接条件进行匹配，结果集中包括左表中所有的数据行。左表中那些与右表没有相匹配的行，在结果集中右表中的字段都以 NULL 来填充。BIT 类型不允许为 NULL，以 0 填充。

（2）右外连接：右表为主表，连接关键字为 RIGHT JOIN。关键字右边的表为右表，左边的表为左表。将右表中的所有数据行与左表中的每行按连接条件进行匹配，结果集中包括右表中所有的数据行。右表中那些与左表没有相匹配的行，在结果集中左表中的字段都以 NULL 来填充。

（3）全外连接：连接关键字为 FULL JOIN。该连接查询结果集中包括两个表的所有的数据行，若左表中某一行在右表中有匹配数据，则结果集中对应的右表的字段填入相应数据，否则填入 NULL；若右表中某一行在左表中没有匹配数据，则结果集中对应的左表中的字段填入 NULL。

注意：

外连接查询只适用于两个表。

表 R 和表 S 进行外连接的结果集如图 5-31 所示。

R LEFT JOIN S(R.A=S.A)

R.A	B	C	S.A	D
1	2	3	1	2
4	5	6	NULL	NULL

左外连接

R RIGHT JOIN S(R.A=S.A)

R.A	B	C	S.A	D
1	2	3	1	2
NULL	NULL	NULL	3	4
NULL	NULL	NULL	5	6

右外连接

R FULL JOIN S(R.A=S.A)

R.A	B	C	S.A	D
1	2	3	1	2
4	5	6	NULL	NULL
NULL	NULL	NULL	3	4
NULL	NULL	NULL	5	6

全外连接

图 5-31　表 R 和表 S 外连接的结果集

【例 5-27】查询 stu_course 数据库，输出所有教师的授课信息，没有授课的教师也要列出。

提示：要输出所有教师的授课信息，说明需要 teacher 表和 course 表；没有授课的教师也要列出，说明 teacher 表是主表。

对应的 SQL 语句如下：

```
SELECT *
FROM teacher AS t LEFT JOIN course AS c
ON t.tno=c.ctno;
```

执行结果如图 5-32 所示。

```
mysql> SELECT *
    -> FROM teacher AS t LEFT JOIN course AS c
    -> ON t.tno=c.ctno;
```

tno	tname	tgender	tedu	tpro	cno	cname	cperiod	credit	ctno
t001	吴亚飞	男	本科	讲师	c001	文学欣赏	40	1.5	t001
t002	李琦	男	硕士研究生	副教授	c003	视频编辑	70	2.5	t002
t003	王艳红	女	硕士研究生	讲师	c002	中国历史文化	60	2.0	t003
t004	马志超	男	博士研究生	教授	NULL	NULL	NULL	NULL	NULL
t005	万丽	女	硕士研究生	助理讲师	c004	音乐欣赏	40	1.5	t005
t006	张君瑞	男	硕士研究生	副教授	NULL	NULL	NULL	NULL	NULL
t007	赵楠	女	博士研究生	教授	NULL	NULL	NULL	NULL	NULL

7 rows in set (0.00 sec)

图 5-32　例 5-27 执行结果

5.4.4　自连接

自连接就是一个表的两个副本之间的内连接。同一个表名在 FROM 子句中会出现两次，故为了区分，必须对表指定不同的别名，语句中使用的字段名前也要加上表的别名进行限定。

【例 5-28】查询和学号为“11101002”的学生在同一个班级的学生的学号和姓名。

对应的 SQL 语句如下：

```
SELECT s2.sno,s2.sname
FROM studentinfo AS s1 JOIN studentinfo AS s2
ON s1.sclass=s2.sclass
WHERE s1.sno='11101001' AND s2.sno!= '11101001';
```

执行结果如图 5-33 所示。

```
mysql> SELECT s2.sno,s2.sname
    -> FROM studentinfo AS s1 JOIN studentinfo AS s2
    -> ON s1.sclass=s2.sclass
    -> WHERE s1.sno='11101001' AND s2.sno!= '11101001';
+----------+--------+
| sno      | sname  |
+----------+--------+
| 11101002 | 王亚旭 |
| 11101003 | 高磊   |
+----------+--------+
2 rows in set (0.00 sec)
```

图 5-33　例 5-28 执行结果

5.5　子查询

视频 5-5　子查询

子查询是指将一个 SELECT 语句嵌套在另一个 SELECT 语句的 WHERE 子句中的查询。包含子查询的 SELECT 语句称为父查询或外部查询。子查询可以多层嵌套，执行时由内向外，即每一个子查询在其上一级父查询处理之前处理，其查询结果返回给父查询。

子查询也可以嵌套在 INSERT、UPDATE 或 DELETE 语句中。使用子查询时，应注意以下两点。

（1）子查询的 SELECT 语句总是使用圆括号标注。

（2）子查询的返回值为单个值时，该子查询可以应用到任何表达式中。

子查询有 4 种形式，分别是比较子查询、IN 子查询、批量比较子查询和 EXISTS 子查询。

5.5.1　比较子查询

比较子查询是指父查询与子查询之间用比较运算符进行连接。在这种类型的子查询中，子查询返回的值最多只能有一个。

【例 5-29】查询 stu_course 数据库，输出选修了“音乐欣赏”这门课的所有学生的学号和成绩。

提示：先用子查询查找出“音乐欣赏”这门课的课程号，再用父查询查找出课程号等于子查询找到的课程号的那些数据行，输出这些行的学号和成绩即可。

对应的 SQL 语句如下：

```
SELECT sno,score AS 音乐欣赏的成绩
FROM elective
WHERE cno=(SELECT cno
           FROM course
           WHERE cname='音乐欣赏');
```

执行结果如图 5-34 所示。

```
mysql> SELECT sno,score AS 音乐欣赏的成绩
    -> FROM elective
    -> WHERE cno=(SELECT cno
    ->            FROM course
    ->            WHERE cname='音乐欣赏');
+----------+----------------+
| sno      | 音乐欣赏的成绩 |
+----------+----------------+
| 10101001 |             51 |
| 10102002 |             75 |
| 10102003 |           NULL |
| 11101001 |             62 |
| 11101003 |             82 |
+----------+----------------+
5 rows in set (0.00 sec)
```

图 5-34　例 5-29 执行结果

【例 5-30】查询 stu_course 数据库，输出年龄最大的学生的姓名。

提示：在 stu_course 数据库的 studentinfo 表中，只有 sbirth（出生日期）字段，要查找年龄最大的学生的信息，则先用子查询查找出生日期的最小值，再用父查询查找出出生日期等于子查询找到的出生日期的数据行，并输出姓名即可。

对应的 SQL 语句如下：

```
SELECT sname AS 年龄最大的学生
FROM studentinfo
WHERE sbirth=(SELECT MIN(sbirth)
              FROM studentinfo);
```

执行结果如图 5-35 所示。

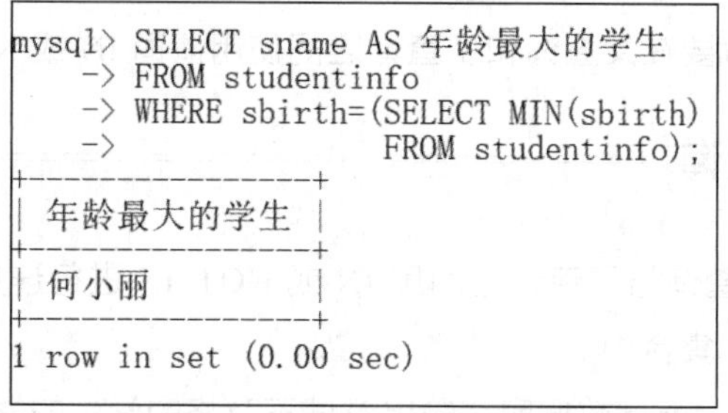

```
mysql> SELECT sname AS 年龄最大的学生
    -> FROM studentinfo
    -> WHERE sbirth=(SELECT MIN(sbirth)
    ->               FROM studentinfo);
+----------------+
| 年龄最大的学生 |
+----------------+
| 何小丽         |
+----------------+
1 row in set (0.00 sec)
```

图 5-35　例 5-30 执行结果

【例 5-31】查询 stu_course 数据库，输出“音乐欣赏”这门课不及格的学生的姓名。

提示：先用子查询从 course 表中查找出“音乐欣赏”这门课的课程号，再用父查询从 elective 表中查找出课程号等于子查询找到的课程号且成绩小于 60 分的那个数据行，得到这个数据行中的学号的值，最后用父查询从 studentinfo 表中查找出学号等于子查询找到的那个学号的学生的姓名。

对应的 SQL 语句如下：

```
SELECT sname AS 音乐欣赏不及格的学生
FROM studentinfo
WHERE sno=(SELECT sno
           FROM elective
```

```
              WHERE score<60 AND cno=(SELECT cno
                                      FROM course
                                      WHERE cname='音乐欣赏'));
```

执行结果如图 5-36 所示。

```
mysql> SELECT sname AS 音乐欣赏不及格的学生
    -> FROM studentinfo
    -> WHERE sno=(SELECT sno
    ->            FROM elective
    ->            WHERE score<60 AND cno=(SELECT cno
    ->                                    FROM course
    ->                                    WHERE cname='音乐欣赏'));
+----------------------+
| 音乐欣赏不及格的学生 |
+----------------------+
| 张永峰               |
+----------------------+
1 row in set (0.00 sec)
```

图 5-36　例 5-31 执行结果

注意：

在这个例子中，用到了子查询的多层嵌套。父查询和它的子查询是用比较运算符连接的，这就要求每一层子查询所查询到的值最多只能有一个，也就是说最多只能有一个学生的“音乐欣赏”课的成绩不及格。如果有两个或两个以上的学生的“音乐欣赏”课的成绩不及格，这个查询就会出错。

在实际情况中，不止一个学生在同一门课上的成绩不及格是普遍存在的。所以，假如有多个学生的“音乐欣赏”课的成绩不及格，该怎么书写 SQL 语句？对于子查询可能返回给父查询多个数值的情况，就要在父查询和子查询之间使用谓词 IN 或 NOT IN 进行连接。

5.5.2　IN 子查询

IN 子查询是指在父查询与子查询之间用 IN 或 NOT IN 进行连接，用于判断某个字段的值是否在子查询查找到的集合中。

【例 5-32】查询 stu_course 数据库，输出考试不及格的学生的姓名。

提示：先用子查询在 elective 表中查找出成绩小于 60 分的学生的学号，查找到的学号可能有多个，是一个集合；再用父查询从 studentinfo 表中查找出学号在子查询找到的学号集合中的学生的姓名。

对应的 SQL 语句如下：

```
SELECT sname AS 考试不及格的学生
FROM studentinfo
WHERE sno IN (SELECT sno
              FROM elective
              WHERE score<60);
```

执行结果如图 5-37 所示。

```
mysql> SELECT sname AS 考试不及格的学生
    -> FROM studentinfo
    -> WHERE sno IN (SELECT sno
    ->               FROM elective
    ->               WHERE score<60);
+------------------+
| 考试不及格的学生 |
+------------------+
| 张永峰           |
| 王斌             |
| 刘淑芳           |
+------------------+
3 rows in set (0.00 sec)
```

图 5-37　例 5-32 执行结果

注意：

如果本例改为要查询考试全及格的学生的姓名，可把 IN 改为 NOT IN。

对应的 SQL 语句如下：

```
SELECT sname AS 考试全及格的学生
FROM studentinfo
WHERE sno NOT IN (SELECT sno
                  FROM elective
                  WHERE score<60);
```

执行结果如图 5-38 所示。

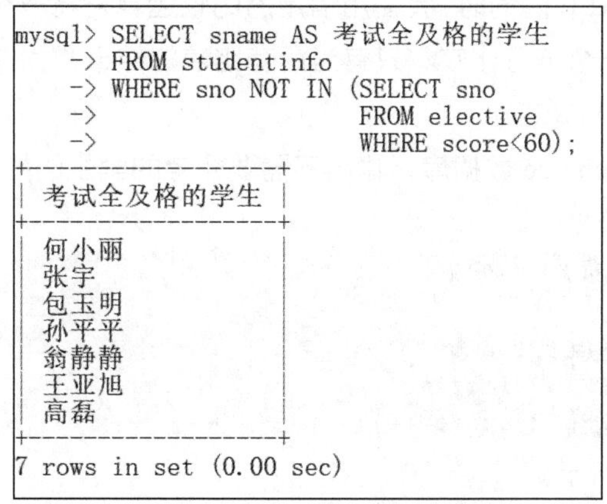

```
mysql> SELECT sname AS 考试全及格的学生
    -> FROM studentinfo
    -> WHERE sno NOT IN (SELECT sno
    ->                   FROM elective
    ->                   WHERE score<60);
+------------------+
| 考试全及格的学生 |
+------------------+
| 何小丽           |
| 张宇             |
| 包玉明           |
| 孙平平           |
| 翁静静           |
| 王亚旭           |
| 高磊             |
+------------------+
7 rows in set (0.00 sec)
```

图 5-38　NOT IN 的执行结果

5.5.3　批量比较子查询

批量比较子查询是指子查询的结果不止一个，而且父查询和子查询之间需要用比较运算符进行连接，这时就需要在子查询前面加上 ALL 或 ANY 这样的谓词。

1. 使用 ANY 谓词

在子查询前面使用 ANY 谓词时，会使用指定的比较运算符将一个表达式的值或字段的值与子查询返回值中的每一个进行比较，只要有一次比较的结果为 TRUE，则整个表达式的值为 TRUE，否则为 FALSE。

【例 5-33】查询 stu_course 数据库，输出需要补考的学生的姓名。

对应的 SQL 语句如下：

```
SELECT sname AS 补考学生
FROM studentinfo
WHERE sno = ANY(SELECT sno
                FROM elective
                WHERE score<60);
```

执行结果如图 5-39 所示。

```
mysql> SELECT sname AS 补考学生
    -> FROM studentinfo
    -> WHERE sno = ANY(SELECT sno
    ->                 FROM elective
    ->                 WHERE score<60);
+----------+
| 补考学生 |
+----------+
| 张永峰   |
| 王斌     |
| 刘淑芳   |
+----------+
3 rows in set (0.00 sec)
```

图 5-39　例 5-33 执行结果

2. 使用 ALL 谓词

在子查询前面使用 ALL 谓词时，会使用指定的比较运算符将一个表达式的值或字段的值与子查询返回值中的每一个进行比较，只有当所有比较的结果都为 TRUE 时，整个表达式的值才为 TRUE，否则为 FALSE。

【例 5-34】查询 stu_course 数据库，输出不需要补考的学生的姓名。

对应的 SQL 语句如下：

```
SELECT sname AS 无须补考的学生
FROM studentinfo
WHERE sno != ALL(SELECT sno
                 FROM elective
                 WHERE score<60);
```

执行结果如图 5-40 所示。

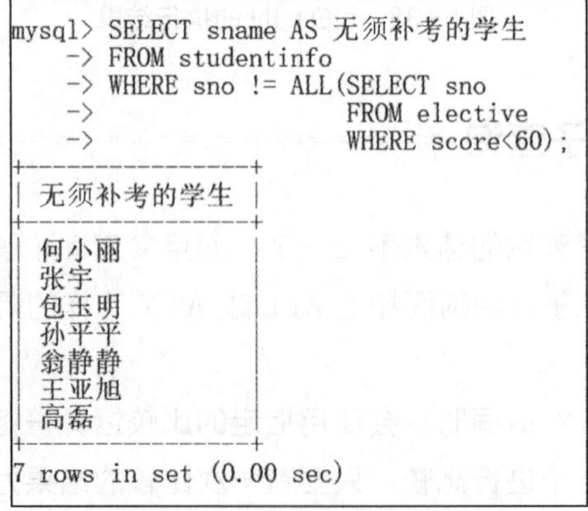

```
mysql> SELECT sname AS 无须补考的学生
    -> FROM studentinfo
    -> WHERE sno != ALL(SELECT sno
    ->                  FROM elective
    ->                  WHERE score<60);
+----------------+
| 无须补考的学生 |
+----------------+
| 何小丽         |
| 张宇           |
| 包玉明         |
| 孙平平         |
| 翁静静         |
| 王亚旭         |
| 高磊           |
+----------------+
7 rows in set (0.00 sec)
```

图 5-40　例 5-34 执行结果

5.5.4 EXISTS 子查询

EXISTS 子查询是指在子查询前面加上 EXISTS 或 NOT EXISTS 谓词。EXISTS 和后面的子查询构成 EXISTS 表达式。如果子查询查找到满足条件的数据行，那么 EXISTS 表达式的返回值为 TRUE，否则为 FALSE。

【例 5-35】 查询 stu_course 数据库的 teacher 表，若不存在具有教授职称的教师，则显示所有教师的姓名和职称；若存在具有教授职称的教师，则不输出任何信息。

对应的 SQL 语句如下：

```
SELECT tname,tpro
FROM teacher
WHERE NOT EXISTS (SELECT *
                  FROM teacher
                  WHERE tpro='教授');
```

执行结果如图 5-41 所示。

```
mysql> SELECT tname, tpro
    -> FROM teacher
    -> WHERE NOT EXISTS (SELECT *
    ->                   FROM teacher
    ->                   WHERE tpro='教授');
Empty set (0.01 sec)
```

图 5-41　例 5-35 执行结果

【例 5-36】 查询 stu_course 数据库的 elective 表，如果有需要补考的学生，则显示所有学生的成绩信息；如果没有需要补考的学生，则不输出任何信息。

对应的 SQL 语句如下：

```
SELECT *
FROM elective
WHERE EXISTS (SELECT *
              FROM elective
              WHERE score<60);
```

执行结果如图 5-42 所示。

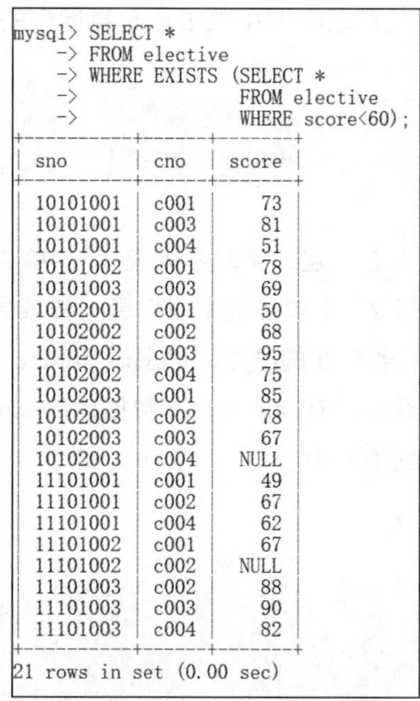

```
mysql> SELECT *
    -> FROM elective
    -> WHERE EXISTS (SELECT *
    ->               FROM elective
    ->               WHERE score<60);
```

sno	cno	score
10101001	c001	73
10101001	c003	81
10101001	c004	51
10101002	c001	78
10101003	c003	69
10102001	c001	50
10102002	c002	68
10102002	c003	95
10102002	c004	75
10102003	c001	85
10102003	c002	78
10102003	c003	67
10102003	c004	NULL
11101001	c001	49
11101001	c002	67
11101001	c004	62
11101002	c001	67
11101002	c002	NULL
11101003	c002	88
11101003	c003	90
11101003	c004	82

21 rows in set (0.00 sec)

图 5-42　例 5-36 执行结果

注意：

子查询和连接查询很多情况下可以互相替代。

① 对于例 5-28，查询和学号为“11101002”的学生在同一个班级的学生的学号和姓名，可以用子查询来实现，对应的 SQL 语句如下：

```
SELECT sno,sname
FROM studentinfo
WHERE sno!='11101002'AND sclass=(SELECT sclass
                                 FROM studentinfo
                                 WHERE sno='11101002');
```

② 对于例 5-33，查询 stu-course 数据库，输出需要补考的学生的姓名，也可以用连接查询来实现，对应的 SQL 语句如下：

```
SELECT sname
FROM studentinfo AS s JOIN elective AS e ON s.sno=e.sno
WHERE score<60;
```

至于什么时候使用连接查询，什么时候使用子查询，可以参考以下原则。

① 查询语句要输出的字段来自多个表时，需要用连接查询。

② 查询语句要输出的字段来自一个表，但其 WHERE 子句需要涉及另一个表时，常用子查询。

③ 查询语句要输出的字段和 WHERE 子句都只涉及一个表，但是 WHERE 子句的查询条件需要应用集合函数进行数值比较时，一般用子查询。

5.5.5 在 INSERT、UPDATE、DELETE 语句中使用子查询

1. 在 INSERT 语句中使用子查询

使用 INSERT...SELECT 语句可以将 SELECT 语句查询到的结果添加到表中，一次可以添加多行。其语法格式如下：

```
INSERT 表 1[(字段名列表 1)]
SELECT 字段名列表 2 FROM 表 2 [WHERE 条件表达式]
```

注意：

使用本语句时，表 1 已经存在，且“字段名列表 1”中的字段个数、字段的顺序、字段的数据类型必须和“字段名列表 2”中对应的字段信息一样或兼容。

【例 5-37】建立一个电子商务专业的学生的信息表 studs，其中包括 sno（学号）、sname（姓名）和 sclass（班级）等字段，把在 stu_course 数据库的 studentinfo 表中查询到的电子商务专业的学生的相关信息添加到本表中。

（1）建立 studs 表。

对应的 SQL 语句如下：

```
CREATE TABLE studs
(  sno CHAR(8),
   sname VARCHAR(10),
   sclass VARCHAR(20)
);
```

执行结果如图 5-43 所示。

```
mysql> CREATE TABLE studs
    -> ( sno CHAR(8),
    ->   sname VARCHAR(10),
    ->   sclass VARCHAR(20)
    -> );
Query OK, 0 rows affected (0.03 sec)
```

图 5-43　建表的执行结果

（2）将 studentinfo 表中电子商务专业的学生的信息插入 studs 表中。

对应的 SQL 语句如下：

```
INSERT INTO studs(sno,sname,sclass)
SELECT sno,sname,sclass
FROM studentinfo
WHERE sclass LIKE '电子商务%';
```

执行结果如图 5-44 所示。

```
mysql> INSERT INTO studs(sno, sname, sclass)
    -> SELECT sno, sname, sclass
    -> FROM studentinfo
    -> WHERE sclass LIKE '电子商务%';
Query OK, 6 rows affected (0.01 sec)
Records: 6  Duplicates: 0  Warnings: 0
```

图 5-44　插入数据的执行结果

（3）查询 studs 表中的数据。

对应的 SQL 语句如下：

```
SELECT * FROM studs;
```

执行结果如图 5-45 所示。

```
mysql> SELECT * FROM studs;
+----------+--------+-------------+
| sno      | sname  | sclass      |
+----------+--------+-------------+
| 10101001 | 张永峰 | 电子商务201 |
| 10101002 | 何小丽 | 电子商务201 |
| 10101003 | 张宇   | 电子商务201 |
| 11101001 | 刘淑芳 | 电子商务211 |
| 11101002 | 王亚旭 | 电子商务211 |
| 11101003 | 高磊   | 电子商务211 |
+----------+--------+-------------+
6 rows in set (0.00 sec)
```

图 5-45　查询数据的执行结果

2. 在 UPDATE 语句中使用子查询

使用 UPDATE 语句时，可以在 WHERE 子句中使用子查询。

【例 5-38】修改 stu_course 数据库的 course 表，把授课教师的职称为“副教授”的课程的学时减少 6。

对应的 SQL 语句如下：

```
UPDATE course
SET cperiod=cperiod-6
WHERE ctno IN (SELECT tno
               FROM teacher
               WHERE tpro='副教授');
```

执行结果如图 5-46 所示。

```
mysql> UPDATE course
    -> SET cperiod=cperiod-6
    -> WHERE ctno IN (SELECT tno
    ->                FROM teacher
    ->                WHERE tpro='副教授');
Query OK, 1 row affected (0.01 sec)
Rows matched: 1  Changed: 1  Warnings: 0
```

图 5-46　例 5-38 执行结果

3. 在 DELETE 语句中使用子查询

使用 DELETE 语句时，可以在 WHERE 子句中使用子查询。

【例 5-39】将 elective 表中王斌的选课信息删除。

对应的 SQL 语句如下：

```
DELETE FROM elective
WHERE sno=(SELECT sno
          FROM studentinfo
          WHERE sname='王斌');
```

执行结果如图 5-47 所示。

```
mysql> DELETE FROM elective
    -> WHERE sno=(SELECT sno
    ->            FROM studentinfo
    ->            WHERE sname='王斌');
Query OK, 1 row affected (0.01 sec)
```

图 5-47　例 5-39 执行结果

5.6 合并结果集

合并结果集是指对多个 SELECT 语句查询的结果集进行合并，组合成一个结果集。合并结果集使用的运算符是 UNION。使用 UNION 时，需要注意以下几点。

（1）所有 SELECT 语句中的字段个数必须相同。

（2）所有 SELECT 语句中按顺序对应的字段的数据类型必须相同或兼容。

（3）合并后的结果集中的字段名是第一个 SELECT 语句中的各字段名。如果需要为返回字段指定别名，则必须在第一个 SELECT 语句中指定。

（4）使用 UNION 合并结果集时，每一个 SELECT 语句本身不能包括 ORDER BY 子句，只能在最后使用一个 ORDER BY 子句对整个结果集进行排序，且在该 ORDER BY 子句中必须使用第一个 SELECT 语句中的字段名。

【例 5-40】对 stu_course 数据库进行查询，输出所有学生和教师的编号和姓名。

对应的 SQL 语句如下：

```
SELECT sno AS 编号,sname AS 姓名 FROM studentinfo
UNION
SELECT tno AS 编号,tname AS 姓名 FROM teacher;
```

执行结果如图 5-48 所示。

```
mysql> SELECT sno AS 编号,sname AS 姓名 FROM studentinfo
    -> UNION
    -> SELECT tno AS 编号,tname AS 姓名 FROM teacher;
+----------+--------+
| 编号     | 姓名   |
+----------+--------+
| 10101001 | 张永峰 |
| 10101002 | 何小丽 |
| 10101003 | 张宇   |
| 10102001 | 王斌   |
| 10102002 | 包玉明 |
| 10102003 | 孙平平 |
| 10102004 | 翁静静 |
| 11101001 | 刘淑芳 |
| 11101002 | 王亚旭 |
| 11101003 | 高磊   |
| t001     | 吴亚飞 |
| t002     | 李琦   |
| t003     | 王艳红 |
| t004     | 马志超 |
| t005     | 万丽   |
| t006     | 张君瑞 |
| t007     | 赵楠   |
+----------+--------+
17 rows in set (0.00 sec)
```

图 5-48　例 5-40 执行结果

本章小结

- 查询是数据库中最常进行的操作之一，可使用 SELECT 语句进行数据查询。
- SELECT 语句基本的语法格式包括 SELECT 和 FROM 两部分。语法格式如下：

```
SELECT 要查询的内容
FROM 表名;
```

其中，“要查询的内容”是指查询结果要输出的字段名列表，“表名”是指要从哪张数据表中进行查询。

- SELECT 语句中可以加 WHERE 子句，用于指明查询条件。
- SELECT 语句中可以加 ORDER BY 子句，用于对查询结果进行排序。
- SELECT 语句中可以加 LIMIT 子句，用于对查询结果的输出数量进行限制。
- SELECT 语句中可以使用集合函数，用于对查询结果进行统计。SELECT 语句中还可以加 GROUP BY 子句，用于对查询结果进行分组。GROUP BY 子句常和集合函数配合使用。如果在 SELECT 语句中没有加 GROUP BY 子句，则集合函数会对整个查询结果进行统计。如果在 SELECT 语句中加 GROUP BY 子句，则查询结果是按分组进行统计的。GROUP BY 子句后可加 HAVING 子句，用于对分组设置筛选条件。
- 连接查询和子查询是用于实现多表查询的常用方式。

实训项目

项目 1：在 bookdb 数据库中进行简单查询

1. 项目目的

掌握 SELECT 语句中 DISTINCT 子句、LIMIT 子句、WHERE 子句以及 ORDER BY 子句的使用方法。

2. 项目内容

（1）查询 user 表，输出积分高于 500 的会员的昵称和联系电话。

（2）查询 user 表，输出积分低于 200 的会员的昵称和联系电话，并且分别用“用户名称”“用户电话”作为别名。

（3）查询 user 表，输出使用 QQ 邮箱的会员的昵称和邮箱。

（4）查询 b-order 表，输出订购日期是 2020 年 10 月的订单的详细信息。

（5）查询 b-order 表，输出订货的会员的编号，要求删除重复行。

（6）查询 book 表，输出图书名称和价格，并把查询结果按价格降序排列。

（7）查询 book 表，输出价格最高的 3 种图书的名称和价格。

项目 2：在 bookdb 数据库查询中使用集合函数

1. 项目目的

掌握集合函数、GROUP BY 子句、HAVING 子句的使用方法。

2. 项目内容

（1）查询 book 表，输出所有图书的最高价格、最低价格、平均价格。

（2）查询 book 表，输出每一类图书的数量。

（3）查询 book 表，输出每一类图书的最高价格、最低价格、平均价格。

（4）查询 b-order 表，输出订购超过 3 本的会员的编号和订购数量。

项目 3：在 bookdb 数据库查询中使用连接查询和子查询

1. 项目目的

掌握连接查询和子查询的使用方法。

2. 项目内容

（1）输出所有图书的图书名称、价格以及所属类别名称。

（2）输出订购了“中国时代”的会员的昵称和联系电话以及订购数量。

（3）输出订购了图书的会员的昵称和联系电话。

（4）输出没人订购的图书的名称和价格。

（5）输出详细的订购信息，包括订购图书的会员的昵称、联系电话、所订图书名称、数量、价格、折扣价。

课后习题

一、选择题

1. 数据查询语句 SELECT 可由多个子句构成，下列（　　）子句能够将查询结果按指定字段的值进行分组。

A. ORDER BY　　B. LIMIT

C. GROUP BY　　D. DISTINCT

2. WHERE 子句用于指定（　　）。

A. 查询结果的分组条件　　B. 查询结果的统计方式

C. 查询结果的排序条件　　D. 查询结果的搜索条件

3. 要在 bookdb 数据库的 book 表中查找图书名称包括“中国”两字的图书信息，可使用下列（　　）语句。

A. SELECT * FROM book WHERE bname LIKE '中国%';

B. SELECT * FROM book WHERE bname LIKE '%中国%';

C. SELECT * FROM book WHERE bname LIKE '%中国';

D. SELECT * FROM book WHERE bname LIKE '_中国%';

4. 在子查询语句中，下列（　　）子句用于将查询结果存储在另一张表中。

A. GROUP BY　　B. INSERT

C. WHERE　　D. DISTINCT

5. 集合函数（　　）可实现对指定字段求平均值。

A. SUM　　B. AVG

C. MIN　　D. MAX

6. 对于 bookdb 数据库，下面 SELECT 语句的含义是（　　）。

```
SELECT uname
FROM user
WHERE uid NOT IN(SELECT uid FROM b_order);
```

A. 查询并输出没有订购图书的会员的昵称

B. 查询并输出订购图书的会员的昵称

C. 查询并输出所有会员的昵称

D. 查询并输出没有编号的会员的昵称

7. 子查询的结果不止一个值时，前面可以使用的运算符是（　　）。

A. IN　　B. LIKE

C. =　　D. >

8. EXISTS（子查询）的返回值是（　　）。

A. 数值型数据　　B. 字符型数据

C. 日期和时间型数据　　D. 逻辑型数据

9. 执行以下 SQL 语句：

```
SELECT sno,sname
FROM studentinfo
LIMIT 2,2;
```

执行结果是下面哪种情况（　　）。

A. 返回了两行数据，分别是第 1 行和第 2 行数据

B. 返回了两行数据，分别是第 2 行和第 3 行数据

C. 返回了两行数据，分别是第 3 行和第 4 行数据

D. 返回了两行数据，分别是第 4 行和第 5 行数据

10. 输出 stu_course 数据库中学生的成绩，在输出时把每个学生每门课程成绩都提高 10%，使用的 SQL 语句是（　　）。

A. SELECT sno,cno,score*10 FROM elective

B. SELECT sno,cno,score+10 FROM elective

C. SELECT sno,cno,score*0.1 FROM elective

D. SELECT sno,cno,score*1.1 FROM elective

二、问答题

1. 简述分组查询的实现机制。

2. 简述集合函数及其作用。

第6章
存储过程与事务

本章目标

- 掌握变量的定义。
- 掌握基本的流程控制语句。
- 了解存储过程和存储函数的概念。
- 了解存储程序的类型。
- 理解存储过程的作用。
- 掌握存储过程的创建、修改和执行方法。
- 掌握存储函数的创建和执行方法。
- 掌握事务处理的过程。
- 理解事务的隔离级别。

6.1 MySQL 程序设计基础

在数据库开发过程中，经常会为了完成某一功能而编写一组 SQL 语句。本节针对 MySQL 程序设计时需要用到的变量、流程控制语句、光标等进行详细的讲解。

6.1.1 变量

程序运行过程当中不断发生改变的量被称为变量，变量在所有的编程语言里面都会用到。

视频 6-1 变量和选择语句

1. 变量分类

在 MySQL 8.0 中，变量分为两大类。

（1）系统变量。

系统变量分为如下两种。

① 全局变量：作用于整个数据库服务器。

② 会话变量：作用于单个连接。

（2）自定义变量。

自定义变量分为如下两种。

① 用户自定义变量：在单次连接中相当于全局变量。

② 局部变量：在存储过程或者函数体中定义的作用域有限的变量。

2. 系统变量

系统变量是由 MySQL 数据库提供的，当数据库启动时就会初始化并赋初始值，供用户查看和使用。

（1）查看系统变量。

① 查看所有系统变量。

语法格式如下：

```
SHOW GLOBAL/[SESSION] VARIABLES;
```

② 查看符合条件的系统变量。

语法格式如下：

```
SHOW GLOBAL/[SESSION] VARIABLES LIKE '变量名模式表达式';
```

③ 查看指定的系统变量。

语法格式如下：

```
SELECT @@GLOBAL.var_name;
SELECT @@[SESSION].var_name;
```

（2）修改系统变量值。

语法格式如下：

```
SET GLOBAL/[SESSION]  var_name=value;
```

或者

```
SET @@GLOBAL.var_name=value;
SET @@[SESSION].var_name=value;
```

注意：

- 语句中的 GLOBAL 参数表示全局变量，SESSION 参数表示会话变量，SESSION 参数可以省略。
- 全局系统变量的修改是针对会话的，当修改一个全局系统变量后，新建的连接会使用修改后的变量值，但是重启服务器后修改的变量值会失效。如果想永久修改变量值就需要修改配置文件。
- 会话系统变量的修改只针对当前会话，不会影响新建的连接中的会话变量值。

3. 自定义变量

（1）局部变量。

局部变量一般定义在 SQL 的语句块中，常用于存储过程和存储函数的 BEGIN/END 语句块。局部变量的作用域只限于定义它的语句块，语句块执行完毕后，局部变量也随之释放。要定义局部变量必须使用 DECLARE 来声明，定义局部变量的同时可以使用 DEFAULT 子句给局部变量赋初始值。DECLARE 语句的语法格式如下：

```
DECLARE var_name[,…] type [DEFAULT value];
```

value 是给变量提供的一个默认值，包含在 DEFAULT 子句中。如果没有 DEFAULT 子句，变量的初始值为 NULL。例如：

```
DECLARE num  int  DEFAULT 0;
```

上述语句定义一个整型局部变量 num 并设置其初始值为 0。

如果要对局部变量进行赋值操作，可以使用 SET 语句，其语法格式如下：

```
SET var_name = expr [, var_name = expr] ;
```

例如：

```
SET num=10;
```

SET 语句既可以用于局部变量的赋值，也可以用于用户自定义变量的声明并赋值。

（2）用户自定义变量。

用户自定义变量的名字以“@”开头，形如@var_name。为了实现在不同 SQL 语句中进行值的传递，可以把一些数值存储在用户自定义变量中，不同的 SQL 语句都可以对它进行访问。用户自定义变量在客户端和数据库的连接建立后被定义，直到连接断开，用户自定义变量才会被释放。用户自定义变量无须用 DECLARE 关键字进行定义，可以直接使用。例如：

```
SET @c1=1, @c2=2, @c3=4;
```

或者

```
SET @c1:=1, @c2:=2, @c3:=4;//为了区别比较符号"="
```

或者

```
SELECT @c1:=1, @c2:=2, @c3:=4;
```

如果需要将表中字段查询结果放入用户自定义变量，可以使用：

```
SELECT 字段名 INTO @变量名 FROM 表名 WHERE 条件表达式;
```

查看用户自定义变量的值可以使用 SELECT 语句，例如：

```
SELECT @c1, @c2, @c3;
```

执行结果如图 6-1 所示。

```
mysql> SET @c1=1, @c2=2, @c3=4;
Query OK, 0 rows affected (0.00 sec)

mysql> SELECT @c1, @c2, @c3;
+------+------+------+
| @c1  | @c2  | @c3  |
+------+------+------+
|    1 |    2 |    4 |
+------+------+------+
1 row in set (0.00 sec)
```

图 6-1 用户自定义变量的赋值和显示

6.1.2 流程控制语句

在编写存储过程和存储函数时，可以使用流程控制语句对 SQL 语句进行组织，使其成为符合业务逻辑的代码块。MySQL 中常见的流程控制语句主要有 IF 语句、CASE 语句、LOOP 语句、LEAVE 语句、ITERATE 语句、REPEAT 语句、WHILE 语句等。

1. IF 语句

IF 语句根据逻辑判断条件的值是 TRUE 还是 FALSE，转去执行相应的分支中的语句。IF 语句的语法格式如下：

```
IF expr_condition1
    THEN statement_list1
    [ELSEIF expr_condition2 THEN statement_list2]
          [ELSE statement_list3]
END IF;
```

IF 语句可以实现一个分支判断的程序结构。在上述语法格式中，expr_condition***n***(***n***=1,2,3,…)代表逻辑判断条件，statement_list***n***(***n***=1,2,3,…)代表一条或多条 SQL 语句。如果 expr_condition***n*** 的值为 TRUE，则执行 THEN 后面的 SQL 语句块。如果 expr_condition***n*** 的值为 FALSE，则转去执行对应的 ELSE 后面的 SQL 语句块。

【例 6-1】输出两个数 x、y 中的最大值。

代码段如下：

```
DECLARE x INT;
DECLARE y INT;
SET x=10,y=20;
IF x>y
  THEN
    SELECT x;
   ELSE
     SELECT y;
 END IF;
```

上述代码段中，首先判断两个数 x、y 的大小，如果 x>y，则执行 THEN 后的语句，显示 x 的值；反之，则执行 ELSE 后的语句，显示 y 的值。

2. CASE 语句

CASE 语句也是一个条件判断语句，用于实现多分支判断的程序结构，其常用语法格式有两种。

语法格式一：

```
CASE case_expr
  WHEN when_value1 THEN statement_list1
  [WHEN when_value2 THEN statement_list2]…
  [ELSE statement_list]
END CASE;
```

其中，case_expr 是一个表达式；when_value***n***(***n***=1,2,3,…)表示 case_expr 表达式可能的匹配值。如果某一个 when_value 的值与 case_expr 表达式的值相匹配，则执行对应 THEN 关键字后的 statement_list***n***(***n***=1,2,3,…)中的语句。如果所有 when_value 的值与 case_expr 表达式的值都不匹配，则执行 ELSE 关键字后的 statement_list 中的语句。

【例 6-2】实现根据人名显示这个人的特征。

代码段如下：

```
DECLARE name VARCHAR(10);
SET name= 'lee';
CASE name
  WHEN 'sam' THEN SELECT 'young';
  WHEN 'lee' THEN SELECT 'handsome' ;
  ELSE SELECT 'good';
END CASE;
```

语法格式二：

```
CASE
  WHEN condition1 THEN statement_list1
  [WHEN condition2 THEN statement_list2]…
  [ELSE statement_list]
END CASE;
```

其中，condition***n***(***n***=1,2,3,…)是逻辑表达式，如果其值为 TRUE，则执行对应 THEN 关键字后的 statement_list***n***(***n***=1,2,3,…)中的语句。如果所有 condition***n*** 的值都不为 TRUE，则执行 ELSE 关键字后的 statement_list 中的语句。

【例 6-3】根据学生分数输出学生成绩等级。

代码段如下：

```
DECLARE score INT;
SET score=73;
CASE
    WHEN score>=90 THEN SELECT '优';
    WHEN score>=80 and score<90 THEN SELECT '良' ;
    WHEN score BETWEEN 70 AND 79 THEN SELECT '中' ;
    WHEN score>=60 AND score<70 THEN SELECT '及格' ;
    ELSE SELECT '不及格';
END CASE;
```

3. LOOP 语句

LOOP 语句是一个循环语句，用来实现一个语句块的循环执行。LOOP 语句并不能通过条件判断来决定何时退出循环，会一直执行循环体的语句。如果要退出循环，需要使用 LEAVE 等语句。LOOP 语句的语法格式如下：

视频 6-2 循环语句

```
[loop_label:] LOOP
               statement_list
              END LOOP [loop_label];
```

其中，loop_label 表示 LOOP 语句的标记名称，该参数可以省略；statement_list 是循环体内的语句列表。

【例 6-4】使用 LOOP 语句计算 1+2+3+…+100 的值。

代码段如下：

```
DECLARE i INT DEFAULT 0;
DECLARE sum INT DEFAULT 0;
sum_loop:LOOP
           SET i=i+1;
           SET sum=sum+i;
           IF i>100 THEN LEAVE sum_loop;
           END IF;
         END LOOP sum_loop;
```

在上述代码段中，LOOP 语句实现了 i 的增 1 操作，同时把 i 的值累加入 sum 变量，当 i 的值大于 100 时，使用 LEAVE 语句跳出 LOOP 语句。代码段执行结束后就把 1 到 100 之和存储在了 sum 变量中。

4. LEAVE 语句

LEAVE 语句的语法格式如下：

```
LEAVE label;
```

其中，label 是一个标记名称，执行 LEAVE 语句会无条件跳到该标记所标识的语句块。在循环语句使用过程中，可以使用 LEAVE 语句跳出循环体。

5. ITERATE 语句

与 LEAVE 语句结束整个循环不同，ITERATE 语句的功能是结束本次循环，并转到循环开始语句进行下一次循环。ITERATE 语句的语法格式如下：

```
ITERATE label;
```

其中，label 是一个循环标记名称。ITERATE 语句只可以出现在 LOOP、REPEAT 和 WHILE 等循环语句中。

【例 6-5】使用 LOOP 和 ITERATE 语句显示 1 到 5。

代码段如下：

```
DECLARE a INT DEFAULT 1;
label1: LOOP
          IF a<6 THEN
              SELECT a;
              SET a=a+1;
              ITERATE label1;
           END IF;
```

```
        LEAVE label1;
      END LOOP label1;
```

6. REPEAT 语句

REPEAT 语句用于循环执行一个语句块，其执行的流程是先执行一次循环体语句，再进行条件表达式判断，如果条件表达式的值为 TRUE，则结束循环，否则再重复执行一次循环体语句，然后进行条件表达式判断。REPEAT 语句的语法格式如下：

```
[repeat_label:] REPEAT
                  statement_list
                  UNTIL expr_condition
                END REPEAT [repeat_label];
```

其中，repeat_label 为循环标记名称，它是可选的；statement_list 中的语句将会被循环执行，直到 expr_condition 表达式值为 TRUE 时结束循环。

【例 6-6】使用 REPEAT 语句计算 1+2+3+…+100 的值。

代码段如下：

```
DECLARE i INT DEFAULT 0;
DECLARE sum INT DEFAULT 0;
REPEAT
   SET i=i+1;
   SET sum=sum+i;
   UNTIL i>=100;
END REPEAT;
SELECT sum;
```

7. WHILE 语句

WHILE 语句也用于循环执行一个语句块，但是与 REPEAT 语句不同，WHILE 语句执行时首先判断条件表达式的值是否为 TRUE，如果为 TRUE 则执行一次循环体语句，执行完后再判断条件表达式的值。如果条件表达式的值为 FALSE，则直接退出循环。WHILE 语句的语法格式如下：

```
[while_label:] WHILE expr_condition DO
                  statement_list
               END WHILE [while_label];
```

其中，while_label 为 WHILE 语句的标记名称；expr_condition 为逻辑表达式，其值为 TRUE 时循环体继续执行，直至其值为 FALSE 时才退出循环；statement_list 为循环体语句。

【例 6-7】使用 WHILE 语句计算 1+2+3+…+100 的值。

代码段如下：

```
DECLARE i INT DEFAULT 0;
DECLARE sum INT DEFAULT 0;
WHILE i<100 DO
  SET i=i+1;
  SET sum=sum+i;
END WHILE;
SELECT sum;
```

6.1.3 定义条件和处理程序

定义条件是指事先定义程序执行过程中可能遇到的问题和错误。定义处理程序是指定义遇到这些问题时所采取的处理方式，保证存储过程或函数遇到警告或错误时能够继续执行。

1. 定义条件

定义条件使用 DECLARE 语句，语法格式如下：

```
DECLARE condition_name CONDITION FOR [condition_type];
```

参数说明如下。

- condition_name：条件名称。
- condition_type：条件类型，用于定义 MySQL 的错误。条件类型有两种形式：SQLSTATE [VALUE] sqlstate_value 和 mysql_error_code。sqlstate_value 是长度为 5 的字符串类型的错误代码；mysql_error_code 是数值类型的错误代码。例如对于 ERROR 1146(42S02)，sqlstate_value 的值是'42S02'，mysql_error_code 的值是 1146。

【例 6-8】定义“ERROR 1146(42S02)”错误，名称为 can_not_find。

可以使用两种不同的方法来定义，代码如下：

```
//方法一：使用 sqlstate_value
DECLARE can_not_find CONDITION FOR SQLSTATE '42S02';

//方法二：使用 mysql_error_code
DECLARE can_not_find CONDITION FOR 1146;
```

2. 定义处理程序

在 MySQL 中可以使用 DECLARE 关键字来定义处理程序。其语法格式如下：

```
DECLARE handler_type HANDLER FOR condition_value[,...] statement
```

其中，handler_type 参数用于指明错误的处理方式，该参数有 3 个取值，分别是 CONTINUE、EXIT 和 UNDO。

- CONTINUE：遇到错误不进行处理，继续向下执行。
- EXIT：遇到错误后马上退出。
- UNDO：遇到错误后撤回之前的操作，MySQL 8.0 中暂时还不支持这种处理方式。

注意：

通常情况下，执行过程中遇到错误应该立刻停止执行后面的语句，并且撤回前面的操作。但是，MySQL 8.0 中现在还不支持 UNDO 操作。因此，遇到错误时最好执行 EXIT 操作。如果事先能够预测错误类型，并且进行相应的处理，那么可以执行 CONTINUE 操作。

condition_value 参数用于指明错误类型，该参数有 6 个取值，取值及含义如下。

- SQLSTATE [VALUE] sqlstate_value：包含 5 个字符的字符串错误值。
- condition_name：表示 DECLARE 语句定义的错误条件名称。
- SQLWARNING：匹配所有以 01 开头的 sqlstate_value 值。
- NOT FOUND：匹配所有以 02 开头的 sqlstate_value 值。

- SQLEXCEPTION：匹配所有没有被 SQLWARNING 或 NOT FOUND 捕获的 sqlstate_value 值。
- mysql_error_code：匹配数值类型的错误代码。

statement 参数为程序语句段，表示在遇到定义的错误时，需要执行的代码。

【例 6-9】定义处理程序的几种方法。

代码如下：

```
//方法一：捕获 sqlstate_value
DECLARE CONTINUE HANDLER FOR SQLSTATE '42S02' SET @x=1;

//方法二：捕获 mysql_error_code
DECLARE CONTINUE HANDLER FOR 1146 SET @x=1;

//方法三：先定义条件，然后调用处理程序
DECLARE can_not_find CONDITION FOR 1146;
DECLARE CONTINUE HANDLER FOR can_not_find SET @x=1;

//方法四：使用 SQLWARNING
DECLARE EXIT HANDLER FOR SQLWARNING SET @x=1;

//方法五：使用 NOT FOUND
DECLARE EXIT HANDLER FOR NOT FOUND SET @x=1;

//方法六：使用 SQLEXCEPTION
DECLARE EXIT HANDLER FOR SQLEXCEPTION SET @x=1;
```

【例 6-10】有一个表 test1，里面有两个字段 id 和 name，其中 id 字段为主键。定义条件和处理程序。

代码如下：

```
DELIMITER //
CREATE PROCEDURE handlerdemo()
  BEGIN
    DECLARE CONTINUE HANDLER FOR SQLSTATE '23000' SET @X2=1;//①
    SET @X=1;
    INSERT INTO test1 VALUES(1,'张红宇');//②
    SET @X=2;
    INSERT INTO test1 VALUES(1,'赵向南');//③
    SET @X=3;//④
  END //
DELIMITER ;
```

在上述代码中，调用存储过程，当执行到语句③时，发生了违反主键约束的错误，转去执行处理程序，即语句①，先将@X 赋值为 1，然后从发生错误的语句③处继续往下执行，即执行语句④，将@X 赋值为 3，存储过程调用结束时，@X 中的值为 3。执行结果如图 6-2 所示。

```
mysql> CALL handlerdemo();
Query OK, 0 rows affected (0.07 sec)

mysql> SELECT   @x;
+------+
| @x   |
+------+
|    3 |
+------+
1 row in set (0.00 sec)
```

图 6-2　例 6-10 执行结果

6.1.4　光标

视频 6-3　光标

使用 SQL 语句对表中数据进行查询时，查询结果集中可能包含很多条记录。如果需要对查询结果集中的记录进行逐条读取，则需要使用光标来实现。使用光标可以轻松对多行数据进行处理。

1. 光标的声明

要使用光标对查询结果集中的数据进行处理，首先需要声明光标。光标的声明必须在声明变量、条件之后，声明处理程序之前。光标的声明格式如下：

```
DECLARE cursor_name CURSOR FOR select_statement;
```

其中，cursor_name 表示光标的名字；select_statement 是光标的 SELECT 语句，返回一个用于创建光标的查询结果集。

下面的代码声明了一个名为 cur_teacher 的光标。

```
DECLARE cur_teacher CURSOR FOR SELECT name, age
FROM teacher ;
```

上面的代码示例中，光标的名称为 cur_teacher，SELECT 语句的功能是从 teacher 表中查询出所有记录的 name 和 age 字段的值。

2. 光标的使用

光标在使用之前必须先打开。MySQL 中使用 OPEN 关键字打开光标。从光标查询结果集中取出一条记录需要用 FETCH 语句实现。其语法格式如下：

```
OPEN cursor_name ;
FETCH cursor_name INTO var_name[,var_name…] ;
```

其中，cursor_name 表示光标的名称；var_name 是一个变量，表示将从光标查询结果集取出的一条记录中一个字段的值存入该变量中，该变量必须在声明光标之前就定义好。光标查询结果集中有多少个字段，FETCH 语句中就必须有多少个变量来存放对应字段的值。

下面的代码实现的功能是使用前面定义的名为 cur_teacher 的光标，将查询结果集中一条记录的 name 和 age 字段的值存入 teacher_name 和 teacher_age 这两个变量中。

```
FETCH cur_teacher INTO teacher_name,teacher_age ;
```

注意：

teacher_name 和 teacher_age 必须在声明光标之前就定义好。

3. 光标的关闭

MySQL 中使用 CLOSE 关键字来关闭光标。其语法格式如下：

```
CLOSE cursor_name ;
```

其中，cursor_name 表示光标的名称。

下面的代码实现的是关闭名为 cur_teacher 的光标。

```
CLOSE cur_teacher;
```

光标关闭之后就不能使用 FETCH 语句从光标中取数据了。

每执行一次 FETCH 语句可从查询结果集中取出一条记录，并将该记录指定字段的值送入指定的变量，通过循环可以逐条访问查询结果集中的所有记录。

【例 6-11】 使用光标查询并显示 teacher 表中所有记录的 tname 和 tedu 字段的信息。

代码段如下：

```
DECLARE no_more_record INT DEFAULT 0;
DECLARE t_name VARCHAR(20);
DECLARE t_edu VARCHAR(20);
DECLARE cur_record CURSOR FOR
        SELECT tname, tedu FROM teacher;  /*对光标进行定义*/
/*定义条件和处理程序。针对 NOT FOUND 的错误，即已经没有记录时，将 no_more_record 赋值为
1，然后从发生错误的语句继续向后执行*/
DECLARE CONTINUE HANDLER FOR NOT FOUND
        SET no_more_record = 1;
OPEN cur_record; /*使用 OPEN 打开光标*/
FETCH cur_record INTO t_name, t_edu;
WHILE no_more_record != 1 DO
      SELECT t_name, t_edu;
      FETCH  cur_record INTO t_name, t_edu;
END WHILE;
CLOSE cur_record;  /*用 CLOSE 把光标关闭*/
```

6.2 存储过程概述

存储过程是数据库服务器上一组预先编译好的 SQL 语句的集合，作为一个对象存储在数据库中，可以被应用程序作为一个整体进行调用。在调用存储过程时，存储过程可以从调用者接收输入参数，执行后可以通过输出参数向调用者返回处理结果。

在 MySQL 中，数据库开发人员可以根据实际需要，把在数据库操作过程中频繁使用的一些 MySQL 代码封装在一个存储过程中，需要执行这些 MySQL 代码时则对存储过程进行调用，从而提高代码的复用性。

6.2.1 存储过程基本概念

在数据库开发过程中，数据库开发人员经常会把一些需要反复执行的代码放在一个个独立的语句块中，这些实现一定具体功能、独立放置的语句块，我们称为“过程”（Procedure）。

MySQL 的存储过程（Stored Procedure）是一组为了完成特定功能的 SQL 语句集，经编译后存储在数据库中，用户通过指定存储过程的名字并给定参数（如果该存储过程带有参数）来调用执行它。

存储过程增强了 SQL 编程的灵活性，提高了数据库应用程序的运行效率，增强了代码的复用性和安全性，同时也使代码维护起来更加容易，从而大大减少数据库开发人员的工作量，缩短整个数据库应用程序的开发时间。

6.2.2 存储程序的类型

在 MySQL 中，存储程序的方式主要分为以下 4 种。

（1）存储过程。存储过程一般用来完成运算或处理，并不返回结果。用户需要的时候可以把处理结果以输出参数的形式传递给调用者。

（2）存储函数（Stored Function）。根据调用者提供的参数进行处理，最终返回给调用者一个值或表作为函数处理结果。

（3）触发器（Trigger）。当数据表发生 INSERT、UPDATE、DELETE 等数据操作时，将会引发与之关联的触发器自动执行。

（4）事件（Event）。事件是根据时间调度器在预定时间被自动执行的存储程序。

6.2.3 存储过程的作用

MySQL 存储过程具有以下作用。

（1）存储过程的使用提高了程序设计的灵活性，增强了 SQL 语句的功能。存储过程可以使用流程控制语句组织程序结构，方便实现结构较复杂的程序的编写，设计过程具有很强的灵活性。

（2）存储过程把一组功能代码作为单位组件。存储过程作为一个整体，一旦被创建，可以被其他程序多次反复调用。数据库程序设计人员可以根据实际情况对存储过程进行维护，不会对调用程序产生不必要的影响。

（3）使用存储过程有利于提高程序的执行速度。在数据库操作中，因为存储过程在执行之前已经被预编译，如果需要包括大量 SQL 代码或者需要被反复执行的代码段，使用存储过程对其进行组织就会大大提高执行速度。相对于存储过程，使用批处理的 SQL 语句段在每次运行之前都要进行编译，这会导致运行速度较慢。

（4）使用存储过程能减少网络访问的负载。在进行网络数据库访问时，如果采用存储过程对 SQL 语句进行组织，当需要调用存储过程时，仅需在网络中传输该调用语句即可，从而大大降低网络的流量和负载。

（5）作为一种安全机制，系统管理员可以充分利用存储过程对相应数据的访问权限进行限制，从而避免非授权用户的非法访问，进一步保证数据访问的安全性。

6.3 创建和执行存储过程

创建存储过程的语法格式如下：

```
CREATE PROCEDURE sp_name ([proc_parameter[,...]])
 [characteristic ...]
 routine_body
```

视频 6-4 创建和执行存储过程

对上述语法格式的补充说明如下。

（1）proc_parameter：[IN | OUT | INOUT] param_name type。

（2）characteristic：LANGUAGE SQL | [NOT] DETERMINISTIC|{ CONTAINS SQL| NO SQL| READS SQL DATA | MODIFIES SQL DATA } | SQL SECURITY { DEFINER | INVOKER }| COMMENT 'string'。

参数说明如下。

- sp_name：存储过程的名称。建立这个名称时，要注意避免和 MySQL 内置函数的名称相同。

- proc_parameter：存储过程的参数列表，其中 param_name 为参数的名称，type 为参数的数据类型。如果需要多个参数，各个参数要用逗号分开。输入参数、输出参数和输入输出参数分别用 IN、OUT、INOUT 标识。参数的取名要避免和数据表的字段名相同。

- characteristic：存储过程的特征参数。每个特征参数的含义如下。

LANGUAGE SQL 说明该存储过程是使用 SQL 编写的，暂时只支持 SQL，后续可能会支持其他语言。

[NOT] DETERMINISTIC 指明存储过程执行的结果是否确定。DETERMINISTIC 表示结果是确定的，即每次执行存储过程时，相同的输入会得到相同的输出。NOT DETERMINISTIC 表示结果是不确定的，即相同的输入可能得到不同的输出。默认是 NOT DETERMINISTIC。

CONTAINS SQL 表示存储过程不包含读或写数据的语句；NO SQL 表示存储过程不包含 SQL 语句；READS SQL DATA 表示存储过程包含读数据的语句，但不包含写数据的语句；MODIFIES SQL DATA 表示存储过程包含写数据的语句，默认是 CONTAINS SQL。

SQL SECURITY { DEFINER | INVOKER }用于指明在执行存储过程时，是以 DEFINER（创建者）的权限来执行，还是以 INVOKER（调用者）的权限来执行。默认情况下，使用 DEFINER 方式，此时调用存储过程的用户必须有存储过程的 EXECUTE 权限，并且 DEFINER 指定的用户必须是在 mysql.user 表中存在的用户。DEFINER 模式下，默认 DEFINER=CURRENT_USER，在存储过程执行时，MySQL 会检查 DEFINER 定义的用户的权限；INVOKER 模式下，在存储过程执行时，MySQL 会检查存储过程调用者的权限。

COMMENT 'string'是注释信息。

- routine_body：表示存储过程的程序体，包含在存储过程调用的时候必须执行的 SQL 语句。以 BEGIN 开始，以 END 结束。如果存储过程的程序体中仅有一条 SQL 语句，则可以省略 BEGIN 和 END。

6.3.1 创建和执行不带参数的存储过程

创建不带参数的存储过程，其语法格式如下：

```
CREATE PROCEDURE sp_name()
  BEGIN
    MySQL 语句;
END;
```

其中，sp_name 为存储过程名称。

【例 6-12】在 stu_course 数据库中创建一个名为 p_jiaoshi1 的存储过程。该存储过程用于输出 teacher 表中所有 tedu 为“硕士研究生”的记录。

对应的 SQL 语句如下：

```
USE stu_course;
DELIMITER //
CREATE PROCEDURE p_jiaoshi1()
BEGIN
      SELECT * FROM teacher WHERE tedu='硕士研究生';
END;//
DELIMITER ;
```

注意：结束符的作用就是告诉 MySQL 解释器，该段命令已经结束，MySQL 可以执行了。默认情况下，结束符是分号（;），在客户端命令行中，如果有一行命令以分号结束，那么按 Enter 键后，MySQL 将会执行该命令。由于在存储过程中会书写多条语句，并且每条语句也以分号结束，所以必须先改变结束符。改变结束符可以使用 DELIMITER 语句。例如在例 6-12 中“DELIMITER//”语句把结束符临时改为“//”，存储过程语句执行结束后，用“DELIMITER ;”语句再把结束符改回“;”。

在存储过程创建成功后，用户就可以执行存储过程了。执行不带参数的存储过程的语法格式如下：

```
CALL sp_name();
```

其中，sp_name 为存储过程名称。

【例 6-13】执行在例 6-12 中创建的存储过程 p_jiaoshi1。

对应的 SQL 语句如下：

```
USE stu_course;
CALL p_jiaoshi1();
```

执行结果如图 6-3 所示。

```
mysql> CALL p_jiaoshi1();
+------+--------+---------+------------+----------+
| tno  | tname  | tgender | tedu       | tpro     |
+------+--------+---------+------------+----------+
| t002 | 李琦   | 男      | 硕士研究生 | 副教授   |
| t003 | 王艳红 | 女      | 硕士研究生 | 讲师     |
| t005 | 万丽   | 女      | 硕士研究生 | 助理讲师 |
+------+--------+---------+------------+----------+
3 rows in set (0.03 sec)

Query OK, 0 rows affected (0.05 sec)
```

图 6-3 执行 p_jiaoshi1 存储过程

6.3.2 创建和执行带输入参数的存储过程

如果存储过程执行时，需要从调用者那里接收一些数据，就需要创建带输入参数的存储过程。

1. 创建带输入参数的存储过程

输入参数是指由调用程序向存储过程传递的参数，若在创建存储过程语句中定义输入参数，在调用该存储过程时要给出相应参数的值。

在例 6-12 中，存储过程 p_jiaoshi1 只能查询到 tedu 的值为“硕士研究生”的记录。如果需要让存储过程根据用户输入的 tedu 的值进行查询，这时就要用到输入参数。

定义输入参数时，需要在 CREATE PROCEDURE 语句中定义参数时在参数名前面指定 IN 关键字。

参数格式如下：

```
IN parameter_name type
```

【例 6-14】 在 stu_course 数据库中创建一个名为 p_jiaoshi2 的存储过程。该存储过程能根据用户给定的学历查询并返回 teacher 表中对应的记录。

分析：对于例 6-12 中的语句“SELECT * FROM teacher WHERE tedu='硕士研究生'”，将“硕士研究生”用变量代替，上述语句可以写为“SELECT * FROM teacher WHERE tedu=tedu1”，其中变量 tedu1 取代了原本的固定值“硕士研究生”。同时，由于使用了变量，所以需要定义该变量，而且由于该变量要存储 tedu 字段的值，所以该变量的数据类型应和 tedu 字段的数据类型兼容，可以把 tedu1 设为 20 位可变长度字符串。

对应的 SQL 语句如下：

```
USE stu_course;
DELIMITER //
CREATE PROCEDURE p_jiaoshi2(IN tedu1 VARCHAR(20))
BEGIN
    SELECT * FROM teacher WHERE tedu=tedu1;
END; //
DELIMITER ;
```

2. 执行带输入参数的存储过程

执行带输入参数的存储过程，有两种方法：一种是使用变量名传递参数值；另一种是直接按给定值传递参数。

（1）使用变量名传递参数值。

通过语句 SET @parameter_name=value 给一个用户自定义变量赋值，在调用存储过程时用该变量给参数传递值。

其语法格式如下：

```
CALL procedure_name ([@parameter_name] [,@parameter_name2][,…n]);
```

【例 6-15】 用使用变量名传递参数值的方法执行存储过程 p_jiaoshi2，分别查询学历为“本科”和“博士研究生”的记录。

对应的 SQL 语句如下：

```
SET @inspro='本科';
CALL p_jiaoshi2(@inspro);
SET @inspro='博士研究生';
CALL p_jiaoshi2(@inspro);
```

（2）按给定值传递参数。

在执行存储过程的语句时，直接给定参数的值。采用这种方法传递参数值时，给定参数值的顺序必须与存储过程中定义的输入变量的顺序一致。其语法格式如下：

```
CALL procedure_name(value1,value2,…)
```

【例 6-16】用按给定值传递参数的方法执行存储过程 p_jiaoshi2，分别查找学历为“本科”和“博士研究生”的记录。

对应的 SQL 语句如下：

```
CALL p_jiaoshi2('本科');
CALL p_jiaoshi2('博士研究生');
```

执行结果如图 6-4 所示。

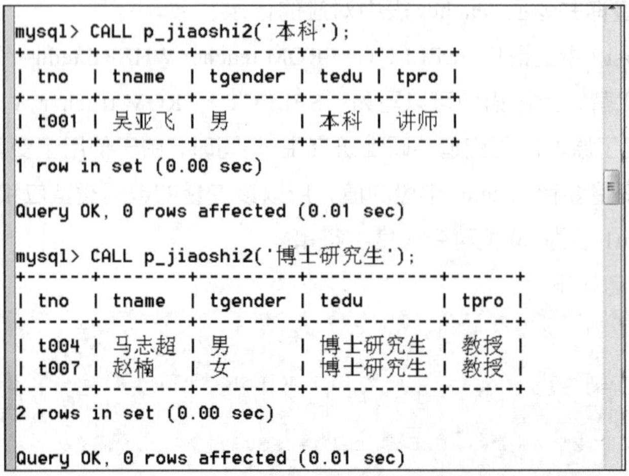

```
mysql> CALL p_jiaoshi2('本科');
+------+--------+---------+------+------+
| tno  | tname  | tgender | tedu | tpro |
+------+--------+---------+------+------+
| t001 | 吴亚飞 | 男      | 本科 | 讲师 |
+------+--------+---------+------+------+
1 row in set (0.00 sec)

Query OK, 0 rows affected (0.01 sec)

mysql> CALL p_jiaoshi2('博士研究生');
+------+--------+---------+------------+------+
| tno  | tname  | tgender | tedu       | tpro |
+------+--------+---------+------------+------+
| t004 | 马志超 | 男      | 博士研究生 | 教授 |
| t007 | 赵楠   | 女      | 博士研究生 | 教授 |
+------+--------+---------+------------+------+
2 rows in set (0.00 sec)

Query OK, 0 rows affected (0.01 sec)
```

图 6-4　按给定值传递参数的执行结果

6.3.3 创建和执行带输出参数的存储过程

如果需要从存储过程中返回一个或多个值，可以通过在创建存储过程的语句中定义输出参数来实现。定义输出参数，需要在 CREATE PROCEDURE 语句中定义参数时在参数名前面指定 OUT 关键字。

参数格式如下：

```
OUT parameter_name type[=default]
```

【例 6-17】创建存储过程 p_jiaoshi3，要求其能根据用户给定的学历值，统计出 teacher 表的所有教师中学历为该值的教师人数，并将结果以输出变量的形式返回给调用者。

对应的 SQL 语句如下：

```
DELIMITER //
CREATE PROCEDURE p_jiaoshi3(IN tedu1 VARCHAR(20),
                            OUT teacher_num SMALLINT)
BEGIN
  SELECT COUNT(*) INTO teacher_num FROM teacher
  WHERE tedu=tedu1;
END//
DELIMITER ;
```

【例 6-18】执行存储过程 p_jiaoshi3，统计 teacher 表中 tedu 为“硕士研究生”的教师人数。

由于在存储过程 p_jiaoshi3 中使用了输出参数 teacher_num，所以在调用该存储过程之前，要先设置一个变量来接收该存储过程的输出参数值。

对应的 SQL 语句如下：

```
SET @abc=0;
CALL p_jiaoshi3('硕士研究生',@abc);
SELECT @abc;
```

执行结果如图 6-5 所示。

```
mysql> CALL p_jiaoshi3('硕士研究生',@abc);
Query OK, 0 rows affected (0.00 sec)

mysql> SELECT @abc;
+-------+
| @abc |
+-------+
|    4 |
+-------+
1 row in set (0.00 sec)
```

图 6-5　带输出参数的存储过程 p_jiaoshi3 的执行结果

【例 6-19】在 stu_course 数据库中创建存储过程 p_jiaoshi4，要求其能根据用户给定的性别，统计 teacher 表中性别为该值的教师人数，并将结果以输出变量的形式返回给用户。

对应的 SQL 语句如下：

```
USE stu_course;
DELIMITER //
CREATE PROCEDURE p_jiaoshi4(in_sex CHAR(2),out out_num INT)
BEGIN
  IF in_sex='男' THEN
    SELECT COUNT(tgender) INTO out_num FROM teacher
    WHERE tgender ='男';
  ELSE
    SELECT COUNT(tgender) INTO out_num FROM teacher
    WHERE tgender ='女';
  END IF;
END//
DELIMITER ;
```

【例 6-20】执行存储过程 p_jiaoshi4，统计 teacher 表中性别为“男”的教师人数。

对应的 SQL 语句如下：

```
SET @abc=0;
CALL p_jiaoshi4('男',@abc);
SELECT @abc;
```

执行结果如图 6-6 所示。

```
mysql> CALL p_jiaoshi4('男',@abc);
Query OK, 0 rows affected (0.00 sec)

mysql> SELECT @abc;
+-------+
| @abc |
+-------+
|    4 |
+-------+
1 row in set (0.00 sec)
```

图 6-6　带输出参数的存储过程 p_jiaoshi4 的执行结果

6.4 管理存储过程

对存储过程的管理包括查看存储过程、修改存储过程和删除存储过程，本节将对其进行详细讲解。

6.4.1 查看存储过程

存储过程创建后被存储在 information_schema 数据库的 ROUTINES 表中。可以使用以下方法显示数据库内存储过程的列表。

（1）使用“SELECT routine_name FROM information_schema.ROUTINES WHERE routine_schema='数据库名'”可以显示数据库内存储过程的名称。

（2）使用“SHOW PROCEDURE STATUS WHERE db='数据库名';”可以显示数据库内存储过程名和存储过程的详细信息。

【例 6-21】查看 stu_course 数据库中的存储过程的信息。

对应的 SQL 语句如下：

```
SHOW PROCEDURE STATUS WHERE db='stu_course';
```

（3）使用“SHOW CREATE PROCEDURE 数据库.存储过程名;”可以查看指定存储过程的定义语句等信息。

【例 6-22】查看存储过程 p_jiaoshi3 的定义语句等信息。

对应的 SQL 语句如下：

```
USE stu_course;
SHOW CREATE PROCEDURE p_jiaoshi3\G
```

执行结果如图 6-7 所示。

```
mysql> show create procedure p_jiaoshi3\G
*************************** 1. row ***************************
           Procedure: p_jiaoshi3
            sql_mode: STRICT_TRANS_TABLES,NO_ENGINE_SUBSTITUTION
    Create Procedure: CREATE DEFINER=`root`@`localhost` PROCEDURE `p_jiaoshi3`(IN tedu1 varchar(20),
 OUT teacher_num smallint)
BEGIN
        SELECT COUNT(*) INTO teacher_num FROM teacher WHERE tedu=tedu1;
      END
character_set_client: utf8mb4
collation_connection: utf8mb4_0900_ai_ci
  Database Collation: utf8mb4_0900_ai_ci
1 row in set (0.00 sec)
```

图 6-7　查看存储过程 p_jiaoshi3 的定义语句等信息

6.4.2　修改存储过程

修改存储过程是由 ALTER PROCEDURE 语句来完成的。其语法格式如下:

```
ALTER PROCEDURE sp_name [characteristic ...];
```

参数说明如下。

- sp_name 参数表示存储过程或函数的名称。
- characteristic 参数指定存储函数的特性，其内容和含义参照存储过程的定义语句。

注意:

使用 ALTER 语句只能修改存储过程的特征参数。如果要重新完整定义已有的存储过程，建议先删除该存储过程，再进行创建。

【例 6-23】修改存储过程 p_jiaoshi1 的定义，将读写权限改为 MODIFIES SQL DATA，并指明该存储过程以调用者的权限来执行。

对应的 SQL 语句如下:

```
ALTER PROCEDURE p_jiaoshi1
MODIFIES SQL DATA
SQL SECURITY INVOKER ;
```

【例 6-24】查询修改后的存储过程 p_jiaoshi1 的信息。

对应的 SQL 语句如下:

```
SELECT SPECIFIC_NAME,SQL_DATA_ACCESS,SECURITY_TYPE
FROM information_schema.ROUTINES
WHERE ROUTINE_NAME='p_jiaoshi1' ;
```

执行结果如图 6-8 所示。

```
mysql> SELECT SPECIFIC_NAME,SQL_DATA_ACCESS,SECURITY_TYPE
    -> FROM information_schema.ROUTINES
    -> WHERE ROUTINE_NAME='p_jiaoshi1' ;
+---------------+-------------------+---------------+
| SPECIFIC_NAME | SQL_DATA_ACCESS   | SECURITY_TYPE |
+---------------+-------------------+---------------+
| p_jiaoshi1    | MODIFIES SQL DATA | INVOKER       |
+---------------+-------------------+---------------+
1 row in set (0.04 sec)
```

图 6-8　查询修改后的存储过程 p_jiaoshi1 的信息

由图 6-8 可以看出，SQL_DATA_ACCESS（访问数据的权限）已经变成 MODIFIES SQL DATA，SECURITY_TYPE（安全类型）已经变成 INVOKER。

6.4.3 删除存储过程

存储过程的删除是通过 DROP PROCEDURE 语句来实现的。其语法格式如下：

```
DROP PROCEDURE [IF EXISTS] sp_name;
```

参数说明如下。

IF EXISTS 子句是 MySQL 的一个扩展语句。删除时如果存储过程不存在，它能够防止发生错误。

【例 6-25】删除 stu_course 数据库中的存储过程 p_jiaoshi2。

对应的 SQL 语句如下：

```
USE stu_course;
DROP PROCEDURE p_jiaoshi2;
```

6.5 存储函数

MySQL 中有很多系统函数（即内置函数），用户也可以根据需要自定义函数。系统函数和自定义函数合称为存储函数。本节详细讲解自定义函数的创建和调用方法，以及常用的系统函数。

视频 6-5 存储函数

6.5.1 存储过程与存储函数的联系与区别

存储函数和存储过程在结构上很相似，都是由 SQL 语句和过程式语句所组成的代码段，都可以被别的应用程序或 SQL 语句所调用。

但是它们之间是有区别的，其主要区别如下。

（1）一般来说，存储过程实现的功能要复杂一点儿。存储过程功能强大，可以执行包括修改表等一系列数据库操作；而存储函数的功能针对性比较强，用户定义函数不能用于执行修改全局数据库状态的操作。

（2）存储过程可以返回多个参数，而存储函数只能返回一个参数。存储过程的参数可以有 IN、OUT、INOUT 这 3 种类型，而存储函数的参数只有 IN 类型。存储过程在定义时不需要指出返回值类型，而存储函数声明时需要描述返回值类型，且其函数体中必须包含一个有效的 RETURN 语句。

（3）存储过程的代码段中可以使用非确定函数，但不允许在用户定义函数主体中内置非确定函数。

（4）存储过程一般作为一个独立的部分来调用（使用 CALL 语句调用），而存储函数可以作为表达式或查询语句的一部分来调用，由于函数可以返回一个表，因此它可以放在查询语句的 FROM 关键字的后面。

6.5.2 创建和调用存储函数

在 MySQL 中，创建存储函数的语法格式如下：

```
CREATE FUNCTION fn_name ([func_parameter[,...]])
RETURNS type
characteristic ...
routine_body
```

参数说明如下。

- fn_name 是要创建的存储函数的名字。
- func_parameter 是存储函数的输入参数。因为存储函数只有输入参数，所以参数名前不需要加 IN。
- RETURNS type 子句用于声明存储函数返回值的数据类型。
- characteristic 表示存储函数的特征参数，其参数及含义与存储过程一样。需要注意的是，和旧版本的 MySQL 不一样，在 MySQL 8.0 中，以下 3 个参数必须声明一个，只有声明了参数才会启用二进制日志记录。

DETERMINISTIC 和 NOT DETERMINISTIC：指出一个存储函数是否对给定的输入总是产生同样的结果。如果没有指定，默认是 NOT DETERMINISTIC，所以必须明确指定 DETERMINISTIC 来声明一个存储函数是否是确定性的。

NO SQL：表示存储函数不包含 SQL 语句。

READS SQL DATA：表示存储函数有读取数据语句，没有修改数据语句。

【例 6-26】创建一个存储函数，其功能是返回两个数中的最大数。

对应的 SQL 语句如下：

```
DELIMITER //
CREATE FUNCTION maxNumber(x SMALLINT UNSIGNED,
                          y SMALLINT UNSIGNED)
RETURNS SMALLINT
DETERMINISTIC
BEGIN
  DECLARE max SMALLINT UNSIGNED DEFAULT 0;
  IF x>y
    THEN SET max = x;
    ELSE SET max = y;
  END IF;
RETURN max;
END//
DELIMITER ;
```

调用该自定义函数的过程如下：

```
SET @num1=10;
SET @num2=20;
SET @result=maxNumber(@num1,@num2);
SELECT @result;
```

执行结果如图 6-9 所示。

```
mysql> SET @num1=10;
Query OK, 0 rows affected (0.00 sec)

mysql> SET @num2=20;
Query OK, 0 rows affected (0.00 sec)

mysql> SET @result=maxNumber(@num1,@num2);
Query OK, 0 rows affected (0.00 sec)

mysql> SELECT @result;
+---------+
| @result |
+---------+
|      20 |
+---------+
1 row in set (0.00 sec)
```

图 6-9　调用自定义函数 maxNumber()

【例 6-27】创建一个存储函数，其功能是计算 1～100 的整数之和。

对应的 SQL 语句如下：

```
DELIMITER //
CREATE FUNCTION addSum()
RETURNS SMALLINT
DETERMINISTIC
BEGIN
  DECLARE i INT DEFAULT 0;
  DECLARE sum INT DEFAULT 0;
  Sum_loop:LOOP
            SET i=i+1;
            SET sum=sum+i;
            IF i>=100 THEN LEAVE Sum_loop;
            END IF;
            END LOOP Sum_loop;
  RETURN sum;
END//
DELIMITER ;
```

调用该自定义函数的过程如下：

```
SET @result=addSum();
SELECT @result;
```

执行结果如图 6-10 所示。

```
mysql> SET @result=addSum();
Query OK, 0 rows affected (0.00 sec)

mysql> SELECT @result;
+---------+
| @result |
+---------+
|    5050 |
+---------+
1 row in set (0.00 sec)
```

图 6-10　调用自定义函数 addSum()

6.5.3　查看存储函数

与存储过程相同，存储函数被创建之后，用户也可以使用同样的方法来查看所创建的存储函数的相关信息。

可以用以下 3 种方法显示数据库内存储函数的列表。

（1）使用“SELECT routine_name FROM information_schema. ROUTINES WHERE routine_schema='数据库名' ”可以显示数据库内存储函数的名称。

（2）使用“SHOW FUNCTION STATUS WHERE db='数据库名'”可以显示数据库内所有存储函数名称和存储函数的详细信息。

（3）使用“SHOW CREATE FUNCTION 数据库.存储函数名”可以查看指定存储函数的定义信息。

6.5.4 删除存储函数

存储函数的删除是通过 DROP FUNCTION 语句来实现的。其语法格式如下：

```
DROP FUNCTION [IF EXISTS] fn_name;
```

例如，要删除 addSum()函数，可以使用如下语句：

```
DROP FUNCTION addSum;
```

6.5.5 MySQL 的系统函数

为了能更好地为用户服务，MySQL 提供了丰富的系统函数，这些函数无须定义就能直接使用，其中包括数学函数、字符串函数、日期和时间函数等。

视频 6-6 MySQL 的系统函数

1. 数学函数

ABS(x)：返回 x 的绝对值。

BIN(x)：返回 x 的二进制值。

CEILING(x)：返回大于或等于 x 的最小整数值。

EXP(x)：返回自然对数 e 的 x 次方。

FLOOR(x)：返回小于或等于 x 的最大整数值。

LN(x)：返回 x 的自然对数。

LOG(x,y)：返回 x 的以 y 为底的对数。

MOD(x,y)：返回 x/y 的余数。

PI()：返回圆周率的值。

RAND()：返回 0 到 1 的随机数。

ROUND(x,y)：返回 x 的四舍五入到 y 位小数的值。

SIGN(x)：返回 x 的符号。其中−1 代表负数，1 代表正数，0 代表 0。

SQRT(x)：返回 x 的平方根。

2. 字符串函数

ASCII(char)：返回字符的 ASCII 值。

CHAR_LENGTH(str)或 LENGTH(str)：返回字符串 str 的长度。

CONCAT(s1,s2,...,sn)：将字符串 s1,s2,...,sn 连接成一个字符串。

LCASE(str)或 LOWER(str)：返回将字符串 str 中所有字符转换为小写后的结果。

UCASE(str)或 UPPER(str)：返回将字符串 str 中所有字符转换为大写后的结果。

LEFT(str,x)：返回字符串 str 中最左边的 x 个字符。

RIGHT(str,x)：返回字符串 str 中最右边的 x 个字符。

LTRIM(str)：从字符串 str 中去掉首部的空格。

RTRIM(str)：从字符串 str 中去掉尾部的空格。

TRIM(str)：去除字符串首部和尾部的所有空格。

POSITION(substr in str)：返回子字符串 substr 在字符串 str 中第一次出现的位置。

SUBSTRING(str,n,m)：将字符串 str 从第 n 位开始取 m 位。

REPLACE(str,str1,str2)：将字符串 str 中的所有子字符串 str1 全部替换为 str2。

REVERSE(str)：返回颠倒字符串 str 后的结果。

STRCMP(s1,s2)：比较字符串 s1 和 s2 的大小，s1 大于 s2 返回 1，s1 等于 s2 返回 0，s1 小于 s2 返回−1。

3. 日期和时间函数

CURDATE()或 CURRENT_DATE()：返回系统当前的日期。

CURTIME()或 CURRENT_TIME()：返回系统当前的时间。

DAYOFWEEK(date)：返回 date 是一周中的第几天（1～7）。

DAYOFMONTH(date)：返回 date 是一个月中的第几天（1～31）。

DAYOFYEAR(date)：返回 date 是一年中的第几天（1～366）。

HOUR(time)：返回 time 的小时值（0～23）。

MINUTE(time)：返回 time 的分钟值（0～59）。

MONTH(date)：返回 date 的月份值（1～12）。

MONTHNAME(date)：返回 date 的月份名。

NOW()：返回系统当前的日期和时间。

QUARTER(date)：返回 date 为一年中的第几季度（1～4）。

WEEK(date)：返回 date 为一年中的第几周（0～53）。

YEAR(date)：返回 date 的年份（1000～9999）。

6.6 事务

MySQL 的事务处理机制在程序开发过程中有着非常重要的作用，它可以使整个系统更加安全，保证在同一个事务中的操作具有同步性。本节将对事务进行详细的讲解。

视频 6-7 事务

6.6.1 事务概述

所谓的事务是指由用户定义的一系列数据库更新操作，这些操作要么都执行，要么都不执行，是一个不可分割的逻辑工作单元。这里的更新操作主要指对数据库内容产生修改作用的操作，如 INSERT、DELETE、UPDATE 等操作。

事务是数据库中实现数据的一致性的重要技术。例如在银行转账业务处理过程中，客户 A 要给客户 B 转账，当转账进行到一半时，发生断电等异常事故，导致客户 A 的钱已转出，客户 B 的钱还没有转入，这样就会导致数据库中数据的不一致，给客户带来损失。在转账业务中引入事务机制，就可以在意外发生时撤销整个转账业务，将数据库恢复到数据处理之前的状态，从而确保数据的一致性。

1. 事务处理语句

（1）启动事务。

在 MySQL 中启动事务的语法格式如下：

```
START TRANSACTION;
```

（2）提交事务。

启动事务之后，就开始执行事务内的 SQL 语句，当 SQL 语句执行完毕后，必须提交事务，才能使事务中的所有操作永久生效。提交事务的语法格式如下：

```
COMMIT;
```

需要注意的是，在 MySQL 中直接书写的语句都是自动提交的，而事务中的操作语句都需要使用 COMMIT 语句手动提交。

（3）回滚事务。

当事务在执行过程中遇到错误时，事务中的所有操作都要被取消，返回到事务执行前的状态，这就是回滚事务。回滚事务的语法格式如下：

```
ROLLBACK;
```

2. 事务的特性

事务必须具有 ACID 特性，即原子性（Atomicity）、一致性（Consistency）、隔离性（Isolation）和持久性（Durability）。

（1）原子性。

原子性是指事务是一个不可分割的逻辑工作单元，事务处理的操作要么全部执行，要么全部不执行。

（2）一致性。

一致性是指事务必须在执行前后都要处于一致性状态。如果事务操作全部正确执行，则数据库的变化将生效，从而处于有效状态；如果事务处理失败，系统将会回滚，从而将数据库恢复到事务执行前的有效状态。

（3）隔离性。

隔离性是指当多个事务并发执行时，各个事务之间不能相互干扰。

（4）持久性。

持久性是指事务完成后，事务对数据库中数据的修改将永久保存。

6.6.2 事务的提交

为了使事务中 SQL 语句执行的修改操作永久保存在数据库中，事务处理结束时必须由用户提交事务。

例如，在手动提交的方式下，启动一个事务，在 teacher 表中插入两条记录，具体语句如下：

```
START TRANSACTION;
INSERT INTO teacher
        VALUES('t006','张君瑞','男','硕士研究生','副教授');
INSERT INTO teacher
          VALUES('t007','赵楠','女','博士研究生','教授');
```

执行之后用 SELECT 语句查询 teacher 表，执行结果如图 6-11 所示。

```
mysql> SELECT * FROM teacher;
+------+--------+---------+------------+----------+
| tno  | tname  | tgender | tedu       | tpro     |
+------+--------+---------+------------+----------+
| t001 | 吴亚飞 | 男      | 本科       | 讲师     |
| t002 | 李琦   | 男      | 硕士研究生 | 副教授   |
| t003 | 王艳红 | 女      | 硕士研究生 | 讲师     |
| t004 | 马志超 | 男      | 博士研究生 | 教授     |
| t005 | 万丽   | 女      | 硕士研究生 | 助理讲师 |
| t006 | 张君瑞 | 男      | 硕士研究生 | 副教授   |
| t007 | 赵楠   | 女      | 博士研究生 | 教授     |
+------+--------+---------+------------+----------+
7 rows in set (0.00 sec)
```

图 6-11 事务中插入记录后的查询结果

从图 6-11 可以看出，事务的处理似乎已经完成，但是退出数据库重新登录后，再次对 teacher 表进行查询，结果如图 6-12 所示。

```
mysql>  SELECT * FROM teacher;
+------+--------+---------+------------+----------+
| tno  | tname  | tgender | tedu       | tpro     |
+------+--------+---------+------------+----------+
| t001 | 吴亚飞 | 男      | 本科       | 讲师     |
| t002 | 李琦   | 男      | 硕士研究生 | 副教授   |
| t003 | 王艳红 | 女      | 硕士研究生 | 讲师     |
| t004 | 马志超 | 男      | 博士研究生 | 教授     |
| t005 | 万丽   | 女      | 硕士研究生 | 助理讲师 |
+------+--------+---------+------------+----------+
5 rows in set (0.00 sec)
```

图 6-12 重新登录后查询 teacher 表的记录

从图 6-12 可以看出，事务中的记录插入操作最终并未完成，这是因为事务未经提交就已经退出数据库了，由于采用的是手动提交模式，事务中操作被自动取消了。为了能够永久把两条记录写入数据库中，需要在事务处理结束后加入 COMMIT 语句，完成整个事务的提交。具体语句如下：

```
START TRANSACTION;
INSERT INTO teacher
      VALUES('t006','张君瑞','男','硕士研究生','副教授');
INSERT INTO teacher
      VALUES('t007','赵楠','女','博士研究生','教授');
COMMIT;
```

执行完毕后，退出数据库重新登录后，使用 SELECT 语句查询 teacher 表中的记录，查询结果如图 6-13 所示。

```
mysql> SELECT * FROM teacher;
+------+--------+---------+------------+----------+
| tno  | tname  | tgender | tedu       | tpro     |
+------+--------+---------+------------+----------+
| t001 | 吴亚飞 | 男      | 本科       | 讲师     |
| t002 | 李琦   | 男      | 硕士研究生 | 副教授   |
| t003 | 王艳红 | 女      | 硕士研究生 | 讲师     |
| t004 | 马志超 | 男      | 博士研究生 | 教授     |
| t005 | 万丽   | 女      | 硕士研究生 | 助理讲师 |
| t006 | 张君瑞 | 男      | 硕士研究生 | 副教授   |
| t007 | 赵楠   | 女      | 博士研究生 | 教授     |
+------+--------+---------+------------+----------+
7 rows in set (0.00 sec)
```

图 6-13　重新登录后查询 teacher 表的结果

显然，两条记录被永久性地插入数据表 teacher 中了。

6.6.3　事务的回滚

如果事务尚未提交时出现了操作错误，可以通过事务的回滚来取消当前事务，把数据库恢复到事务处理之前的状态。

下面用一个示例说明事务回滚。首先在 teacher 表中插入两条记录，且先不提交，语句如下：

```
START TRANSACTION;
INSERT INTO teacher
          VALUES('t006','张君瑞','男','硕士研究生','副教授');
INSERT INTO teacher
          VALUES('t007','赵楠','女','博士研究生','教授');
```

执行之后用 SELECT 语句查询 teacher 表，执行结果如图 6-14 所示。

```
mysql> SELECT * FROM teacher;
+------+--------+---------+------------+----------+
| tno  | tname  | tgender | tedu       | tpro     |
+------+--------+---------+------------+----------+
| t001 | 吴亚飞 | 男      | 本科       | 讲师     |
| t002 | 李琦   | 男      | 硕士研究生 | 副教授   |
| t003 | 王艳红 | 女      | 硕士研究生 | 讲师     |
| t004 | 马志超 | 男      | 博士研究生 | 教授     |
| t005 | 万丽   | 女      | 硕士研究生 | 助理讲师 |
| t006 | 张君瑞 | 男      | 硕士研究生 | 副教授   |
| t007 | 赵楠   | 女      | 博士研究生 | 教授     |
+------+--------+---------+------------+----------+
7 rows in set (0.00 sec)
```

图 6-14　查询 teacher 表的结果（1）

如果事务处理过程中出现了问题，在事务没有提交的情况下，可以进行事务的回滚，具体语句如下：

```
ROLLBACK;
```

ROLLBACK 语句执行完毕后，再次使用 SELECT 语句查询 teacher 表，结果如图 6-15 所示。

```
mysql> SELECT * FROM teacher;
+------+--------+---------+------------+----------+
| tno  | tname  | tgender | tedu       | tpro     |
+------+--------+---------+------------+----------+
| t001 | 吴亚飞 | 男      | 本科       | 讲师     |
| t002 | 李琦   | 男      | 硕士研究生 | 副教授   |
| t003 | 王艳红 | 女      | 硕士研究生 | 讲师     |
| t004 | 马志超 | 男      | 博士研究生 | 教授     |
| t005 | 万丽   | 女      | 硕士研究生 | 助理讲师 |
+------+--------+---------+------------+----------+
5 rows in set (0.00 sec)
```

图 6-15 查询 teacher 表的结果（2）

从图 6-15 可以看出，插入操作已经被取消，数据库已经恢复到了事务处理之前的状态。

6.6.4 事务的隔离级别

MySQL 数据库是多线程并发访问的，在多个线程同时开启事务访问数据库时，可能会出现脏读、不可重复读以及幻读等情况。

1. 脏读

脏读是指一个事务读取另一个事务没有提交的数据。它是指第一个事务正在访问数据，并且对数据进行了修改，当这些修改还没有提交时，第二个事务访问和使用了这些数据。如果第一个事务回滚，那么第二个事务访问和使用的数据则是脏数据。

2. 不可重复读

不可重复读是指在一个事务内，对同一数据进行两次相同查询，所返回结果不同。这是由于在一个事务两次读取数据之间，有第二个事务对数据进行了修改，造成两次读取数据的结果不相同。

3. 幻读

幻读是指在同一事务中，两次按相同查询条件查询到的记录的行数不一样。造成幻读的原因在于事务处理没有结束时，其他事务对同一数据集合增加或者删除了记录。

为了避免以上情况的发生，MySQL 设置了事务的 4 种隔离级别，由低到高分别为 READ UNCOMMITTED、READ COMMITTED、REPEATABLE READ、SERIALIZABLE，其能够有效地防止脏读、不可重复读以及幻读等情况的发生。

（1）READ UNCOMMITTED。

READ UNCOMMITTED 就是“读未提交”，在该隔离级别下的事务可以读取另一个未提交事务的数据，它是事务中的最低的隔离级别。该隔离级别在实际应用中容易出现脏读等情况，因此很少应用。

（2）READ COMMITTED。

READ COMMITTED 就是“读提交”，顾名思义，就是在该隔离级别下的事务只能读取其他事务已经提交的数据。这种隔离级别容易出现不可重复读的问题。

（3）REPEATABLE READ。

REPEATABLE READ 就是“可重复读”，它是 MySQL 的默认事务隔离级别。它确保同一事务的多个实例并发读取数据时，读到的数据行是相同的。这种隔离级别容易出现幻读的问题。

（4）SERIALIZABLE。

SERIALIZABLE 就是“可串行化”，它是 MySQL 的最高隔离级别。它通过对事务进行强制性的排序，使这些事务不会相互冲突，从而解决幻读问题。但是，这个隔离级别容易出现超时现象和锁竞争。

各个隔离级别可能产生的问题如表 6-1 所示。

表 6-1 隔离级别和并发副作用

隔离级别	脏读	不可重复读	幻读
READ UNCOMMITTED	√	√	√
READ COMMITTED	×	√	√
REPEATABLE READ	×	×	√
SERIALIZABLE	×	×	×

用户可以用 SET TRANSACTION 语句改变当前会话或所有新建连接的隔离级别。其语法格式如下：

```
    SET [SESSION | GLOBAL] TRANSACTION ISOLATION LEVEL {READ UNCOMMITTED | READ
COMMITTED | REPEATABLE READ | SERIALIZABLE}
```

例如，设置当前会话的隔离级别为 READ COMMITTED，具体语句如下：

```
    SET SESSION TRANSACTION ISOLATION LEVEL
    READ COMMITTED;
```

本章小结

- 变量的定义与赋值。
- 流程控制语句。
- 定义条件和处理程序。
- 光标的定义与使用。
- 存储过程的创建、调用、查看、修改和删除。
- 存储函数的创建、使用、查看和删除。
- 事务的特性，启动事务、提交事务、回滚事务的语句。
- 事务的隔离级别。

实训项目

项目1：在bookdb数据库中创建存储过程

1. 项目目的

掌握存储过程的创建和执行方法。

2. 项目内容

在bookdb数据库中创建一个名为proc_1的存储过程，实现查询并输出user表中id为“1004”的会员的信息。

项目2：在bookdb数据库中创建带输入输出参数的存储过程

1. 项目目的

掌握存储过程中输入输出参数的使用方法。

2. 项目内容

（1）在bookdb数据库中创建一个为名proc_2的存储过程，要求实现如下功能：根据会员的昵称（uname）查询该会员的积分（score）。调用存储过程，查询“平平人生”和“感动心灵”的积分。

（2）在bookdb数据库中创建一个名为proc_3的存储过程，要求实现如下功能：根据会员的昵称查询该会员的订购信息，如果该会员没有订购任何图书，则输出“该会员没有订购图书”的信息，否则输出该会员订购图书的相关信息。调用存储过程，显示会员“四十不惑”订购图书的情况。

项目3：在bookdb数据库中实现事务处理

1. 项目目的

掌握事务的启动、提交和回滚。

2. 项目内容

启动一个事务，在事务中使用SQL语句删除bookdb数据库中b_order表的所有记录，第一次不提交事务，第二次回滚事务，第三次提交事务。重启MySQL服务器分别查看记录是否被永久删除。

课后习题

一、选择题

1. CREATE PROCEDURE是用来创建（　　）的语句。

A．程序　　B．存储过程

C．触发器　　D．存储函数

2．要删除一个名为 AA 的存储过程，应该使用语句（　　）PROCEDURE AA。

A．DELETE　　B．ALTER

C．DROP　　D．EXECUTE

3．执行带参数的存储过程，正确的方法为（　　）。

A．CALL 存储过程名(参数)　　B．CALL 存储过程名 参数

C．存储过程名=参数　　D．以上答案都正确

4．用户定义的一系列数据库更新操作，这些操作要么都执行，要么都不执行，是一个不可分割的逻辑工作单元，这体现了事务的（　　）。

A．原子性　　B．一致性

C．隔离性　　D．持久性

5．事务的隔离级别中，（　　）可以解决幻读问题。

A．READ UNCOMMITTED　　B．READ COMMITTED

C．REPEATABLE READ　　D．SERIALIZABLE

二、问答题

1．什么是存储过程？写出存储过程的创建、修改和删除语句。

2．什么是存储函数？写出存储函数的创建、查看和删除语句。

3．事务具有哪些特性？

4．事务的隔离级别有哪些，各自有什么特点？

第7章 索引、视图和触发器

07

本章目标

- 理解索引的概念和分类。
- 掌握索引的创建方法。
- 了解查看索引的方式。
- 掌握创建视图的方法。
- 掌握管理视图的方法。
- 了解通过视图修改数据的方法。
- 了解触发器的概念。
- 掌握创建、删除触发器的方法。
- 了解触发器的常见应用。

在关系数据库中，视图和索引主要起到辅助查询和组织数据的功能，学会使用它们，可以大大地提高查询数据的效率。视图和索引的区别是：视图将查询语句压缩，将大部分查询语句放在服务端，客户端只输入要查询的信息，而不用写出大量的查询代码；而索引类似目录，可以使查询更快速、更高效，适用于访问大型数据库。

触发器是常用的数据库对象。触发器主要用于监视某个表的 INSERT、UPDATE、DELETE 等更新操作，这些操作可以分别激活该表的 INSERT、UPDATE、DELETE 类型的触发器，从而为数据库自动维护提供便利。

7.1 索引

在数据库操作中，经常需要查找特定的数据，而索引则用来快速地寻找那些具有特定值的记录。例如，当执行“SELECT * FROM studentinfo WHERE sno='11101001' ”语句时，如果没有索引，MySQL 数据库必须从第一个记录开始扫描表，直至找到 sno 是“11101001”的记录。表里面的记录数量越多，这个操作的代价就越高。如果在作为搜索条件的列上创建了索引，MySQL 在查找时，则无须扫描任何记录即可迅速得到目标记录所在的位置，这可以大大提高查找的效率。

7.1.1 索引概述

如果把数据表看作一本书，则表的索引就如同书的目录，通过索引可以大大提高查询速度，改善数据库的性能。其具体表现如下。

（1）通过创建唯一性索引，可以保证数据记录的唯一性。

（2）可以加快数据的检索速度。

（3）可以加快表与表的连接速度，这一点在实现数据的参照完整性方面有特别的意义。

（4）在使用 ORDER BY 和 GROUP BY 子句进行数据检索时，可以显著减少查询中分组和排序的时间。

（5）使用索引可以在检索数据的过程中使用优化隐藏器，提高系统性能。

但是，索引带来的查找速度的提高也是有代价的，因为索引要占用存储空间，而且为了维护索引的有效性，向表中插入数据或者更新数据时，数据库还要执行额外的操作来维护索引。所以，过多的索引不一定能提高数据库的性能，必须科学地设计索引，才能提高数据库的性能。

7.1.2 索引的分类

MySQL 中索引分为很多种，具体如下。

1. 普通索引

普通索引是由 KEY 或 INDEX 定义的索引，它是 MySQL 中的基本索引类型，允许在定义索引的列中插入重复值和空值。该类型索引可以创建在任何数据类型中。

2. 唯一索引

唯一索引是由 UNIQUE 定义的索引，是指索引列的值必须唯一，但允许有空值。如果是在多个列上建立的组合索引，则这些列的组合值必须唯一。

在创建主键和唯一约束的列上会自动创建唯一索引。主键索引是一种特殊的唯一索引，不允许有空值。

3. 全文索引

全文索引是由 FULLTEXT 定义的索引，是指在定义索引的列上支持值的全文查找。该索引类型允许在索引列上插入重复值和空值。它只能创建在 CHAR、VARCHAR 或 TEXT 类型的字段上。旧版本的 MySQL 只有 MyISAM 存储引擎支持全文索引，MySQL 5.6 后 InnoDB 存储引擎也支持全文索引。

4. 空间索引

空间索引是由 SPATIAL 定义的索引，是指只能在空间数据类型的列上建立的索引。MySQL 中空间数据类型有 4 种，分别是 GEOMETRY、POINT、LINESTRING 和 POLYGON。需要注意的是，创建空间索引的字段，必须声明为 NOT NULL。旧版本的 MySQL 只有 MyISAM 存储引擎支持空间索引，从 MySQL 5.7.4 开始，InnoDB 存储引擎新增了对空间索引的支持。

5. 单列索引

单列索引指的是在表中单个字段上创建的索引。它可以是普通索引、唯一索引或者全文索引，只要保证该索引只对应表中的一个字段即可。

6. 多列索引

多列索引指的是在表中多个字段上创建的索引。只有在查询条件中使用了这些字段中的第一个字段时，该索引才会被使用。例如，在学生表的“学号”“姓名”“班级”字段上创建一个多列索引，那么只有在查询条件中使用了“学号”字段时，该索引才会被使用。

7.1.3 索引的设计原则

索引设计不合理或缺少索引都会对数据库的性能造成影响。高效的索引对于获得良好的数据库性能非常重要。设计索引时，应该考虑以下原则。

1. 索引并非越多越好

一个表中如果有大量的索引，不仅占用磁盘空间，而且会影响 INSERT、UPDATE、DELETE 等语句的性能。因为表中的数据在更改的同时，索引也会进行调整和更新，需要占用系统时间。

2. 避免对经常更新的表建立过多的索引

避免对经常更新的表建立过多的索引，并且索引中的字段要尽可能地少。对经常用于查询的字段应该建立索引，但要避免添加不必要的索引。

3. 数据量小的表最好不要使用索引

由于数据较少，查询花费的时间可能比遍历索引的时间还要短，索引可能不会产生优化查询的效果。

4．在不同值较少的列上不要建立索引

字段中的不同值比较少，例如学生表的“性别”字段，只有“男”和“女”两个不同值，这样的列就无须建立索引，否则不但不会提高查询效率，反而会严重降低更新速度。

5．为经常需要进行排序、分组和连接查询的字段建立索引

在频繁进行排序或分组的字段和经常进行连接查询的字段上建立索引。

7.1.4 创建索引

视频 7-1 创建索引

在 MySQL 中，创建索引的方式有 3 种，具体如下。

1．创建表的时候直接创建索引

用 CREATE TABLE 语句创建表的时候就创建索引，此方式简单、方便。其语法格式如下：

```
CREATE TABLE 表名
(    字段名  数据类型[完整性约束条件],
     字段名  数据类型[完整性约束条件],
     ...
     字段名 数据类型,
     [UNIQUE|FULLTEXT|SPATIAL] INDEX|KEY [别名](字段名[(长度)]) [ASC|DESC]
);
```

参数说明如下。

- UNIQUE：表示创建唯一索引，在索引列中不能有相同的值存在。
- FULLTEXT：表示创建全文索引。
- SPATIAL：表示创建空间索引。
- 别名：表示创建索引的名称。不加此参数，则默认用创建索引的字段名作为该索引名称。
- 长度：表示字段中用于创建索引的长度。不加此参数，则默认用整个字段内容创建索引。
- ASC|DESC：表示创建索引时的排序方式。其中 ASC 为升序排列，DESC 为降序排列。默认为升序排列。

【例 7-1】 创建 teacher_1 表，同时在该表的 tname 字段上建立普通索引。

对应的 SQL 语句如下：

```
CREATE TABLE teacher_1
(  tno CHAR (4)  NOT NULL PRIMARY KEY ,
   tname VARCHAR(10)  NOT NULL,
   tgender CHAR(1),
   tedu VARCHAR(10) ,
   tpro VARCHAR(8),
   INDEX (tname));
```

上述 SQL 语句执行后，使用 SHOW CREATE TABLE 语句查看 teacher_1 表的结构，结果如图 7-1 所示。

```
mysql> SHOW CREATE TABLE teacher_1\G
*************************** 1. row ***************************
       Table: teacher_1
Create Table: CREATE TABLE `teacher_1` (
  `tno` char(4) NOT NULL,
  `tname` varchar(10) NOT NULL,
  `tgender` char(1) DEFAULT NULL,
  `tedu` varchar(10) DEFAULT NULL,
  `tpro` varchar(8) DEFAULT NULL,
  PRIMARY KEY (`tno`),
  KEY `tname` (`tname`)
) ENGINE=InnoDB DEFAULT CHARSET=utf8mb4 COLLATE=utf8mb4_0900_ai_ci
1 row in set (0.05 sec)
```

图 7-1　使用 SHOW CREATE TABLE 语句查看 teacher_1 表的结构

从图 7-1 可以看出，tname 字段上已经创建了一个名称为 tname 的索引。可以使用 EXPLAIN 语句查看索引是否被使用：

```
EXPLAIN SELECT * FROM teacher_1  WHERE tname='马艳红' \G
```

执行结果如图 7-2 所示。

```
mysql> EXPLAIN SELECT * FROM teacher_1  WHERE tname='马艳红'\G
*************************** 1. row ***************************
           id: 1
  select_type: SIMPLE
        table: teacher_1
   partitions: NULL
         type: ref
possible_keys: tname
          key: tname
      key_len: 42
          ref: const
         rows: 1
     filtered: 100.00
        Extra: NULL
1 row in set, 1 warning (0.00 sec)
```

图 7-2　使用 EXPLAIN 查看 SELECT 语句执行结果

从图 7-2 可以看出，possible_keys 和 key 的值都为 tname，这说明 tname 索引已经存在并且在此次查询中被使用了。

【例 7-2】创建 course_1 表，同时对该表中的 cname 字段创建名为 UK_cname 的唯一索引，并且按照降序排列。

对应的 SQL 语句如下：

```
CREATE TABLE course_1
(   cno CHAR(4) NOT NULL PRIMARY KEY,
    cname VARCHAR(40),
    cperiod INT,
    credit DECIMAL(3,1),
    ctno CHAR(4),
    brief VARCHAR(255),
    UNIQUE INDEX UK_cname(cname DESC) );
```

上述 SQL 语句执行后，使用 SHOW CREATE TABLE 语句查看 course_1 表的结构，结果如图 7-3 所示。

```
mysql> show create table course_1\G
*************************** 1. row ***************************
       Table: course_1
Create Table: CREATE TABLE `course_1` (
  `cno` char(4) NOT NULL,
  `cname` varchar(40) DEFAULT NULL,
  `cperiod` int(11) DEFAULT NULL,
  `credit` decimal(3,1) DEFAULT NULL,
  `ctno` char(4) DEFAULT NULL,
  `brief` varchar(255) DEFAULT NULL,
  PRIMARY KEY (`cno`),
  UNIQUE KEY `UK_cname` (`cname` DESC)
) ENGINE=InnoDB DEFAULT CHARSET=utf8mb4 COLLATE=utf8mb4_0900_ai_ci
1 row in set (0.00 sec)
```

图 7-3　使用 SHOW CREATE TABLE 语句查看 course_1 表的结构

从图 7-3 可以看出，course_1 表的 cname 字段上已经建立了一个名为 UK_cname 的唯一索引。

【例 7-3】 创建 course_2 表，同时对 course_2 表中的 brief 字段创建名为 FT_brief 的全文索引。

对应的 SQL 语句如下：

```
CREATE TABLE course_2
(  cno CHAR(4) NOT NULL PRIMARY KEY ,
   cname VARCHAR(40),
   cperiod INT,
   credit DECIMAL(3,1) ,
   ctno CHAR(4),
   brief VARCHAR(255),
   FULLTEXT INDEX FT_brief(brief)
);
```

上述 SQL 语句执行后，使用 SHOW CREATE TABLE 语句查看 course_2 表的结构，结果如图 7-4 所示。

```
mysql> show create table course_2\G
*************************** 1. row ***************************
       Table: course_2
Create Table: CREATE TABLE `course_2` (
  `cno` char(4) NOT NULL,
  `cname` varchar(40) DEFAULT NULL,
  `cperiod` int(11) DEFAULT NULL,
  `credit` decimal(3,1) DEFAULT NULL,
  `ctno` char(4) DEFAULT NULL,
  `brief` varchar(255) DEFAULT NULL,
  PRIMARY KEY (`cno`),
  FULLTEXT KEY `FT_brief` (`brief`)
) ENGINE=InnoDB DEFAULT CHARSET=utf8mb4 COLLATE=utf8mb4_0900_ai_ci
1 row in set (0.00 sec)
```

图 7-4　使用 SHOW CREATE TABLE 语句查看 course_2 表的结构

从图 7-4 可以看出，brief 字段上已经创建了一个名称为 FT_brief 的全文索引。

【例 7-4】 创建一个名为 e_0 的表，在数据类型为 GEOMETRY 的 space 字段上创建空间索引。

对应的 SQL 语句如下：

```
CREATE TABLE e_0
(  space GEOMETRY NOT NULL,
   SPATIAL INDEX sp(space)
) ENGINE=MyISAM;
```

上述 SQL 语句执行后，使用 SHOW CREATE TABLE 语句查看 e_0 表的结构，结果如图 7-5 所示。

```
mysql> show create table e_0\G
*************************** 1. row ***************************
       Table: e_0
Create Table: CREATE TABLE `e_0` (
  `space` geometry NOT NULL,
  SPATIAL KEY `sp` (`space`)
) ENGINE=MyISAM DEFAULT CHARSET=utf8mb4 COLLATE=utf8mb4_0900_ai_ci
1 row in set (0.01 sec)
```

图 7-5　使用 SHOW CREATE TABLE 语句查看 e_0 表的结构

从图 7-5 可以看出，e_0 表中的 space 字段上已经创建了一个名称为 sp 的空间索引。

需要注意的是，创建空间索引的字段的值不能为空。

【例 7-5】创建 course_3 表，同时对 course_3 表中的 cname 字段创建名为 IDX_cname 的单列索引，索引长度为 10。

对应的 SQL 语句如下：

```
CREATE TABLE course_3
(  cno CHAR(4) NOT NULL PRIMARY KEY,
   cname VARCHAR(40),
   cperiod INT,
   credit DECIMAL(3,1),
   ctno CHAR(4),
   brief VARCHAR(255),
   INDEX IDX_cname(cname(10))
);
```

上述 SQL 语句执行后，使用 SHOW CREATE TABLE 语句查看 course_3 表的结构，结果如图 7-6 所示。

```
mysql> show create table course_3\G
*************************** 1. row ***************************
       Table: course_3
Create Table: CREATE TABLE `course_3` (
  `cno` char(4) NOT NULL,
  `cname` varchar(40) DEFAULT NULL,
  `cperiod` int(11) DEFAULT NULL,
  `credit` decimal(3,1) DEFAULT NULL,
  `ctno` char(4) DEFAULT NULL,
  `brief` varchar(255) DEFAULT NULL,
  PRIMARY KEY (`cno`),
  KEY `IDX_cname` (`cname`(10))
) ENGINE=InnoDB DEFAULT CHARSET=utf8mb4 COLLATE=utf8mb4_0900_ai_ci
1 row in set (0.00 sec)
```

图 7-6　使用 SHOW CREATE TABLE 语句查看 course_3 表的结构

从图 7-6 可以看出，cname 字段上已经创建了一个名称为 IDX_cname 的单列索引，长度为 10。

【例 7-6】创建 elective_1 表，在该表中的 sno 和 cno 字段上建立多列索引。

对应的 SQL 语句如下：

```
CREATE TABLE elective_1
(  sno CHAR(8) NOT NULL,
   cno CHAR(4) NOT NULL,
   score INT,
```

```
    INDEX IDX_multi(sno,cno)
);
```

上述 SQL 语句执行后，使用 SHOW CREATE TABLE 语句查看 elective_1 表的结构，结果如图 7-7 所示。

```
mysql> show create table elective_1\G
*************************** 1. row ***************************
       Table: elective_1
Create Table: CREATE TABLE `elective_1` (
  `sno` char(8) NOT NULL,
  `cno` char(4) NOT NULL,
  `score` int(11) DEFAULT NULL,
  KEY `IDX_multi` (`sno`,`cno`)
) ENGINE=InnoDB DEFAULT CHARSET=utf8mb4 COLLATE=utf8mb4_0900_ai_ci
1 row in set (0.00 sec)
```

图 7-7　使用 SHOW CREATE TABLE 语句查看 elective_1 表的结构

从图 7-7 可以看出，sno 和 cno 字段上已经创建了一个名称为 IDX_multi 的多列索引。

需要注意的是，在多列索引中，只有查询条件中使用了多列索引的第一个字段时，索引才会被使用。

使用 EXPLAIN 语句查看将 sno 字段作为查询条件时索引的使用情况，执行结果如图 7-8 所示。

```
mysql> explain select * from elective_1 where sno='10102002'\G
*************************** 1. row ***************************
           id: 1
  select_type: SIMPLE
        table: elective_1
   partitions: NULL
         type: ref
possible_keys: IDX_multi
          key: IDX_multi
      key_len: 32
          ref: const
         rows: 1
     filtered: 100.00
        Extra: Using index condition
1 row in set, 1 warning (0.00 sec)
```

图 7-8　使用 EXPLAIN 语句查看将 sno 字段作为查询条件时索引的使用情况

从图 7-8 可以看出，possible_keys 和 key 的值都为 IDX_multi，这说明 IDX_multi 索引已经存在并在此次查询中被使用了。

使用 EXPLAIN 语句查看将 cno 字段作为查询条件时索引的使用情况，执行结果如图 7-9 所示。

```
mysql> explain select * from elective_1 where cno='c002'\G
*************************** 1. row ***************************
           id: 1
  select_type: SIMPLE
        table: elective_1
   partitions: NULL
         type: ALL
possible_keys: NULL
          key: NULL
      key_len: NULL
          ref: NULL
         rows: 1
     filtered: 100.00
        Extra: Using where
1 row in set, 1 warning (0.00 sec)
```

图 7-9　使用 EXPLAIN 语句查看将 cno 字段作为查询条件时索引的使用情况

从图 7-9 可以看出，possible_keys 和 key 的值都为 NULL，这说明 IDX_multi 索引在此次查询中没有被使用。

2．在已经存在的表上使用 CREATE INDEX 语句创建索引

CREATE INDEX 语句基本的语法格式如下：

```
CREATE [UNIQUE] [FULLTEXT] [SPATIAL] INDEX 索引名
ON 表名(字段名[(长度)] [ASC | DESC] [,…]);
```

此语法格式中的参数与 CREATE TABLE 语句中创建索引的参数含义相同。

为了便于学习 CREATE INDEX 语句，先创建一个没有任何索引的学生表 stu，该表中包含 sno、sname、sgender、sbirth、sclass、sresume 字段。

创建 stu 表的 SQL 语句如下：

```
CREATE TABLE stu
(   sno CHAR(8) NOT NULL,
    sname VARCHAR(10) NOT NULL,
    sgender CHAR(1),
    sbirth DATE,
    sclass VARCHAR(20),
    sresume VARCHAR(255)
);
```

【例 7-7】对 stu 表的 sname 字段创建名为 stu_name 的普通索引。

SQL 语句如下：

```
CREATE INDEX stu_name ON stu(sname);
```

【例 7-8】对 stu 表的 sno 字段创建名为 stu_sno 的唯一索引。

SQL 语句如下：

```
CREATE  UNIQUE INDEX stu_sno ON stu(sno);
```

【例 7-9】对 stu 表的 sresume 字段创建名为 stu_sresume 的全文索引。

SQL 语句如下：

```
CREATE  FULLTEXT INDEX stu_sresume ON stu(sresume);
```

【例 7-10】对 stu 表的 sname 和 sclass 字段创建名为 stu_sname_sclass 的多列索引。

SQL 语句如下：

```
CREATE INDEX stu_sname_sclass ON stu(sname,sclass);
```

上述 SQL 语句执行后，使用 SHOW CREATE TABLE 语句查看 stu 表的结构，结果如图 7-10 所示。

```
mysql> show create table stu\G
*************************** 1. row ***************************
       Table: stu
Create Table: CREATE TABLE `stu` (
  `sno` char(8) NOT NULL,
  `sname` varchar(10) NOT NULL,
  `sgender` char(1) DEFAULT NULL,
  `sbirth` date DEFAULT NULL,
  `sclass` varchar(20) DEFAULT NULL,
  `sresume` varchar(255) DEFAULT NULL,
  UNIQUE KEY `stu_sno` (`sno`),
  KEY `stu_name` (`sname`),
  KEY `stu_sname_sclass` (`sname`,`sclass`),
  FULLTEXT KEY `stu_sresume` (`sresume`)
) ENGINE=InnoDB DEFAULT CHARSET=utf8mb4 COLLATE=utf8mb4_0900_ai_ci
1 row in set (0.00 sec)
```

图 7-10　使用 SHOW CREATE TABLE 语句查看 stu 表的结构

从图 7-10 可以看出，stu 表中的 sno 字段上创建了唯一索引，sname 字段上创建了普通索引，sresume 字段上创建了全文索引，sname 和 sclass 两个字段上创建了多列索引。

【例 7-11】 创建一个名为 e_1 的表，在数据类型为 GEOMETRY 的 space 字段上创建空间索引。

（1）创建 e_1 表。

SQL 语句如下：

```
CREATE TABLE e_1
(   space GEOMETRY NOT NULL
)ENGINE=MyISAM;
```

（2）在 e_1 表的 space 字段上创建空间索引。

SQL 语句如下。

```
CREATE SPATIAL INDEX sp_space ON e_1(space);
```

3. 在已经存在的表上使用 ALTER TABLE 语句创建索引

其语法格式如下：

```
ALTER TABLE 表名
ADD [UNIQUE|FULLTEXT|SPATIAL] INDEX 索引名(字段名[(长度)] [ASC|DESC]);
```

为举例说明，先将上面的 stu 表删除，再重新建立一个没有任何索引的 stu 表。

【例 7-12】 对 stu 表的 sname 字段创建名为 stu_sname 的普通索引。

SQL 语句如下：

```
ALTER TABLE stu ADD INDEX stu_sname(sname);
```

【例 7-13】 对 stu 表的 sno 字段创建名为 stu_sno 的唯一索引。

SQL 语句如下：

```
ALTER TABLE stu ADD UNIQUE INDEX stu_sno(sno);
```

【例 7-14】 对 stu 表的 sresume 字段创建名为 stu_sresume 的全文索引。

SQL 语句如下：

```
ALTER TABLE stu ADD FULLTEXT INDEX stu_sresume(sresume);
```

【例 7-15】 对 stu 表的 sname 和 sclass 字段创建名为 stu_sname_sclass 的多列索引。

SQL 语句如下：

```
ALTER TABLE stu ADD INDEX stu_sname_sclass(sname,sclass);
```

在上述 SQL 语句执行后，使用 SHOW CREATE TABLE 语句查看 stu 表的结构，结果如图 7-11 所示。

```
mysql> show create table stu\G
*************************** 1. row ***************************
       Table: stu
Create Table: CREATE TABLE `stu` (
  `sno` char(8) NOT NULL,
  `sname` varchar(10) NOT NULL,
  `sgender` char(1) DEFAULT NULL,
  `sbirth` date DEFAULT NULL,
  `sclass` varchar(20) DEFAULT NULL,
  `sresume` varchar(255) DEFAULT NULL,
  UNIQUE KEY `stu_sno` (`sno`),
  KEY `stu_sname` (`sname`),
  KEY `stu_sname_sclass` (`sname`,`sclass`),
  FULLTEXT KEY `stu_sresume` (`sresume`)
) ENGINE=InnoDB DEFAULT CHARSET=utf8mb4 COLLATE=utf8mb4_0900_ai_ci
1 row in set (0.00 sec)
```

图 7-11　使用 SHOW CREATE TABLE 语句查看 stu 表的结构

从图 7-11 可以看出，stu 表中的 sno 字段上创建了唯一索引，sname 字段上创建了普通索引，sresume 字段上创建了全文索引，sname 和 sclass 两个字段上创建了多列索引。

【例 7-16】创建一个名为 e_2 的表，在数据类型为 GEOMETRY 的 space 字段上创建空间索引。

（1）创建 e_2 表。

SQL 语句如下：

```
CREATE TABLE e_2
(  space GEOMETRY NOT NULL
)ENGINE=MyISAM;
```

（2）在 e_2 表的 space 字段上创建空间索引。

SQL 语句如下：

```
ALTER TABLE e_2 ADD SPATIAL INDEX sp_space(space);
```

7.1.5 删除索引

如果某些索引降低了数据库的性能，或者根本就没有必要使用该索引，可以考虑将该索引删除。删除索引有两种方式，具体如下。

1. 使用 DROP INDEX 删除索引

其语法格式如下：

```
DROP INDEX 索引名 ON 表名;
```

【例 7-17】使用 DROP INDEX 将 stu 表中的 stu_sno 索引删除。

SQL 语句如下：

```
DROP INDEX stu_sno ON stu;
```

2. 使用 ALTER TABLE 删除索引

其语法格式如下：

```
ALTER TABLE 表名 DROP INDEX 索引名;
```

【例 7-18】使用 ALTER TABLE 将 stu 表中的 stu_sname 索引删除。

SQL 语句如下：

```
ALTER TABLE stu DROP INDEX stu_sname;
```

7.2 视图

在前面章节中，所操作的数据表都是在数据库中真实存在的表，其实数据库中还有一种对象，它和真实存在的表一样，都包含字段名和数据，但在数据库中并没有这个表，这就是视图。

7.2.1 视图的基本概念

视图是一种数据库对象，是从一个或多个基表（或视图）导出的虚拟表。视图的结构和数据是对数据表进行查询的结果。

可以通过定义 SELECT 语句检索将在视图中显示的数据来创建视图。SELECT 语句引用的数据表称为视图的基表。视图可以被看成虚拟表或存储查询。可通过视图访问的数据，不能作为对象存储在数据库内。

视图被定义后便存储在数据库中，通过视图看到的数据只是存放在基表中的数据。当对通过视图看到的数据进行修改时，相应的基表的数据也会发生变化；同样地，若基表的数据发生变化，这种变化也会自动地反映到视图中。

视图可以是一个数据表的一部分，也可以是多个基表数据的连接查询的结果；视图也可以由一个或多个其他视图产生。

视图通常用来进行以下 3 种操作。

- 筛选表中的行。
- 防止未经许可的用户访问敏感数据。
- 将多个物理数据表抽象为一个逻辑数据表。

视图的操作和基表类似，但是数据库管理系统对视图的更新操作（INSERT、DELETE、UPDATE）往往存在一定的限制，数据库管理系统对视图进行的权限管理和基表也有所不同。

视图可以提高数据的逻辑独立性，也可以提高一定的安全性。

7.2.2 视图的优点

视图只是保存在数据库中的 SELECT 查询。因此，对查询执行的大多数操作也可在视图上进行。也就是说，视图只是给查询起了一个名字，把它作为对象保存在数据库中。查看视图中查询的执行结果只需使用简单的 SELECT 语句即可。视图是定义在基表（视图的数据源）之上的，对视图的一切操作最终会转换为对基表的操作。

为什么要引入视图呢？这是由于视图具有如下优点。

（1）视图能够简化用户的操作。视图使用户可以将注意力集中在所关心的数据上，如果这些数据不是直接来自基表，则可以通过定义视图，使用户看到的数据的结构简单、清晰，并且可以简化用户的数据查询操作。例如，那些定义了若干张表连接查询的视图，就是将表与表之间的连接操作对用户隐藏起来。换句话说，用户所做的只是对一个虚拟表的简单查询，而这个虚拟表中的数据是怎样得到的，用户无须了解。

（2）视图使用户能从多种角度看待同一数据。视图的机制能使不同的用户以不同的方式看待同一数据，当许多不同类型的用户使用同一个数据库时，这种灵活性是非常重要的。

（3）视图对重构数据库提供一定程度的逻辑独立性。数据的逻辑独立性是指当数据库重构（如增加新的表或对原表增加新的字段等）时，用户和用户程序不受影响。

（4）视图能够对机密数据提供安全保护。有了视图机制，就可以在设计数据库应用系统时，对不同的用户定义不同的视图，使机密数据不出现在不应看到这些数据的用户视图上，这样就由视图的机制自动提供了对机密数据的安全保护功能。

7.2.3 创建视图

在 MySQL 中，使用 CREATE VIEW 语句创建视图。语法格式如下：

视频 7-2 创建视图

```
CREATE [OR REPLACE] [ALGORITHM={UNDEFINED|MERGE|TEMPTABLE}]
VIEW 视图名[(字段名列表)]
AS
SELECT 语句
[ WITH [CASCADED|LOCAL] CHECK OPTION ]
```

语法格式中相关子句和参数说明如下。

（1）OR REPLACE：表示当已有同名的视图时，将用新创建的视图覆盖原视图。

（2）ALGORITHM：可选项，表示视图的算法。ALGORITHM 可取 3 个值：MERGE、TEMPTABLE 或 UNDEFINED。如果没有 ALGORITHM 子句，默认算法是 UNDEFINED（未定义的）。算法会影响 MySQL 处理视图的方式。

MERGE：会将引用视图的语句的文本与视图定义合并起来，使得视图定义的某一部分取代该语句的对应部分。

TEMPTABLE：视图的结果将被置于临时表中，然后使用临时表执行语句。

UNDEFINED：由 MySQL 选择所要使用的算法。如果可能，它倾向于使用 MERGE 算法而不是 TEMPTABLE 算法，这是因为 MERGE 通常更有效，而且如果使用了临时表，则视图是不可更新的。

（3）字段名列表：指定视图中查询结果的字段名，如果没有此可选项，视图查询结果的字段名和视图中 SELECT 子句中的字段名一致。

（4）WITH CHECK OPTION：对于可更新视图，WITH CHECK OPTION 子句用来防止插入或更新行，除非作用在行上的 SELECT 语句中的 WHERE 子句的值为 TRUE。

在可更新视图中加入 WITH CHECK OPTION 子句，当视图是根据另一个视图定义的时候，LOCAL 和 CASCADED 关键字决定了检查测试的范围。LOCAL 关键字对 CHECK OPTION 进行限制，使其仅作用在定义的视图上，CASCADED 会对该视图相关的所有视图和基表进行检查。如果未给定 LOCAL 或 CASCADED 关键字，默认值为 CASCADED。

创建视图要求创建者具有针对视图的 CREATE VIEW 权限，以及针对由 SELECT 语句选择的每一列上的某些权限。对于在 SELECT 语句中其他地方使用的列，必须具有 SELECT 权限。如果还有 OR REPLACE 子句，必须在视图上具有 DROP 权限。

视图是数据库中的对象。在默认情况下，将在当前数据库中创建新视图。要想在指定数据库中创建视图，应在视图名称前指定数据库的名字，格式为“数据库名.视图名”。

【例 7-19】 在 stu_course 数据库中创建一个基于 teacher 表的视图 teacher_view，要求查询并输出所有教师的姓名、职称。

先把当前数据库设为 stu_course 数据库，然后执行以下 SQL 语句：

```
CREATE VIEW teacher_view
AS
SELECT tname,tgender,tpro FROM teacher;
```

执行上述语句后，就在 stu_course 数据库中创建了视图 teacher_view。

使用 SELECT 语句查询 teacher_view 视图，结果如图 7-12 所示。

```
mysql> SELECT * FROM teacher_view;
+-----------+---------+-----------+
| tname     | tgender | tpro      |
+-----------+---------+-----------+
| 吴亚飞    | 男      | 讲师      |
| 李琦      | 男      | 副教授    |
| 王艳红    | 女      | 讲师      |
| 马志超    | 男      | 教授      |
| 万丽      | 女      | 助理讲师  |
| 张小得    | 男      | 副教授    |
| 赵楠      | 女      | 教授      |
+-----------+---------+-----------+
7 rows in set (0.00 sec)
```

图 7-12　查询 teacher_view 视图

【例 7-20】在 stu_course 数据库中创建一个基于 teacher 表的视图 teacher1_view，要求查询并输出所有教师的姓名、性别、职称，并将视图中的字段名设为"教师姓名""教师性别""教师职称"。

先把当前数据库设为 stu_course 数据库，然后执行以下 SQL 语句：

```
CREATE VIEW teacher1_view(教师姓名,教师性别,教师职称)
AS
SELECT tname,tgender,tpro FROM teacher;
```

执行上述语句后，就在 stu_course 数据库中创建了视图 teacher1_view。

使用 SELECT 语句查询 teacher1_view 视图，结果如图 7-13 所示。

```
mysql> SELECT * FROM teacher1_view;
+-------------+-------------+-------------+
| 教师姓名    | 教师性别    | 教师职称    |
+-------------+-------------+-------------+
| 吴亚飞      | 男          | 讲师        |
| 李琦        | 男          | 副教授      |
| 王艳红      | 女          | 讲师        |
| 马志超      | 男          | 教授        |
| 万丽        | 女          | 助理讲师    |
| 张小得      | 男          | 副教授      |
| 赵楠        | 女          | 教授        |
+-------------+-------------+-------------+
7 rows in set (0.00 sec)
```

图 7-13　查询 teacher1_view 视图

从图 7-12 和图 7-13 可以看出，teacher_view 视图和 teacher1_view 视图中虽然字段名称不同，但是数据却是相同的。这是因为两个视图引用的是同一个表，并且视图中的 SELECT 语句也一样，只是在视图 teacher1_view 中指定了视图中数据的字段名。

【例 7-21】在 stu_course 数据库中创建一个基于 studentinfo 表、course 表和 elective 表的视图 nopass_view，要求查询并输出所有不及格学生的学号、姓名、课程名、成绩。

先把当前数据库设为 stu_course 数据库，然后执行以下 SQL 语句：

```
CREATE VIEW nopass_view
AS
SELECT a.sno AS 学号,sname AS 姓名,cname AS 课程名,
```

```
score AS 成绩 FROM studentinfo a INNER JOIN elective b ON a.sno=b.sno
INNER JOIN course c ON b.cno=c.cno
WHERE score<60;
```

使用 SELECT 语句查询 nopass_view 视图，结果如图 7-14 所示。

```
mysql> SELECT * FROM nopass_view;
+----------+--------+----------+--------+
| 学号     | 姓名   | 课程名   | AS成绩 |
+----------+--------+----------+--------+
| 10102001 | 王斌   | 文学欣赏 |     50 |
| 11101001 | 刘淑芳 | 文学欣赏 |     49 |
| 10101001 | 张永峰 | 音乐欣赏 |     51 |
+----------+--------+----------+--------+
3 rows in set (0.01 sec)
```

图 7-14　查询 nopass_view 视图

7.2.4　查看视图

查看视图，是指查看数据库中已经存在的视图的定义。查看视图必须有 SHOW VIEW 的权限。查看视图的方式有 3 种，具体如下。

视频 7-3　查看、修改和删除视图

1. 使用 DESCRIBE 语句查看视图

在 MySQL 中，使用 DESCRIBE 语句可以查看视图的字段信息，包括字段名、字段类型等。DESCRIBE 语句的语法格式如下：

```
DESCRIBE 视图名;
```

或简写为：

```
DESC 视图名;
```

【例 7-22】查看视图 teacher_view 的基本信息。

SQL 语句如下：

```
DESCRIBE  teacher_view;
```

执行结果如图 7-15 所示。

```
mysql> DESCRIBE  teacher_view;
+---------+-------------+------+-----+---------+-------+
| Field   | Type        | Null | Key | Default | Extra |
+---------+-------------+------+-----+---------+-------+
| tname   | varchar(10) | NO   |     | NULL    |       |
| tgender | char(1)     | YES  |     | NULL    |       |
| tpro    | varchar(8)  | YES  |     | NULL    |       |
+---------+-------------+------+-----+---------+-------+
3 rows in set (0.03 sec)
```

图 7-15　视图 teacher_view 的基本信息

图 7-15 显示结果中各列的含义如下。

（1）Field：视图中的字段名。

（2）Type：字段的数据类型。

（3）Null：表示该字段是否允许存放空值。

（4）Key：表示该字段是否已经有索引。

（5）Default：表示该字段是否有默认值。

（6）Extra：表示该字段的附加信息。

2. 使用 SHOW TABLE STATUS 语句查看视图

在 MySQL 中，使用 SHOW TABLE STATUS 语句可以查看视图的定义信息。其语法格式如下：

```
SHOW TABLE STATUS LIKE '视图名';
```

其中，“LIKE”表示后面是匹配字符串，“视图名”是要查看的视图名称，可以是一个具体的视图名，也可以包含通配符，代表要查看的多个视图。视图名称要用单引号标注。

【例 7-23】 使用 SHOW TABLE STATUS 语句查看视图 teacher_view 的定义信息。

SQL 语句如下：

```
SHOW TABLE STATUS LIKE 'teacher_view'\G
```

执行结果如图 7-16 所示。

```
mysql> SHOW TABLE STATUS LIKE 'teacher_view'\G
*************************** 1. row ***************************
           Name: teacher_view
         Engine: NULL
        Version: NULL
     Row_format: NULL
           Rows: NULL
 Avg_row_length: NULL
    Data_length: NULL
Max_data_length: NULL
   Index_length: NULL
      Data_free: NULL
 Auto_increment: NULL
    Create_time: 2021-08-17 16:06:38
    Update_time: NULL
     Check_time: NULL
      Collation: NULL
       Checksum: NULL
 Create_options: NULL
        Comment: VIEW
1 row in set (0.03 sec)
```

图 7-16　使用 SHOW TABLE STATUS 查看视图

从图 7-16 可以看到，Comment 的值为 VIEW，这说明所查看的 teacher_view 是一个视图；Engine（存储引擎）、Data_length（数据长度）、Index_length（索引长度）等信息都显示为 NULL，这说明该视图是虚拟表。用 SHOW TABLE STATUS 语句查看 teacher 表，结果如图 7-17 所示，比较一下表和视图显示结果的不同。

```
mysql> SHOW TABLE STATUS LIKE 'teacher'\G
*************************** 1. row ***************************
           Name: teacher
         Engine: InnoDB
        Version: 10
     Row_format: Dynamic
           Rows: 7
 Avg_row_length: 2340
    Data_length: 16384
Max_data_length: 0
   Index_length: 0
      Data_free: 0
 Auto_increment: NULL
    Create_time: 2021-08-13 09:22:16
    Update_time: NULL
     Check_time: NULL
      Collation: utf8mb4_0900_ai_ci
       Checksum: NULL
 Create_options:
        Comment:
1 row in set (0.05 sec)
```

图 7-17　使用 SHOW TABLE STATUS 查看 teacher 表

在表的显示信息中，Engine、Data_length、Index_length 等项都有具体的值，但是 Comment 项没有信息，说明这是表而不是视图，这就是视图和普通表的区别。

3. 使用 SHOW CREATE VIEW 语句查看视图

在 MySQL 中，使用 SHOW CREATE VIEW 语句不仅可以查看视图的定义语句，还可以查看视图的字符编码。SHOW CREATE VIEW 语句的语法格式如下：

```
SHOW CREATE VIEW  视图名;
```

【例 7-24】使用 SHOW CREATE VIEW 语句查看视图 teacher_view。

SQL 语句如下：

```
SHOW CREATE VIEW teacher_view\G
```

执行结果如图 7-18 所示。

```
mysql> SHOW CREATE VIEW teacher_view\G
*************************** 1. row ***************************
                View: teacher_view
         Create View: CREATE ALGORITHM=UNDEFINED DEFINER=`root`@`localhost` SQL
SECURITY DEFINER VIEW `teacher_view` AS select `teacher`.`tname` AS `tname`,`tea
cher`.`tgender` AS `tgender`,`teacher`.`tpro` AS `tpro` from `teacher`
character_set_client: utf8mb4
collation_connection: utf8mb4_0900_ai_ci
1 row in set (0.00 sec)
```

图 7-18　使用 SHOW CREATE VIEW 语句查看视图

7.2.5　修改和删除视图

视图创建好后，可以通过命令修改视图的定义；当不需要视图时，可以使用命令将视图删除。

1. 修改视图

修改视图就是修改数据库中已经存在的视图的定义。在 MySQL 中，修改视图的方式有两种，具体如下。

（1）使用 CREATE OR REPLACE VIEW 语句。

语法格式为：

```
CREATE OR REPLACE [ALGORITHM={UNDEFINED|MERGE|TEMPTABLE}]
VIEW 视图名[(字段名列表)]
AS
SELECT 语句
[ WITH [CASCADED|LOCAL] CHECK OPTION ]
```

使用 CREATE OR REPLACE VIEW 语句修改视图时，如果视图已经存在，则用语句中的视图定义修改已存在的视图；如果视图不存在，则创建一个视图。

（2）使用 ALTER VIEW 语句。

语法格式为：

```
ALTER [ALGORITHM={UNDEFINED|MERGE|TEMPTABLE}]
VIEW 视图名[(字段名列表)]
AS
```

```
SELECT 语句
[ WITH [CASCADED|LOCAL] CHECK OPTION ]
```

上述语法格式中的参数含义和 CREATE VIEW 语句中的参数含义一样。

【例 7-25】使用 ALTER VIEW 语句修改视图 teacher_view，使用视图查询并输出所有职称为“讲师”的教师的姓名、职称。

SQL 语句如下：

```
ALTER VIEW teacher_view
AS
SELECT tname AS 姓名,tpro AS 职称 FROM teacher WHERE tpro='讲师';
```

使用 SELECT 语句查询 teacher_view 视图，结果如图 7-19 所示。

```
mysql> SELECT * FROM  teacher_view;
+------------+--------+
| 姓名       | 职称   |
+------------+--------+
| 吴亚飞     | 讲师   |
| 王艳红     | 讲师   |
+------------+--------+
2 rows in set (0.00 sec)
```

图 7-19　查询修改后的 teacher_view 视图

从图 7-19 可以看出，teacher_view 视图中只有职称为“讲师”的教师信息，该视图已经被修改。

2. 删除视图

当视图不再需要时，可以将视图删除。删除视图只是将视图的定义删除，并不会影响基表中的数据。删除视图的语法格式为：

```
DROP VIEW [IF EXISTS] 视图名1[,视图名2...];
```

在上述语法格式中，视图名可以有一个或多个，可同时删除一个或多个视图。视图名之间用逗号分隔。删除视图必须有 DROP VIEW 权限。语句中加 IF EXISTS 可选项，表示删除视图时如果存在指定视图，则将视图删除，如果指定视图不存在，删除操作不会出现错误。

【例 7-26】删除在例 7-25 中创建的视图 teacher_view。

SQL 语句如下：

```
DROP VIEW IF EXISTS teacher_view;
```

上述语句执行后，teacher_view 视图会被删除。为了验证视图是否删除成功，使用 SELECT 语句查询视图，查询结果如图 7-20 所示。

```
mysql> DROP VIEW IF EXISTS teacher_view;
Query OK, 0 rows affected (0.10 sec)

mysql> SELECT * FROM  teacher_view;
ERROR 1146 (42S02): Table 'stu_course.teacher_view' doesn't exist
```

图 7-20　查询删除后的 teacher_view 视图

从图 7-20 可以看出，视图 teacher_view 已经不存在了。

7.2.6 更新视图

视频 7-4 更新视图

更新视图是指通过视图来插入、删除和更新基表中的数据。因为视图是一个虚拟表，其中并没有数据，无论在什么情况下修改视图中的数据，实际上都是通过视图修改基表中的数据。如果满足一些限制条件，可以通过视图自由地插入、删除和更新数据。

1. 使用 INSERT 向视图中插入数据

向视图中插入数据与向基表中插入数据一样，都可以通过 INSERT 语句来实现。插入数据的操作是针对视图中的字段的插入操作，而不是针对基表中所有的字段的插入操作。由于进行插入操作的视图不同于基表，所以使用视图插入数据要满足一定的限制条件，具体如下。

- 使用 INSERT 语句进行插入操作的用户必须有在基表中插入数据的权限，否则插入操作会失败。
- 如果视图中没有包括基表中所有属性为 NOT NULL 的字段，那么插入操作会由于那些字段的 NULL 值而失败。
- 如果在视图中使用了集合函数的结果，或者是包含表达式计算的结果，则插入操作不成功。
- 不能在使用了 DISTINCT、UNION、TOP、GROUP BY 或 HAVING 语句的视图中插入数据。
- 如果在创建视图的 CREATE VIEW 语句中使用了 WITH CHECK OPTION，那么所有对视图进行修改的语句必须符合 WITH CHECK OPTION 中的限定条件。
- 对于由多个基表连接查询而生成的视图来说，一次插入操作只能作用于一个基表。

【例 7-27】在数据库 stu_course 中，基于 studentinfo 表创建一个名为 student_view 的视图。该视图包含所有学生的 sno、sname、sgender 等信息。

SQL 语句如下：

```
CREATE VIEW student_view
AS
SELECT  sno,sname,sgender FROM studentinfo;
```

成功执行上述语句后，使用 SELECT 语句查看该视图中的数据，结果如图 7-21 所示。

```
mysql> SELECT * FROM  student_view;
+----------+----------+---------+
| sno      | sname    | sgender |
+----------+----------+---------+
| 10101001 | 张永峰   | 男      |
| 10101002 | 何小丽   | 女      |
| 10101003 | 张宇     | 男      |
| 10102001 | 王斌     | 男      |
| 10102002 | 包玉明   | 男      |
| 10102003 | 孙平平   | 女      |
| 10102004 | 翁静静   | 女      |
| 11101001 | 刘淑芳   | 女      |
| 11101002 | 王亚旭   | 男      |
| 11101003 | 高磊     | 男      |
+----------+----------+---------+
10 rows in set (0.00 sec)
```

图 7-21 student_view 视图中的数据

接下来向 student_view 视图中插入一条数据，其中，sno 为“11101004”，sname 为“张红雨”，sgender 为“女”。实现上述操作，可以使用下面的 INSERT 语句：

```
INSERT INTO student_view VALUES('11101004', '张红雨','女');
```

成功执行上述语句后，使用 SELECT 语句查看视图 student_view 和表 studentinfo 中的数据，结果如图 7-22 所示。

```
mysql> SELECT * FROM  studentinfo;
+----------+-----------+---------+---------------------+-----------+
| sno      | sname     | sgender | sbirth              | sclass    |
+----------+-----------+---------+---------------------+-----------+
| 10101001 | 张永峰    | 男      | 2002-08-01 00:00:00 | 电子商务201 |
| 10101002 | 何小丽    | 女      | 2001-11-03 00:00:00 | 电子商务201 |
| 10101003 | 张宇      | 男      | 2003-08-21 00:00:00 | 电子商务201 |
| 10102001 | 王斌      | 男      | 2002-07-14 00:00:00 | 网络技术201 |
| 10102002 | 包玉明    | 男      | 2003-11-15 00:00:00 | 网络技术201 |
| 10102003 | 孙平平    | 女      | 2004-02-27 00:00:00 | 网络技术201 |
| 10102004 | 翁静静    | 女      | 2002-05-09 00:00:00 | 网络技术201 |
| 11101001 | 刘淑芳    | 女      | 2002-06-10 00:00:00 | 电子商务211 |
| 11101002 | 王亚旭    | 男      | 2003-03-18 00:00:00 | 电子商务211 |
| 11101003 | 高磊      | 男      | 2004-05-11 00:00:00 | 电子商务211 |
| 11101004 | 张红雨    | 女      | NULL                | NULL      |
+----------+-----------+---------+---------------------+-----------+
11 rows in set (0.00 sec)

mysql> SELECT * FROM  student_view;
+----------+-----------+---------+
| sno      | sname     | sgender |
+----------+-----------+---------+
| 10101001 | 张永峰    | 男      |
| 10101002 | 何小丽    | 女      |
| 10101003 | 张宇      | 男      |
| 10102001 | 王斌      | 男      |
| 10102002 | 包玉明    | 男      |
| 10102003 | 孙平平    | 女      |
| 10102004 | 翁静静    | 女      |
| 11101001 | 刘淑芳    | 女      |
| 11101002 | 王亚旭    | 男      |
| 11101003 | 高磊      | 男      |
| 11101004 | 张红雨    | 女      |
+----------+-----------+---------+
11 rows in set (0.00 sec)
```

图 7-22　向视图中插入数据后视图和表中的数据

从图 7-22 可以看出，新的数据既出现在视图中，也出现在基表中。

2. 使用 UPDATE 更新视图中的数据

在视图中更新数据与在基表中更新数据一样，都可使用 UPDATE 语句。但是当视图的数据是来自多个基表中时，与插入操作一样，每次更新操作只能更新一个基表中的数据；如果通过视图修改存在于多个基表中的数据，则对不同的基表要分别使用 UPDATE 语句。在视图中使用 UPDATE 语句进行更新操作也会受到与插入操作一样的限制。

【例 7-28】将视图 student_view 中 sname 为“张红雨”的学生的 sgender 更新为“男”。

SQL 语句如下：

```
UPDATE student_view SET sgender='男' WHERE sname='张红雨';
```

成功执行上述语句后，使用 SELECT 语句查看视图 student_view 和表 studentinfo 中的数据，结果如图 7-23 所示。

```
mysql> SELECT * FROM  studentinfo;
+----------+--------+---------+---------------------+-------------+
| sno      | sname  | sgender | sbirth              | sclass      |
+----------+--------+---------+---------------------+-------------+
| 10101001 | 张永峰 | 男      | 2002-08-01 00:00:00 | 电子商务201 |
| 10101002 | 何小丽 | 女      | 2001-11-03 00:00:00 | 电子商务201 |
| 10101003 | 张宇   | 男      | 2003-08-21 00:00:00 | 电子商务201 |
| 10102001 | 王斌   | 男      | 2002-07-14 00:00:00 | 网络技术201 |
| 10102002 | 包玉明 | 男      | 2003-11-15 00:00:00 | 网络技术201 |
| 10102003 | 孙平平 | 女      | 2004-02-27 00:00:00 | 网络技术201 |
| 10102004 | 翁静静 | 女      | 2002-05-09 00:00:00 | 网络技术201 |
| 11101001 | 刘淑芳 | 女      | 2002-06-10 00:00:00 | 电子商务211 |
| 11101002 | 王亚旭 | 男      | 2003-03-18 00:00:00 | 电子商务211 |
| 11101003 | 高磊   | 男      | 2004-05-11 00:00:00 | 电子商务211 |
| 11101004 | 张红雨 | 男      | NULL                | NULL        |
+----------+--------+---------+---------------------+-------------+
11 rows in set (0.00 sec)

mysql> SELECT * FROM  student_view;
+----------+--------+---------+
| sno      | sname  | sgender |
+----------+--------+---------+
| 10101001 | 张永峰 | 男      |
| 10101002 | 何小丽 | 女      |
| 10101003 | 张宇   | 男      |
| 10102001 | 王斌   | 男      |
| 10102002 | 包玉明 | 男      |
| 10102003 | 孙平平 | 女      |
| 10102004 | 翁静静 | 女      |
| 11101001 | 刘淑芳 | 女      |
| 11101002 | 王亚旭 | 男      |
| 11101003 | 高磊   | 男      |
| 11101004 | 张红雨 | 男      |
+----------+--------+---------+
11 rows in set (0.00 sec)
```

图 7-23　在视图中更新数据后视图和表中的数据

从图 7-23 可以看出，视图和表中张红雨的性别都变为“男”了。

3. 使用 DELETE 删除数据

通过视图删除数据与在基表中删除数据一样，都可使用 DELETE 语句。在视图中删除的数据，同时也会从基表中被删除。当一个视图使用两个或两个以上的基表进行连接查询时，对视图中数据的删除操作则是不允许的。

【例 7-29】删除视图 student_view 中 sname 为“张红雨”的信息。

SQL 语句如下：

```
DELETE FROM student_view WHERE sname='张红雨';
```

成功执行上述语句后，使用 SELECT 语句查看该视图和表 studentinfo 中的数据，结果如图 7-24 所示。

从图 7-24 可以看出，视图和表中的相应数据都被删除了。

从视图的相关内容可以看出，视图这个概念中蕴含的思想是分层的思想，去除底层的复杂、冗余的东西，抽象出一个中间层，这个中间层与用户更加接近。

```
mysql> SELECT * FROM  studentinfo;
+----------+--------+---------+---------------------+-------------+
| sno      | sname  | sgender | sbirth              | sclass      |
+----------+--------+---------+---------------------+-------------+
| 10101001 | 张永峰 | 男      | 2002-08-01 00:00:00 | 电子商务201 |
| 10101002 | 何小丽 | 女      | 2001-11-03 00:00:00 | 电子商务201 |
| 10101003 | 张宇   | 男      | 2003-08-21 00:00:00 | 电子商务201 |
| 10102001 | 王斌   | 男      | 2002-07-14 00:00:00 | 网络技术201 |
| 10102002 | 包玉明 | 男      | 2003-11-15 00:00:00 | 网络技术201 |
| 10102003 | 孙平平 | 女      | 2004-02-27 00:00:00 | 网络技术201 |
| 10102004 | 翁静静 | 女      | 2002-05-09 00:00:00 | 网络技术201 |
| 11101001 | 刘淑芳 | 女      | 2002-06-10 00:00:00 | 电子商务211 |
| 11101002 | 王亚旭 | 男      | 2003-03-18 00:00:00 | 电子商务211 |
| 11101003 | 高磊   | 男      | 2004-05-11 00:00:00 | 电子商务211 |
+----------+--------+---------+---------------------+-------------+
10 rows in set (0.00 sec)

mysql> SELECT * FROM  student_view;
+----------+--------+---------+
| sno      | sname  | sgender |
+----------+--------+---------+
| 10101001 | 张永峰 | 男      |
| 10101002 | 何小丽 | 女      |
| 10101003 | 张宇   | 男      |
| 10102001 | 王斌   | 男      |
| 10102002 | 包玉明 | 男      |
| 10102003 | 孙平平 | 女      |
| 10102004 | 翁静静 | 女      |
| 11101001 | 刘淑芳 | 女      |
| 11101002 | 王亚旭 | 男      |
| 11101003 | 高磊   | 男      |
+----------+--------+---------+
10 rows in set (0.00 sec)
```

图 7-24　在视图中删除数据后视图和表中的数据

7.3 触发器

前面章节中讲到的存储过程和存储函数，都需要被调用才会执行。数据库中有一种特殊的存储过程，它的执行不需要使用 CALL 语句调用，也不需要手动启动，只要一个预定义的事件发生它就会被 MySQL 自动调用，这就是触发器。

7.3.1 触发器概述

触发器是 MySQL 5.0 后具有的功能。触发器是一种与表操作（INSERT、UPDATE、DELETE）有关的数据库对象。触发器定义了一系列操作，这一系列操作称为触发程序。当触发器所在表上出现 INSERT、UPDATE 以及 DELETE 操作时，将激活触发器，即表的操作事件会触发表上的触发程序的执行。

视频 7-5　触发器的概念和创建触发器

触发器基于一个表创建，但是触发程序可以针对多个表进行操作，所以触发器可以用来对表实施复杂的完整性约束。

触发器具有以下优点。

（1）触发器自动执行。当对表进行 INSERT、UPDATE 以及 DELETE 操作，即试图修改表中的数据时，相应操作的触发器立即自动执行。

（2）触发器可以对数据库中相关表进行层叠更改。这比直接把代码写在前端的做法更安全、更合理。

（3）触发器可以实现表的约束实现不了的复杂约束。在触发程序中可以引用其他表中的字段，从而实现多表之间的数据约束。

（4）触发器可以维护冗余数据，实现外键级联选项等。

7.3.2 创建触发器

创建触发器需要用 CREATE TRIGGER 语句。CREATE TRIGGER 语句的语法格式如下：

```
CREATE TRIGGER 触发器名
AFTER/BEFORE INSERT/UPDATE/DELETE ON 表名
FOR EACH ROW
  BEGIN
    SQL 语句;#触发程序
  END;
```

相关说明如下。

（1）触发器是数据库对象，因此创建触发器时，需要指定该触发器属于哪一个数据库。

（2）触发器是在表上创建的。这个表必须是基表，不能是临时表，也不能是视图。

（3）MySQL 触发器的触发事件有 3 种：INSERT、UPDATE 及 DELETE。

- INSERT：将新记录插入表时激活触发器。
- UPDATE：更改表中的记录时激活触发器。
- DELETE：从表中删除记录时激活触发器。

（4）触发器的触发时间有两种：BEFORE 和 AFTER。

BEFORE 表示在触发事件发生之前执行触发程序，AFTER 表示在触发事件发生之后执行触发程序。

（5）FOR EACH ROW 表示行级触发器。

目前，MySQL 仅支持行级触发器，不支持语句级别的触发器。FOR EACH ROW 表示 INSERT、UPDATE 及 DELETE 操作影响的每一条记录都会执行一次触发程序。

（6）触发程序中的 SELECT 语句不能产生结果集。

（7）触发程序中可以使用 OLD 关键字与 NEW 关键字。

- 当向表中插入新记录时，在触发程序中可以使用 NEW 关键字来表示新记录。当需要访问新记录中的某个字段时，可以使用“NEW.字段名”进行访问。
- 当从表中删除某条记录时，在触发程序中可以使用 OLD 关键字来表示要删除的记录。当需要访问要删除的记录中的某个字段时，可以使用“OLD.字段名”进行访问。
- 当修改表中的某条记录时，在触发程序中可以使用 NEW 关键字来表示修改后的记录，使用 OLD 关键字来表示修改前的记录。当需要访问修改后的记录中的某个字段时，可以使用“NEW.字段名”进行访问。当需要访问修改前的记录中的某个字段时，可以使用“OLD.字段名”进行访问。

- OLD 记录是只读的，在触发程序中只能引用它，但不能更改它。在 BEFORE 触发程序中，可使用“SET NEW.字段名=值”更改 NEW 记录的值。但在 AFTER 触发程序中，不能使用“SET NEW.字段名=值”更改 NEW 记录的值。
- 对于 INSERT 操作，只有 NEW 是合法的。对于 DELETE 操作，只有 OLD 是合法的。对于 UPDATE 操作，NEW 和 OLD 都是合法的。

7.3.3 触发器的使用

触发器除了用来监控表的修改，还常常用来实现表的检查约束、维护冗余数据以及实现多表外键级联选项。

1. 使用触发器实现检查约束

在 MySQL 中，可以使用复合数据类型 SET 或 ENUM 对字段的取值范围实现检查约束，也可以对离散的字符串数据实现检查约束。对于数值型的字段的检查约束，不建议使用 SET 或者 ENUM 实现，可以用检查约束实现，也可以使用触发器实现。

【例 7-30】 使用触发器实现检查约束，在向 elective 表插入记录时，score 字段的值或者为空，或者为 0～100。如果 score 字段的值不满足要求，小于 0 则填为 0，大于 100 则填为 100。

对应的 SQL 语句如下：

```
USE stu_course;
DELIMITER  //
CREATE TRIGGER tr_elective_insert BEFORE INSERT ON elective FOR EACH ROW
  BEGIN
    IF(NEW.score IS NOT NULL&&NEW.score<0)
    THEN
      SET NEW.score=0;
    ELSEIF(NEW.score IS NOT NULL&&NEW.score>100)
        THEN
          SET NEW.score=100;
    END IF;
  END //
DELIMITER ;
```

这个触发器的触发时间是 BEFORE，这表示在将记录插入表中之前先执行触发程序。在触发程序中判断新插入的记录的 score 字段的值是不是小于 0 或者大于 100，若是则将 score 字段的值改为 0 或 100，再插入表中。

下面用一条 INSERT 语句测试 tr_elective_insert 触发器，执行结果如图 7-25 所示。

【例 7-31】 使用触发器实现检查约束，在对 elective 表修改记录时，要修改的记录的 score 字段的值或者为空，或者为 0～100。如果 score 字段的值不满足要求，则记录不能被修改。

对应的 SQL 语句如下：

```
USE stu_course;
DELIMITER  //
CREATE TRIGGER tr_elective_UPDATE BEFORE UPDATE on elective
```

```
FOR EACH ROW
  BEGIN
    IF(NEW.score IS NOT NULL&&NEW.score NOT BETWEEN 0 AND 100)
    THEN
      SET NEW.score=OLD.score;
    END IF;
  END //
DELIMITER ;
```

```
mysql> INSERT INTO elective VALUES('10101001','c002',200);
Query OK, 1 row affected (0.15 sec)

mysql> SELECT * FROM elective;
+----------+------+-------+
| sno      | cno  | score |
+----------+------+-------+
| 10101001 | c001 |    73 |
| 10101001 | c002 |   100 |
| 10101001 | c003 |    81 |
| 10101001 | c004 |    51 |
| 10101002 | c001 |    78 |
| 10101003 | c003 |    69 |
| 10102001 | c001 |    50 |
```

图 7-25　使用触发器实现检查约束（1）

下面用一条 UPDATE 语句测试 tr_elective_UPDATE 触发器，执行结果如图 7-26 所示。

```
mysql> UPDATE elective SET score=-30 WHERE sno='10101001' AND cno='c002';
Query OK, 0 rows affected (0.11 sec)
Rows matched: 1  Changed: 0  Warnings: 0

mysql> SELECT * FROM elective;
+----------+------+-------+
| sno      | cno  | score |
+----------+------+-------+
| 10101001 | c001 |    73 |
| 10101001 | c002 |   100 |
| 10101001 | c003 |    81 |
| 10101001 | c004 |    51 |
| 10101002 | c001 |    78 |
| 10101003 | c003 |    69 |
| 10102001 | c001 |    50 |
```

图 7-26　使用触发器实现检查约束（2）

这个触发器的触发时间是 BEFORE，这表示在记录的更新操作执行前先执行触发程序。在触发程序中判断更新的 score 字段的值是不是满足要求，如果不满足要求，则将要更新 score 字段的值修改为原来 score 字段的值，然后对记录进行更新操作。

2. 使用触发器维护冗余数据

冗余的数据需要额外的维护。维护冗余数据时，为了避免数据不一致问题的发生，最好由系统（例如触发器）自动维护。

【例 7-32】使用触发器实现：当一位教师退休或调离时，将该教师的信息放入 old_teacher 表中。old_teacher 表结构如图 7-27 所示。

对应的 SQL 语句如下：

```
USE stu_course;
DELIMITER  //
CREATE TRIGGER tr_teacher_delete AFTER DELETE on teacher FOR EACH ROW
```

```
  BEGIN
    INSERT INTO old_teacher(tname,tgender,tedu,tpro)
    VALUES(OLD.tname, OLD.tgender,OLD.tedu,OLD.tpro);
  END //
DELIMITER ;
```

```
mysql> DESC old_teacher;
+---------+-------------+------+-----+---------+----------------+
| Field   | Type        | Null | Key | Default | Extra          |
+---------+-------------+------+-----+---------+----------------+
| no      | int(11)     | NO   | PRI | NULL    | auto_increment |
| tname   | varchar(8)  | NO   |     | NULL    |                |
| tgender | char(2)     | YES  |     | NULL    |                |
| tedu    | varchar(10) | YES  |     | NULL    |                |
| tpro    | varchar(10) | YES  |     | NULL    |                |
+---------+-------------+------+-----+---------+----------------+
5 rows in set (0.05 sec)
```

图 7-27　old_teacher 表结构

下面用一条 DELETE 语句测试 tr_teacher_delete 触发器。先用 SELECT 语句查询 teacher 表中的数据，查询结果如图 7-28 所示。将 teacher 表中的 tno 为“t006”的记录删除，删除记录后 teacher 表和 old_teacher 表中的数据如图 7-29 所示。

```
mysql> SELECT * FROM teacher;
+------+--------+---------+------------+----------+
| tno  | tname  | tgender | tedu       | tpro     |
+------+--------+---------+------------+----------+
| t001 | 吴亚飞 | 男      | 本科       | 讲师     |
| t002 | 李琦   | 男      | 硕士研究生 | 副教授   |
| t003 | 王艳红 | 女      | 硕士研究生 | 讲师     |
| t004 | 马志超 | 男      | 博士研究生 | 教授     |
| t005 | 万丽   | 女      | 硕士研究生 | 助理讲师 |
| t006 | 张君瑞 | 男      | 硕士研究生 | 副教授   |
| t007 | 赵楠   | 女      | 博士研究生 | 教授     |
+------+--------+---------+------------+----------+
7 rows in set (0.00 sec)
```

图 7-28　teacher 表中的数据

```
mysql> DELETE FROM teacher WHERE tno='t006';
Query OK, 1 row affected (0.13 sec)

mysql> SELECT * FROM teacher;
+------+--------+---------+------------+----------+
| tno  | tname  | tgender | tedu       | tpro     |
+------+--------+---------+------------+----------+
| t001 | 吴亚飞 | 男      | 本科       | 讲师     |
| t002 | 李琦   | 男      | 硕士研究生 | 副教授   |
| t003 | 王艳红 | 女      | 硕士研究生 | 讲师     |
| t004 | 马志超 | 男      | 博士研究生 | 教授     |
| t005 | 万丽   | 女      | 硕士研究生 | 助理讲师 |
| t007 | 赵楠   | 女      | 博士研究生 | 教授     |
+------+--------+---------+------------+----------+
6 rows in set (0.00 sec)

mysql> SELECT * FROM old_teacher;
+----+--------+---------+------------+--------+
| no | tname  | tgender | tedu       | tpro   |
+----+--------+---------+------------+--------+
|  1 | 张君瑞 | 男      | 硕士研究生 | 副教授 |
+----+--------+---------+------------+--------+
1 row in set (0.00 sec)
```

图 7-29　teacher 表和 old_teacher 表中的数据

3. 使用触发器实现外键级联选项

对于使用 InnoDB 存储引擎的表而言，由于其支持外键约束关系，在定义外键约束时，可设置外键级联选项 CASCADE、SET NULL 或者 NO ACTION（RESTRICT），外键约束关系可以由 InnoDB 存储引擎自动维护。外键级联选项 CASCADE、SET NULL 或者 NO ACTION（RESTRICT）含义如下。

（1）CASCADE：从父表中删除或更新对应的行时，同时自动删除或更新子表中匹配的行。ON DELETE CASCADE 和 ON UPDATE CASCADE 都被 InnoDB 存储引擎所支持。

（2）SET NULL：从父表中删除或更新对应的行时，同时将子表中的外键列设为空。注意，在外键列没有被约束为 NOT NULL 时该选项才有效。ON DELETE SET NULL 和 ON UPDATE SET NULL 都被 InnoDB 存储引擎所支持。

（3）NO ACTION：InnoDB 存储引擎拒绝删除或者更新父表。

（4）RESTRICT：拒绝删除或者更新父表。指定 RESTRICT（或者 NO ACTION）和忽略 ON DELETE 或者 ON UPDATE 选项的效果是一样的。

对于使用 InnoDB 存储引擎的表之间存在外键约束关系但是没有设置级联选项，或者使用的数据库表为 MyISAM 表（MyISAM 表不支持外键约束关系），此时可以使用触发器来实现外键约束之间的级联选项。

【例 7-33】创建 stu_log 数据库，该数据库中有 stu 表和 dorm 表，stu 表中有 sno、sname、sgender、sclass 等字段，主键为 sno；dorm 表中有 dno、bno、sno 等字段，dno 和 bno 联合起来作为主键。分别用触发器实现 dorm 表的 sno 字段和 stu 表的 sno 字段之间的外键级联选项 CASCADE、SET NULL。

（1）创建 stu_log 数据库。

SQL 语句如下：

```
CREATE DATABASE stu_log;
```

（2）创建 stu 表和 dorm 表。

SQL 语句如下：

```
USE stu_log;
CREATE TABLE stu
(  sno VARCHAR(8) PRIMARY KEY,
   sname VARCHAR(10),
   sgender CHAR(1),
   sclass VARCHAR(20)
);
CREATE TABLE dorm
(
   dno SMALLINT,
   bno TINYINT,
   sno CHAR(8),
   PRIMARY KEY(dno,bno)
);
```

（3）在 stu 表和 dorm 表中插入记录。

SQL 语句如下：

```
INSERT INTO stu VALUES("10101001","张永峰","男","电子商务 101");
INSERT INTO stu VALUES("10101002","何小丽","女","电子商务 101");
INSERT INTO stu VALUES("10102001","王斌","男","网络技术 101");
```

```
INSERT INTO stu VALUES("11101001","刘淑芳","女","电子商务 111");

INSERT INTO dorm VALUES(1001,4,"10101001");
INSERT INTO dorm VALUES(2001,2,"10101002");
INSERT INTO dorm VALUES(1001,1,"10102001");
INSERT INTO dorm VALUES(1010,3,"11101001");
```

（4）创建触发器 tr_1，实现 dorm 表中 sno 字段和 stu 表中 sno 字段的外键 CASCADE 级联选项，当在 stu 表中删除某个学生的记录时，dorm 表中对应学生的住宿记录也会被删除。

SQL 语句如下：

```
DELIMITER //
CREATE TRIGGER tr_1 BEFORE DELETE ON stu FOR EACH ROW
BEGIN
  IF(EXISTS(SELECT * FROM dorm WHERE sno=OLD.sno))
  THEN
    DELETE FROM dorm WHERE sno=OLD.sno;
  END IF;
END //
DELIMITER ;
```

（5）创建触发器 tr_2，实现 dorm 表中 sno 字段和 stu 表中 sno 字段的外键 SET NULL 级联选项，当在 stu 表中修改某个学生的学号时，dorm 表中对应记录的学号设为 NULL。

SQL 语句如下：

```
DELIMITER //
CREATE TRIGGER tr_2 BEFORE UPDATE ON stu FOR EACH ROW
  BEGIN
    IF(EXISTS(SELECT * FROM dorm WHERE sno=OLD.sno))
    THEN
      UPDATE dorm SET sno=NULL WHERE sno=OLD.sno;
    END IF;
  END //
DELIMITER ;
```

（6）删除 stu 表中 sno 为“10101001”的记录，再将 stu 表中 sno 为“10101002”的记录的 sno 修改为“10101003”，查看触发器 tr_1 和 tr_2 执行结果。

SQL 语句如下：

```
DELETE FROM stu WHERE sno='10101001';
UPDATE stu SET sno='10101003' WHERE sno='10101002';
```

DELETE 和 UPDATE 语句执行后，两个表中的记录如图 7-30 所示。

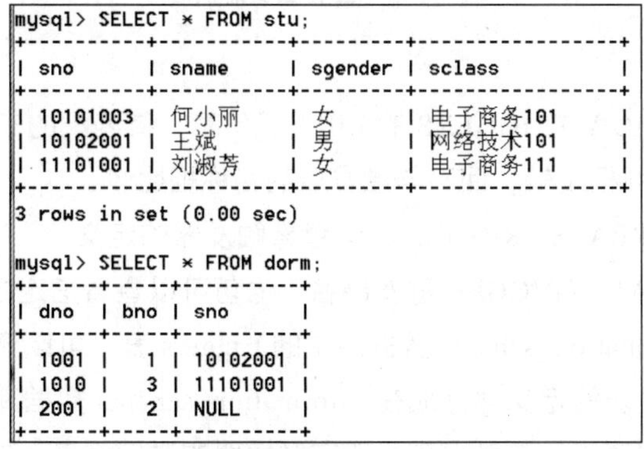
```
mysql> SELECT * FROM stu;
+----------+--------+---------+------------+
| sno      | sname  | sgender | sclass     |
+----------+--------+---------+------------+
| 10101003 | 何小丽 | 女      | 电子商务101 |
| 10102001 | 王斌   | 男      | 网络技术101 |
| 11101001 | 刘淑芳 | 女      | 电子商务111 |
+----------+--------+---------+------------+
3 rows in set (0.00 sec)

mysql> SELECT * FROM dorm;
+------+-----+----------+
| dno  | bno | sno      |
+------+-----+----------+
| 1001 |   1 | 10102001 |
| 1010 |   3 | 11101001 |
| 2001 |   2 | NULL     |
+------+-----+----------+
```

图 7-30　使用触发器实现外键级联选项 CASCADE、SET NULL

7.3.4 查看触发器的定义

通常可使用 3 种方法查看触发器的定义。

（1）使用 SHOW TRIGGERS 语句查看触发器的定义。

使用“SHOW TRIGGERS\G”语句可以查看当前数据库中所有触发器的信息。使用“SHOW TRIGGERS LIKE 模式\G”语句可以查看与模式模糊匹配的触发器的信息。

【例 7-34】查看 stu 表中的触发器的信息。

对应的 SQL 语句如下：

```
SHOW TRIGGERS LIKE 'stu%'\G
```

执行结果如图 7-31 所示。

```
mysql> SHOW TRIGGERS LIKE 'stu%'\G
*************************** 1. row ***************************
             Trigger: tr_2
               Event: UPDATE
               Table: stu
           Statement: BEGIN
    IF(EXISTS(SELECT * FROM dorm WHERE sno=OLD.sno))
    THEN
      UPDATE dorm SET sno=NULL WHERE sno=OLD.sno;
    END IF;
END
              Timing: BEFORE
             Created: 2021-08-23 18:33:41.38
            sql_mode: STRICT_TRANS_TABLES,NO_ENGINE_SUBSTITUTION
             Definer: root@localhost
character_set_client: utf8mb4
collation_connection: utf8mb4_0900_ai_ci
  Database Collation: utf8mb4_0900_ai_ci
*************************** 2. row ***************************
             Trigger: tr_1
               Event: DELETE
               Table: stu
           Statement: BEGIN
  IF(EXISTS(SELECT * FROM dorm WHERE sno=OLD.sno))
  THEN
    DELETE FROM dorm WHERE sno=OLD.sno;
  END IF;
END
              Timing: BEFORE
             Created: 2021-08-23 18:33:14.93
            sql_mode: STRICT_TRANS_TABLES,NO_ENGINE_SUBSTITUTION
             Definer: root@localhost
character_set_client: utf8mb4
collation_connection: utf8mb4_0900_ai_ci
  Database Collation: utf8mb4_0900_ai_ci
2 rows in set (0.08 sec)
```

图 7-31　查看触发器信息

注意：

当使用一个含有 SHOW TRIGGERS 的 LIKE 子句时，待匹配的表达式（expr）会与触发器定义时所在的表的名称相比较，而不与触发器的名称相比较。

（2）使用 SHOW CREATE TRIGGER 语句查看触发器的定义。

使用“SHOW CREATE TRIGGER 触发器名”语句可以查看指定名称的触发器的定义。

（3）通过查询 information_schema 数据库中的 triggers 表，可以查看触发器的定义。

MySQL 中所有触发器的定义都存放在 information_schema 数据库里的 triggers 表中，通过查询 triggers 表，可以查看所有数据库中所有触发器的详细信息。SQL 语句如下：

```
SELECT * FROM information_schema.triggers\G
```

7.3.5 删除触发器

如果某个触发器不再使用，可以使用 DROP TRIGGER 语句将其删除。DROP TRIGGER 语句的语法格式如下：

```
DROP TRIGGER 触发器名;
```

本章小结

- 索引是一种特殊类型的数据对象，它可以用来提高对表中数据的访问速度，而且能够强制实现某些数据的完整性。
- MySQL 中的索引类型包括普通索引、唯一索引、全文索引和空间索引等。其中，唯一索引要求所有数据行中任意两行的被索引字段不能存在重复值。索引可以在表中单个字段上创建，也可以在表中多个字段上创建。在多个字段上创建索引时，只有在查询条件中使用了这些字段中的第一个字段时，该索引才会被使用。
- 视图是从一个或多个表中导出来的表，是一种虚拟表。视图的结构和数据依赖于基表。
- 通过视图可以简化查询语句，提高数据库的安全性。通过视图还可以修改基表中的数据。
- 触发器是一种特殊类型的存储过程，其会在某个指定的事件发生时被激活。
- 触发器的两种类型：AFTER 触发器和 BEFORE 触发器。AFTER 触发器是先执行触发事件，再执行触发程序。BEFORE 触发器是先执行触发程序，再执行触发事件。
- INSERT 触发器在对触发器表执行插入记录操作时被触发。UPDATE 触发器在对触发器表执行更新记录操作时被触发。DELETE 触发器在对触发器表执行删除记录操作时被触发。
- 在触发程序中可以使用 NEW 关键字和 OLD 关键字。NEW 关键字表示新插入的记录或更新后的记录。OLD 关键字表示要删除的记录或更新前的记录。
- 创建触发器需要使用 CREATE TRIGGER 命令，删除触发器需要使用 DELETE TRIGGER 命令。如果要修改触发器，可以先删除，再创建。

实训项目

项目 1：在 bookdb 数据库中创建索引并查看维护

1. 项目目的

掌握索引的创建、维护、使用方法。

2. 项目内容

（1）在 user 表的 tnum 字段上定义唯一索引。

（2）在 book 表的 bname 字段上定义普通索引。

（3）在 b_order 表的 bid 字段和 orderdate 字段上创建多列索引。

（4）删除以上所建索引。

项目 2：在 bookdb 数据库中创建视图并维护使用

1. 项目目的

掌握视图的定义、维护、使用方法。

2. 项目内容

（1）定义基于 book 表的视图 book_view，查询并输出 book 表的所有记录。视图中字段名为图书编号、图书名称、作者、价格、出版社、图书类别。

（2）查询 book_view 视图，输出图书名称和价格，并把查询结果按价格降序排列。

（3）查询 book_view 视图，输出价格最高的 3 种图书的名称和价格。

项目 3：在 bookdb 数据库中创建触发器

1. 项目目的

掌握触发器的创建方法。

2. 项目内容

在 bookdb 数据库中创建一个名为 tri_1 的触发器，实现当向 b_order 表中插入记录时，如果 ordernum 小于或等于 0，就将 ordernum 设置为 1。

项目 4：在 bookdb 数据库中使用触发器

1. 项目目的

掌握触发器的使用方法。

2. 项目内容

（1）在 bookdb 数据库中创建一个名为 tri_2 的触发器，要求实现如下功能：当删除 category 表中的某个图书类别时，将 book 表中对应的 cid 字段的值设置为 NULL。

（2）在 bookdb 数据库中创建一个名为 tri_3 的触发器，要求实现如下功能：当从 user 表中删除某个会员的时候，从 b_order 表中自动删除该会员的订购信息。

项目 5：在 bookdb 数据库中删除触发器

1. 项目目的

掌握触发器的删除方法。

2. 项目内容

删除 bookdb 数据库中的触发器 tri_1。

课后习题

一、选择题

1. 下列（　　）功能是视图可以实现的。
   A. 将用户限定在表中的特定行上
   B. 将用户限定在特定列上
   C. 将多个表中的列连接起来
   D. 将多个数据库的视图连接起来
2. 下列（　　）选项是在使用视图修改数据时需要注意的。
   A. 在一个 UPDATE 语句中修改的字段必须属于同一个基表
   B. 一次可以修改多个视图的基表
   C. 视图中所有列的修改必须遵守视图基表中所定义的各种数据完整性约束
   D. 可以对视图中的计算列进行修改
3. 下列关于视图的说法，错误的是（　　）。
   A. 可以使用视图集中数据、简化和定制不同用户对数据集的不同要求
   B. 视图可以使用户只关心所感兴趣的某些特定数据和所负责的特定任务
   C. 视图可以让不同的用户以不同的方式看到不同或者相同的数据
   D. 视图不能用于连接多表
4. 下列关于视图的叙述，正确的是（　　）。
   A. 视图是一张虚拟表，所有的视图中不含有数据
   B. 用户无法使用视图修改表中的数据
   C. 视图只能使用所属数据库的表，不能访问其他数据库的表
   D. 视图既可以通过表得到，也可以通过其他视图得到
5. 下列（　　）是索引的类型。
   A. 唯一索引　　B. 普通索引
   C. 多列索引　　D. 全文索引
6. 一张表中至多可以有（　　）个普通索引。
   A. 1　　B. 249
   C. 3　　D. 无限多
7. 以下（　　）语句被用来创建一个触发器。
   A. CREATE PROCEDURE　　B. CREATE TRIGGER
   C. DROP PROCEDURE　　D. DROP TRIGGER

8．触发器创建在（　　）上。

A．表　　B．视图

C．数据库　　D．查询

9．当删除（　　）时，与它关联的触发器同时被删除。

A．视图　　B．临时表

C．过程　　D．表

二、问答题

1．简单说明视图的基本概念及其优点。

2．举例说明简单 SELECT 查询和视图的区别和联系。

3．举例说明索引的概念与作用。

4．举例说明什么是全文索引并写出创建全文索引的 SQL 语句。

5．什么是触发器？它与存储过程有什么区别和联系？

6．使用触发器有什么优点？

第8章

数据库高级管理

本章目标

- 了解数据备份的基本概念。
- 掌握 MySQL 中数据备份、数据恢复的基本操作方法。
- 掌握 MySQL 中创建、删除用户的基本操作方法。
- 掌握 MySQL 中授予、查看权限和收回权限的基本操作方法。

确保数据库的安全性与完整性的措施包括进行数据备份和数据恢复。在数据库中有一些高级操作，如数据的备份、恢复，用户管理、权限管理等，本章将针对这些知识进行详细讲解。

8.1 数据的备份与恢复

书曰：“居安思危，思则有备，有备无患，敢以此规。”这句话的意思是事先有准备，就可以尽量避免祸患。对于一个系统来说，数据库中的数据是一切工作的基础，数据丢失了系统就没有作用了，所以要及时进行数据备份，以防止意外发生时造成损失。

视频 8-1 数据的备份与恢复

数据存储在计算机中，即使是非常可靠的硬件和软件也有可能出现故障，这样一来就会不可避免地出现数据丢失的现象。例如，突然停电、管理员的操作失误等都可能导致数据的丢失。在一些对数据可靠性要求很高的行业，如银行、证券、电信等，如果发生意外停机或数据丢失情况，其损失会十分惨重。因此，数据库管理员应针对具体的业务要求制定详细的数据库备份与灾难恢复策略，并通过故障模拟对每种可能发生的情况进行严格测试，以保证数据的高可用性。

数据备份是对数据库结构、对象和数据的复制，以便在数据库遭到破坏或因需求改变而需要把数据还原到某个时间点时能够恢复数据库。数据恢复就是将数据库备份加载到系统中。数据备份和数据恢复可以保护数据库的关键数据。

1. 数据备份的分类

（1）按备份时服务器是否在线来划分。

① 热备份。数据库正处于运行状态，此时通过数据库的日志文件进行备份。

② 温备份。进行数据备份时数据库服务正常运行，但数据只能读不能写。

③ 冷备份。数据库处于关闭状态，能够较好地保证数据库的完整性。

（2）按备份的内容来划分。

① 逻辑备份。使用软件从数据库中提取数据并将结果写到一个文件上，该文件格式一般与原数据库的文件格式不同，该文件只是原数据库中数据内容的一个映像。

② 物理备份。物理备份是指直接复制数据库文件。与逻辑备份相比，其速度较快，但占用空间较大。

（3）按备份涉及的数据范围来划分。

① 完整备份。完整备份是指备份整个数据库。这是任何备份策略中都要求完成的一种备份类型，其他所有备份类型都依赖于完整备份。换句话说，如果没有执行完整备份，就无法执行增量备份和差异备份。

② 增量备份。增量备份是指对数据库从上一次完整备份或者最近一次增量备份以来改变的内容进行的备份。

③ 差异备份。差异备份是指对最近一次完整备份以后发生改变的数据进行的备份。差异备份仅备份自最近一次完整备份后发生更改的数据。

备份是一种十分耗费时间和资源的操作，对其的使用不能太过频繁，应该根据数据库使用情况确定一个合适的备份周期。

2. 数据恢复的方法

数据恢复就是指当数据库出现故障时，将备份的数据库加载到系统中，从而使数据库恢复到备份时的正确状态。MySQL 有 3 种保证数据安全的方法。

（1）数据库备份。通过导出数据或者表文件的副本来保护数据。

（2）通过二进制日志文件保存更新数据的所有语句。

（3）数据库复制。MySQL 的内部复制功能建立在两个或多个服务器之间，是通过设定它们之间的主从关系来实现的。其中一个作为主服务器，其他的作为从服务器。

本章主要介绍前两种方法。恢复是与备份相对应的系统维护和管理操作。数据库系统在进行恢复操作时，先执行一些系统安全性方面的检查，包括检查要恢复的数据库是否存在、数据库是否变化、数据库文件是否兼容等，然后根据所采用的数据库备份类型采取相应的恢复措施。

8.1.1 数据库的备份

为了保证数据的安全，数据库管理员应定期对数据库进行备份。数据库备份需要遵循两个简单原则：一是要尽早并且经常备份；二是不要只将数据库备份到同一磁盘的同一文件中，要在不同位置保存多个副本，以确保备份安全。

MySQL 的 MYSQLDUMP 命令可以实现数据库的备份。MYSQLDUMP 命令可以实现备份单个数据库、多个数据库和所有数据库，由于这 3 种备份方式比较类似，所以本小节就以备份单个数据库为例来讲解 MYSQLDUMP 命令，对于其他方式只列举语法格式。

1. 备份单个数据库

MYSQLDUMP 命令的语法格式如下：

```
MYSQLDUMP -uusername -hhost -ppassword
dbname [tbname1 ,tbname2,…]>filename.sql;
```

参数说明如下。

- username：用户名称。
- host：用户登录的主机名称。使用本机时可以写 localhost，也可以省略该参数。
- password：登录密码。注意，在使用此参数时，“-p”和密码之间不能有空格。也可以不写，如果不写，系统会在执行该语句之后提示我们输入密码。
- dbname：需要备份的数据库名称。
- tbname：数据库中需要备份的数据表，可以指定多个需要备份的表。若省略该参数，则表示备份整个数据库。
- >：将要备份的内容写入备份文件。
- filename.sql：备份文件名称。其中包括该文件所在路径。

需要注意的是，在使用 MYSQLDUMP 命令备份数据库时，直接在 DOS 命令提示符窗口中执行该命令即可，不需要登录到 MySQL 数据库。

接下来通过对 stu_course 数据库进行备份来演示如何使用 MYSQLDUMP 命令。

【例 8-1】将 stu_course 数据库备份到 D 盘的 bak 文件夹中。

首先在 D 盘创建一个文件夹，用来存放数据库的备份文件，将该文件夹命名为 bak。然后重新打开一个 DOS 命令提示符窗口（注意这里不用登录到 MySQL 数据库），使用 MYSQLDUMP 命令对 stu_course 数据库进行备份。MYSQLDUMP 语句如下：

```
    MYSQLDUMP -uroot -hlocalhost -proot --default-character-set=gbk
stu_course>D:/bak/stuDB.sql
```

上述语句执行成功后，会在 D 盘的 bak 文件夹中生成一个名为“stuDB.sql”的文件，该文件就是数据库的备份文件。使用 MYSQLDUMP 命令备份的文件并不是一定要求扩展名为.sql，备份成其他格式的文件也可以，比如可以备份成.txt 文件等。但是，通常情况下建议备份成.sql 文件，因为扩展名为.sql 会更清晰地表达出它是数据库相关的文件。用记事本打开该文件，文件内容如图 8-1 所示。

```
stuDB.sql - 记事本
文件(F) 编辑(E) 格式(O) 查看(V) 帮助(H)
-- MySQL dump 10.13  Distrib 8.0.18, for Win64 (x86_64)
--
-- Host: localhost    Database: stu_course
-- ------------------------------------------------------
-- Server version	8.0.18

/*!40101 SET @OLD_CHARACTER_SET_CLIENT=@@CHARACTER_SET_CLIENT */;
/*!40101 SET @OLD_CHARACTER_SET_RESULTS=@@CHARACTER_SET_RESULTS */;
/*!40101 SET @OLD_COLLATION_CONNECTION=@@COLLATION_CONNECTION */;
/*!50503 SET NAMES gbk */;
/*!40103 SET @OLD_TIME_ZONE=@@TIME_ZONE */;
/*!40103 SET TIME_ZONE='+00:00' */;
/*!40014 SET @OLD_UNIQUE_CHECKS=@@UNIQUE_CHECKS, UNIQUE_CHECKS=0 */;
/*!40014 SET @OLD_FOREIGN_KEY_CHECKS=@@FOREIGN_KEY_CHECKS, FOREIGN_KEY_CHECKS=0 */;
/*!40101 SET @OLD_SQL_MODE=@@SQL_MODE, SQL_MODE='NO_AUTO_VALUE_ON_ZERO' */;
/*!40111 SET @OLD_SQL_NOTES=@@SQL_NOTES, SQL_NOTES=0 */;

--
-- Table structure for table `course`
--

DROP TABLE IF EXISTS `course`;
/*!40101 SET @saved_cs_client     = @@character_set_client */;
/*!50503 SET character_set_client = utf8mb4 */;
CREATE TABLE `course` (
  `cno` char(4) NOT NULL,
  `cname` varchar(40) DEFAULT NULL,
  `cperiod` int(11) DEFAULT NULL,
  `credit` decimal(3,1) DEFAULT NULL,
  `ctno` char(4) DEFAULT NULL,
  PRIMARY KEY (`cno`),
  UNIQUE KEY `cname` (`cname`),
  KEY `ctno` (`ctno`),
  CONSTRAINT `course_ibfk_1` FOREIGN KEY (`ctno`) REFERENCES `teacher` (`tno`)
) ENGINE=InnoDB DEFAULT CHARSET=utf8mb4 COLLATE=utf8mb4_0900_ai_ci;
/*!40101 SET character_set_client = @saved_cs_client */;

--
-- Dumping data for table `course`
--

LOCK TABLES `course` WRITE;
/*!40000 ALTER TABLE `course` DISABLE KEYS */;
INSERT INTO `course` VALUES ('c001','文学欣赏',40,1.5,'t001'),('c002','中国历史文
化',60,2.0,'t003'),('c003','视频编辑',70,2.5,'t002'),('c004','音乐欣赏',40,1.5,'t005');
/*!40000 ALTER TABLE `course` ENABLE KEYS */;
```

图 8-1　数据库备份文件的内容

在图 8-1 中可以看到 MYSQLDUMP 的版本号、MySQL 的版本号、备份的数据库名称等。除此之外，还有一些 SET 语句、CREATE 语句、INSERT 语句和注释信息等。注释信息中，以“_”开头的语句是 SQL 的注释，以“/*!”开头、以“*/”结尾的语句是可执行的 MySQL

的注释。这些语句可以被 MySQL 执行，但在其他数据库管理系统中将被作为注释而忽略。

在以“/*!40101”“/*!40103”等开头、以“*/”结尾的语句中，数字（如 40101）表示 MySQL 数据库的版本号（4.1.1）。MySQL 4.1.1 在还原数据的时候，如果当前的 MySQL 版本比 MySQL 4.1.1 高，则“/*!40101”和“*/”之间的内容就被当作 SQL 命令来执行；如果当前的 MySQL 版本比 MySQL 4.1.1 低，则“/*!40101”和“*/”之间的内容就被当作注释。

2．备份多个数据库

使用 MYSQLDUMP 命令备份多个数据库时，需要使用--databases 参数，其语法格式如下：

```
MYSQLDUMP -uusername -hhost -ppassword --databases dbname1 [dbname2 dbname3…]>
filename.sql
```

在上述语法格式中，--databases 参数之后至少需要指定一个数据库名称，如果有多个数据库名称，它们之间用空格隔开。该语法也可以用于备份单个数据库，只需在--databases 后面跟上一个要备份的数据库即可。此时，生成的备份文件中将包含创建数据库的 SQL 语句。因此，使用此方法也可以实现生成带创建数据库语句的用于备份单个数据库的脚本文件。

3．备份所有数据库

使用 MYSQLDUMP 命令备份所有数据库时，需在该命令后使用--all-databases 参数，其语法格式如下：

```
MYSQLDUMP -uusername  -hhost -ppassword --all-databases>filename.sql
```

需要注意的是，如果使用--all-databases 参数备份了所有的数据库，那么在还原数据库时，不需要创建数据库并指定要操作的数据库，因为对应的备份文件中包含 CREATE DATABASE 语句和 USE 语句。

MYSQLDUMP 命令提供了许多参数，包括用于调试和压缩的参数。下面只列举部分常用的参数。运行帮助命令 MYSQLDUMP --help，可以获得特定版本的完整参数列表。

--all-databases：备份所有数据库。

--databases dbname：备份某个数据库。

--lock-tables：锁定表。

--lock-all-tables：锁定所有的表。

--events：备份事件的相关信息。

--no-data：只备份 DDL 语句和表结构，不备份数据。

--master-data=n：备份的同时导出二进制日志文件及其位置。如果 n 为 1，则把信息保存为 CHANGE MASTER 语句；如果 n 为 2，则把信息保存为注释掉的 CHANGE MASTER 语句。

--routines：将存储过程和存储函数备份。

--single-transaction：实现热备份。

--triggers：备份触发器。

8.1.2 数据库的恢复

恢复数据库，就是当数据库中的数据遭到破坏时，让数据库根据备份的数据回到备份时的状态。这里所说的恢复是指恢复数据库中的数据，而数据库中的库是不能被恢复的。通过前面介绍的内容可知，备份文件实际上就是由多个 CREATE、INSERT 和 DROP 语句组成的，因此只要使用 MYSQL 命令执行这些语句就可以将数据恢复。

对于使用 MYSQLDUMP 命令备份后形成的.sql 文件，可以使用 MYSQL 命令将其导入数据库中。备份的.sql 文件中包含 CREATE、INSERT 语句，也可能包含 DROP 语句。MYSQL 命令可以直接执行该文件中的这些语句。

MYSQL 命令的语法格式如下：

```
MYSQL -uusername -ppassword [dbname]<filename.sql
```

参数说明如下。

- username：登录的用户名。
- password：用户的密码。
- dbname：要恢复的数据库名称。该参数是可选的，如果使用 MYSQLDUMP 命令备份的“filename.sql”文件中包含创建数据库的语句，则不需要指定数据库。

【例 8-2】先将 stu_course 数据库删除，再使用 MYSQL 命令利用备份文件“stuDB.sql”将 stu_course 数据库恢复。

执行恢复操作前，MySQL 服务器中必须存在 stu_course 数据库，如果该数据库不存在，在数据恢复过程中会出错。执行过程如下。

1. 删除数据库

删除 stu_course 数据库，具体语句如下：

```
DROP  DATABASE  stu_course;
```

上述语句执行成功后，可以使用 SHOW DATABASES 语句进行验证，验证结果如图 8-2 所示。

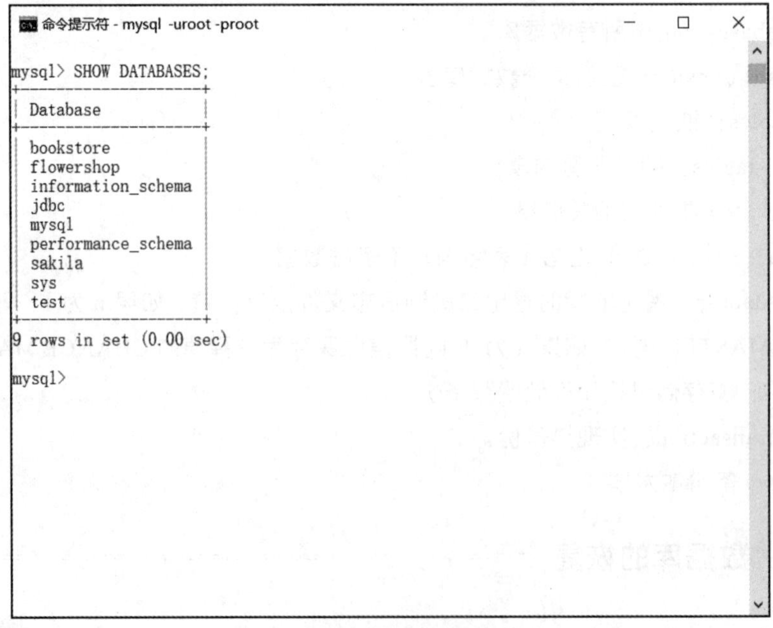

图 8-2　数据库删除成功

从图 8-2 可以看出，stu_course 数据库已经被成功删除了。

2．创建数据库

创建 stu_course 数据库，具体语句如下：

```
CREATE  DATABASE  stu_course;
```

上述语句执行成功后就可以恢复数据库中的数据了。

3．恢复数据

使用 MYSQL 命令恢复 D:/bak 目录下的“stuDB.sql”文件。注意这里不用登录到数据库。输入以下语句：

```
MYSQL -uroot  -p stu_course<D:/bak/stuDB.sql
Enter password: ******
```

上述语句执行成功后，数据库中的数据就会恢复到备份时的状态。

4．查看数据

为了验证数据是否已经成功恢复，可以使用 SELECT 语句查询 stu_course 数据库中 teacher 表的数据，具体语句如下：

```
SELECT * FROM teacher;
```

查询结果如图 8-3 所示。

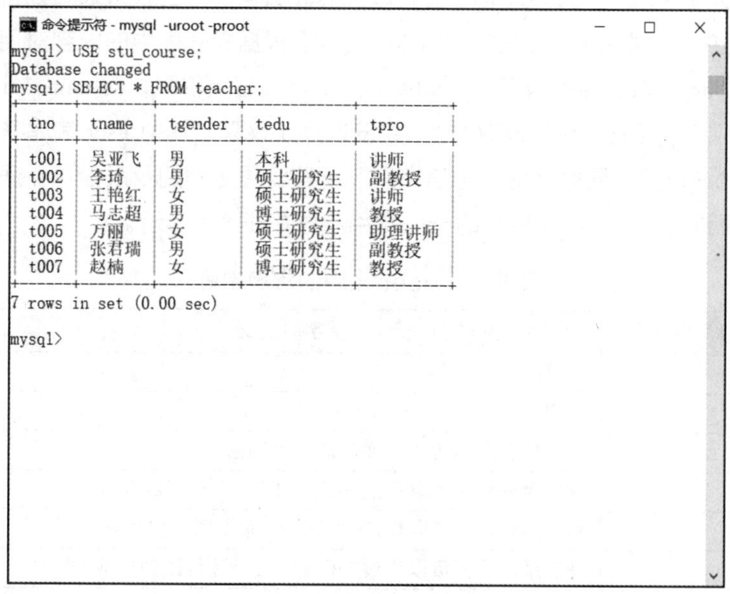

图 8-3　数据恢复成功

从图 8-3 可以看出，数据已经被成功恢复了。

恢复数据还可以使用另外一种方式，即登录 MySQL 服务器，使用 SOURCE 语句导入已经备份的 filename.sql 文件。

SOURCE 语句的语法格式如下：

```
SOURCE filename.sql;
```

SOURCE 语句的语法格式比较简单。注意在导入文件的时候指定的文件名称必须为全路径名称。该语句执行效果和在命令提示符窗口中执行 MYSQL 命令的一样。

8.2 用户管理

一走进校园，我们就被分到了不同的班级，每个班级都会进行班委的选举。班里的每位同学可以通过自荐或互相推荐的方式参加选举演说，这也是锻炼自己、展现风采的好机会。选举后，每个班级会产生不同服务岗位的班干部，如负责班级日常事务的班长、负责班级学习交流活动的学习委员等。他们就是班级管理中所设置的不同用户角色，具有不同的权限，可以对班级进行有效的管理。同样地，用户管理可以保证 MySQL 系统的安全性。MySQL 的用户管理包括创建用户、删除用户、密码管理等。MySQL 用户分为 root 用户和普通用户，root 用户为超级管理员，具备操作 MySQL 数据库的所有权限；而普通用户只拥有部分被赋予的权限。

视频 8-2 用户管理

8.2.1 user 表

在安装 MySQL 时，系统会自动创建一个名为 mysql 的数据库，该数据库中的表都是权限表，当 MySQL 服务启动时，MySQL 会读取 mysql 数据库中的权限表，并将表中的数据加载到内存；当用户进行数据库访问操作时，MySQL 会根据权限表中的内容对用户做相应的权限控制。例如，db 是数据库层级权限，tables_priv 是表层级权限，columns_priv 是列层级权限，procs_priv 则可以对存储过程和存储函数设置操作权限。其中 user 表是非常重要的权限表，它记录了允许连接到服务器的账号信息以及一些全局级别的权限信息。通过操作该表就可以对这些信息进行修改。user 表中的一些常用字段如表 8-1 所示。

表 8-1 user 表中的常用字段

字段名称	字段含义	默认值
Host	主机名	—
User	用户名	—
authentication_string	进行数据严格检验以确认加密后的密码	—
Select_priv	确定用户是否可以通过 SELECT 命令选择数据	N
Insert_priv	确定用户是否可以通过 INSERT 命令插入数据	N
Update_priv	确定用户是否可以通过 UPDATE 命令修改现有数据	N
Delete_priv	确定用户是否可以通过 DELETE 命令删除现有数据	N
Create_priv	确定用户是否可以创建新的数据库和表	N
Drop_priv	确定用户是否可以删除现有数据库和表	N
Reload_priv	确定用户是否可以执行用来刷新和重新加载 MySQL 所用的各种内部缓存（包括日志、权限、主机、查询和表）的特定命令	N
Shutdown_priv	确定用户是否可以关闭 MySQL 服务器。在将此权限提供给除 root 用户之外的任何用户时，都应当非常谨慎	N
ssl_type	用于加密	—
ssl_cipher	用于加密	NULL

续表

字段名称	字段含义	默认值
max_questions	每小时允许用户执行查询操作的次数	0
max_updates	每小时允许用户执行更新操作的次数	0
max_connections	每小时允许用户建立连接的次数	0
max_user_connections	允许单个用户同时建立连接的次数	0

8.2.2 创建新用户

在 MySQL 数据库中，只有一个 root 用户是无法管理众多数据的，因此需要创建多个普通用户来管理不同类型的数据。创建普通用户有以下两种方法。

1. 使用 CREATE USER 语句创建用户

使用 CREATE USER 语句创建用户时，必须拥有 mysql 数据库的 CREATE USER 权限。

使用 CREATE USER 语句创建用户的语法格式如下：

```
CREATE USER 'username'@'hostname' [IDENTIFIED BY 'password'
[,'username'@'hostname'[IDENTIFIED BY  'password']]...
```

参数说明如下。

- username：用户名。
- hostname：主机名。如果只指定 username 参数，hostname 参数则默认为‘%’（即对所有的主机开放权限）。
- IDENTIFIED BY：设置用户登录服务器时的密码。如果不设置该参数，用户登录时就不需要密码，但是从安全角度来说并不推荐这样做。
- password：用户登录时的密码，该密码存储时是加密过的。

该语句的具体使用方法请看例 8-3。

【例 8-3】使用 CREATE USER 语句创建一个新用户，其用户名为 Tony，密码为 666。

首先使用 USE 语句选择 mysql 数据库，然后输入 CREATE USER 语句：

```
CREATE USER 'Tony'@'localhost' IDENTIFIED BY '666';
```

上述语句执行成功后，可以通过 SELECT 语句验证用户是否创建成功：

```
SELECT Host,User, authentication_string FROM user;
```

执行结果如图 8-4 所示。

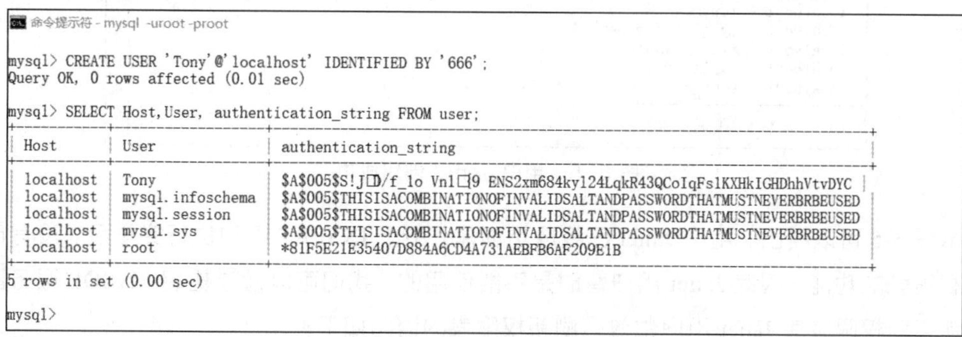

```
命令提示符 - mysql -uroot -proot

mysql> CREATE USER 'Tony'@'localhost' IDENTIFIED BY '666';
Query OK, 0 rows affected (0.01 sec)

mysql> SELECT Host,User, authentication_string FROM user;
+-----------+------------------+------------------------------------------------------------------------+
| Host      | User             | authentication_string                                                  |
+-----------+------------------+------------------------------------------------------------------------+
| localhost | Tony             | $A$005$S!J□/f_1o Vn1□9 ENS2xm684ky124LqkR43QCoIqFs1KXHkIGHDhhVtvDYC    |
| localhost | mysql.infoschema | $A$005$THISISACOMBINATIONOFINVALIDSALTANDPASSWORDTHATMUSTNEVERBRBEUSED |
| localhost | mysql.session    | $A$005$THISISACOMBINATIONOFINVALIDSALTANDPASSWORDTHATMUSTNEVERBRBEUSED |
| localhost | mysql.sys        | $A$005$THISISACOMBINATIONOFINVALIDSALTANDPASSWORDTHATMUSTNEVERBRBEUSED |
| localhost | root             | *81F5E21E35407D884A6CD4A731AEBFB6AF209E1B                              |
+-----------+------------------+------------------------------------------------------------------------+
5 rows in set (0.00 sec)

mysql>
```

图 8-4　用户 Tony 创建成功

从图 8-4 来看，用户 Tony 已经成功创建，但密码显示的并不是 666，而是一串字符，这是因为在创建用户时，MySQL 会对用户的密码自动加密，以提高数据库的安全性。

我们可以验证一下是否可以通过新用户 Tony 来登录 MySQL 数据库。在命令提示符窗口中，输入登录命令：

```
MYSQL -uTony -p666
```

我们是可以使用新建的用户的用户名和密码进行登录的。但是该用户是受限的，只能够进行不需要权限的操作。如果该用户已经存在，则在执行 CREATE USER 语句时系统会报错。

2. 使用 INSERT 语句创建用户

由刚才创建新用户的过程来看，其本质就是在 mysql 数据库的 user 表中添加一条新的记录。因此，如果我们使用 root 用户身份通过 INSERT 语句直接将新用户的信息添加到 user 表中，也就相当于新增加了一个用户。

使用 INSERT 语句创建用户的语法格式如下：

```
INSERT INTO mysql.user(Host,User,ssl_type,ssl_cipher,x509_issuer,x509_subject)
VALUES('hostname','username','','','','');
```

需要注意的是，在 mysql 数据库下的 user 表中，ssl_type、ssl_cipher、x509_issuer、x509_subject 这 4 个字段不允许为空，并且没有默认值，因此使用 INSERT 语句创建用户时，需要给这几个字段设置初值，一般设置为空字符串即可。

【例 8-4】使用 root 用户登录数据库服务器，通过 INSERT 语句创建新用户 Janet。

语句如下：

```
INSERT INTO mysql.user(Host,User,ssl_type,ssl_cipher,x509_issuer,x509_subject)
VALUES('localhost','Janet','','','','');
```

上述语句执行成功后，通过 SELECT 语句验证用户是否创建成功：

```
SELECT Host,User FROM mysql.user;
```

执行结果如图 8-5 所示。

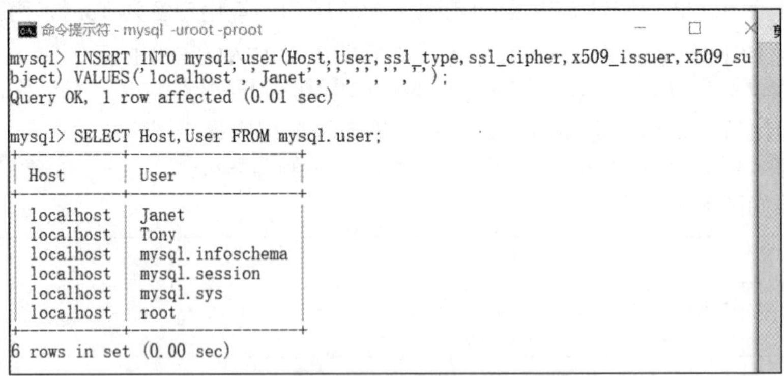

图 8-5　用户 Janet 创建成功

从图 8-5 可以看出，用户 Janet 已经成功创建。由于 INSERT 语句执行完毕后，没有自动刷新权限表的功能，因此 Janet 用户暂时是不能使用的。我们可以通过重启 MySQL 服务器或者刷新当前权限表使 Janet 用户生效。刷新权限表的语句如下：

```
FLUSH PRIVILEGES;
```

上述语句执行成功后，就可以使用 Janet 用户来登录 MySQL 数据库了。新用户没有密码，在登录时如需输入密码，直接按 Enter 键就可以登录。

8.2.3 删除普通用户

在 MySQL 中，通常会创建多个用户来管理数据库。在使用过程中如果发现某些用户没有存在的必要，就可以将该用户删除。在 MySQL 中有两种删除用户的方式。

1. 使用 DROP USER 语句删除用户

如果要删除某个用户，只需在 DROP USER 后面指定要删除的用户即可。DROP USER 语句还可以同时删除多个 MySQL 用户，并取消其权限。要使用 DROP USER 语句，必须拥有 mysql 数据库的 DROP USER 权限。

DROP USER 语句的语法格式如下：

```
DROP USER 'username'@'hostname'[,'username'@'hostname'];
```

参数说明如下。

- username：要删除的用户。
- hostname：主机名。

DROP USER 语句可以同时删除一个或多个用户，多个用户之间用逗号隔开。DROP USER 有自动刷新权限表的功能，可以彻底删除用户，不需要再使用“FLUSH PRIVILEGES;”语句刷新权限表。

【例 8-5】使用 root 用户登录数据库服务器，通过 DROP USER 语句删除用户 Janet。

SQL 语句如下：

```
DROP USER 'Janet'@'localhost';
```

上述语句执行成功后，通过 SELECT 语句验证：

```
SELECT Host,User FROM user;
```

执行结果如图 8-6 所示。

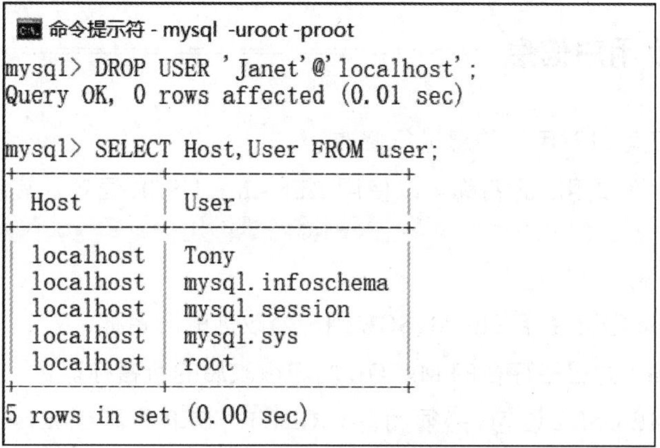

图 8-6 用户 Janet 删除成功

从图 8-6 可以看出，user 表中已经不存在用户 Janet 了，这说明该用户已经被删除了。

2. 使用 DELETE 语句删除用户

删除用户，就是将 mysql 数据库的 user 表中的一条记录删除，因此也可以通过 DELETE 语句实现删除用户。使用 DELETE 语句删除 user 表中的数据时，要指定表名为 mysql.user，用户还必须拥有对 mysql.user 表的 DELETE 权限。

DELETE 语句的语法格式如下：

```
DELETE FROM mysql.user WHERE Host='hostname' AND User='username';
```

其中 Host 和 User 是 mysql.user 表中的主键，这两个字段可以确定唯一的记录。

【例 8-6】使用 root 用户登录数据库服务器，通过 DELETE 语句删除用户 Tony。

SQL 语句如下：

```
DELETE FROM mysql.user WHERE Host='localhost' AND User='Tony';
```

上述语句执行成功后，通过 SELECT 语句验证：

```
SELECT Host,User, authentication_string FROM user;
```

执行结果如图 8-7 所示。

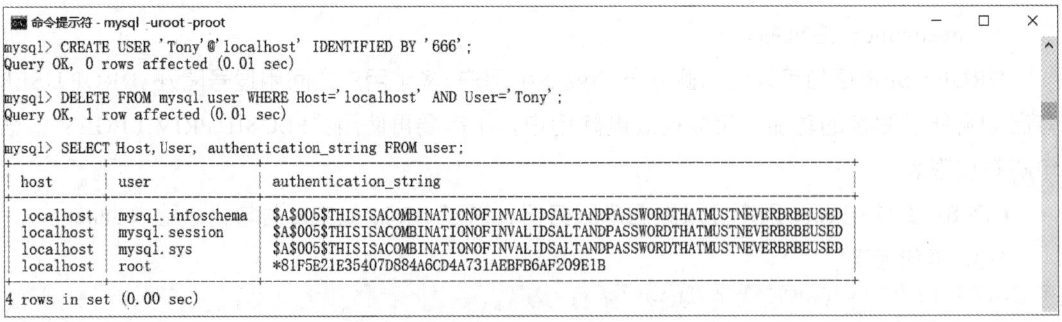

```
命令提示符 - mysql -uroot -proot
mysql> CREATE USER 'Tony'@'localhost' IDENTIFIED BY '666';
Query OK, 0 rows affected (0.01 sec)

mysql> DELETE FROM mysql.user WHERE Host='localhost' AND User='Tony';
Query OK, 1 row affected (0.01 sec)

mysql> SELECT Host,User, authentication_string FROM user;
+-----------+------------------+------------------------------------------------------------------------+
| host      | user             | authentication_string                                                  |
+-----------+------------------+------------------------------------------------------------------------+
| localhost | mysql.infoschema | $A$005$THISISACOMBINATIONOFINVALIDSALTANDPASSWORDTHATMUSTNEVERBRBEUSED |
| localhost | mysql.session    | $A$005$THISISACOMBINATIONOFINVALIDSALTANDPASSWORDTHATMUSTNEVERBRBEUSED |
| localhost | mysql.sys        | $A$005$THISISACOMBINATIONOFINVALIDSALTANDPASSWORDTHATMUSTNEVERBRBEUSED |
| localhost | root             | *81F5E21E35407D884A6CD4A731AEBFB6AF209E1B                              |
+-----------+------------------+------------------------------------------------------------------------+
4 rows in set (0.00 sec)
```

图 8-7　用户 Tony 删除成功

从图 8-7 可以看出，user 表中已经没有用户 Tony 的记录了，这说明该用户已经被成功删除。执行 DELETE 语句后也需要使用 FLUSH PRIVILEGES 语句刷新一下用户权限。

8.2.4　修改用户信息

创建用户后，还可以对用户信息进行修改。

在 MySQL 中，修改用户的名称可以使用 RENAME USER 语句。其基本语法格式如下：

```
RENAME USER old_username TO new_username[,old_username TO new_username][,…]
```

参数说明如下。

- old_username 为已经存在的 MySQL 用户修改前的旧名称。
- new_username 为已经存在的 MySQL 用户修改后的新名称。

要使用 RENAME USER 语句，必须拥有 CREATE USER 权限或 mysql 数据库的 UPDATE 权限。如果旧名称不存在或者新名称已经存在，则会出现错误。

【例 8-7】将用户 Tony 的名称改为 Jack。

SQL 语句如下:

```
RENAME USER 'Tony'@'localhost' TO 'Jack'@'localhost';
```

上述语句执行成功后，通过 SELECT 语句验证:

```
SELECT Host,User FROM user;
```

执行结果如图 8-8 所示。

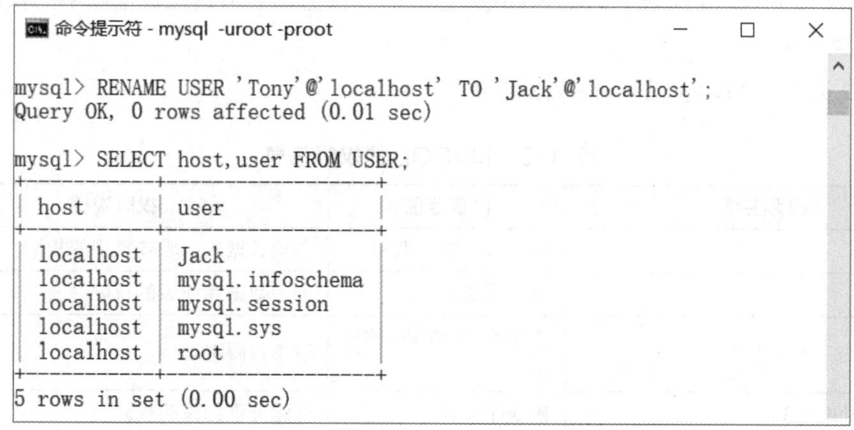

图 8-8　用户 Tony 的名称修改成功

从图 8-8 可以看出，user 表中的用户 Tony 的名称被改成了 Jack。

8.3 权限管理

权限管理，一般指根据系统设置的安全规则或者安全策略，用户可以访问而且只能访问自己被授权的资源。不良的权限管理可能会留下系统漏洞，给黑客可乘之机。很多软件可以通过 URL 侵入、SQL 注入等模式，轻松获得未授权数据，甚至对系统数据进行修改、删除，给合法用户造成巨大损失。作为计算机从业人员，我们要提高自己的数据安全意识，培养维护数据安全的责任感。如今网络已不是法外之地，我国推出了《中华人民共和国网络安全法》，使人们在网络世界中有法可依。高职学生中有很多是“网络达人”，容易接受新事物，而计算机专业的学生中有部分人动手能力强，喜欢去网上下载一些安全软件进行实验，而在实验过程中，哪些行为是可做的，哪些行为是不可做的，哪些行为是越界的，大家一定要有清晰的认识。

在 MySQL 数据库中，为了保证数据的安全性，数据库管理员需要为每个用户赋予不同的权限，以满足不同用户的需求。对权限管理简单的理解就是 MySQL 控制用户只能做其权限以内的事情，不可以越界。比如某用户只具有 SELECT 权限，那么该用户就只能执行 SELECT 操作，不能执行其他操作。

权限管理主要是对登录到 MySQL 的用户进行权限验证。所有用户的权限都存储在

MySQL 的权限表中。合理的权限管理能够保证数据库系统的安全，而不合理的权限管理会给 MySQL 服务器带来安全隐患。

8.3.1 MySQL 的权限类型

MySQL 数据库中有多种类型的权限，这些权限信息被存储在 user、db、tables_priv、column_priv 和 procs_priv 表中。在 MySQL 启动时，服务器会将这些数据库中的权限信息读取到内存中。

表 8-2 列出了 MySQL 的各种权限信息。

表 8-2 MySQL 的权限信息

权限名称	权限范围	权限说明
CREATE	数据库、表或索引	创建数据库、表或索引的权限
DROP	数据库或表	删除数据库或表的权限
GRANT OPTION	数据库、表或保存的程序	赋予权限选项
REFERENCES	数据库或表	创建外键约束的权限
ALTER	表	更改表的权限，比如添加字段、索引等
DELETE	表	删除数据的权限
INDEX	表	添加索引的权限
INSERT	表	插入数据的权限
SELECT	表	查询数据的权限
UPDATE	表	更新数据的权限
CREATE VIEW	视图	创建视图的权限
SHOW VIEW	视图	查看视图的权限
ALTER ROUTINE	存储过程、函数	更改存储过程或函数的权限
CREATE ROUTINE	存储过程、函数	创建存储过程或函数的权限
EXECUTE	存储过程、函数	执行存储过程或函数的权限
FILE	服务器主机上的文件	文件访问权限
CREATE TEMPORARY TABLES	表	创建临时表的权限
LOCK TABLES	表	锁表权限
CREATE USER	服务器管理	创建用户的权限
PROCESS	服务器管理	查看进程的权限
RELOAD	服务器管理	执行 FLUSH HOSTS、FLUSH LOGS、FLUSH PRIVILEGES、FLUSH STATUS、FLUSH TABLES、FLUSH THREADS、REFRESH、RELOAD 等命令的权限

续表

权限名称	权限范围	权限说明
REPLICATION CLIENT	服务器管理	复制权限
REPLICATION SLAVE	服务器管理	复制权限
SHOW DATABASES	服务器管理	查看数据库的权限
SHUTDOWN	服务器管理	关闭数据库的权限
SUPER	服务器管理	执行 kill 线程的权限

8.3.2 权限查询

MySQL 提供 SHOW GRANTS 语句用来显示指定用户的权限信息。

SHOW GRANTS 语句的基本语法格式如下：

```
SHOW  GRANTS  FOR 'username'@'hostname';
```

【例 8-8】使用 SHOW GRANTS 语句查看 root 用户的权限信息。

SQL 语句如下：

```
SHOW  GRANTS  FOR 'root'@'localhost';
```

执行结果如图 8-9 所示。

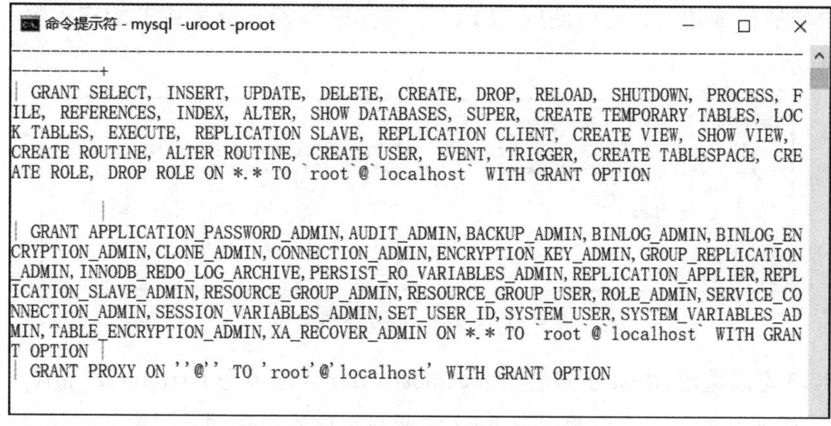

图 8-9　root 用户的权限信息

WITH GRANT OPTION 表示 root 用户可为其他用户授权，即 root 用户拥有全部权限。

8.3.3 权限授予

在 MySQL 中，可以使用 GRANT 语句为用户授予权限。

GRANT 语句的语法格式如下：

```
GRANT priv_type [(columns)][,priv_type[(columns)]] ON database.table
TO 'username'@'hostname'  [WITH with_option [with_option]…]
```

参数说明如下。

- priv_type：权限的类型。

- columns：权限作用的列名。省略不写表示权限作用于整个表。
- username：用户名。
- hostname：主机名。
- WITH：关键字，可以带有多个 with_option 参数，这个参数有 5 个取值，具体如下。

GRANT OPTION：可以将自己的权限授予其他用户。

MAX_QUERIES PER HOUR count：每小时最多可以执行 count 次查询。

MAX_UPDATE_PER_HOUR count：每小时最多可以执行 count 次更新。

MAX_CONNECTIONS_PER_HOUR count：每小时最多的连接数量为 count。

MAX_USER_CONNECTIONS：每个用户最多可以同时建立 count 个连接。

【例 8-9】使用 GRANT 语句创建一个新用户 hnzj，密码为 666，授予 hnzj 用户对所有数据库的查询、插入权限，并使用 WITH GRANT OPTION 子句授予该用户可将其权限授予其他用户的权限。

首先创建用户 hnzj，语句如下：

```
USE mysql;
CREATE USER 'hnzj'@'localhost' IDENTIFIED BY '666';
```

GRANT 语句如下：

```
GRANT INSERT,SELECT ON *.* TO 'hnzj'@'localhost' WITH GRANT OPTION;
```

上述语句执行成功后，可以使用 SELECT 语句来查询 user 表中的用户权限，执行结果如图 8-10 所示。

```
命令提示符 - mysql -uroot -proot
mysql> SELECT Host, User, insert_priv, select_priv, grant_priv FROM user\G;
*************************** 1. row ***************************
       Host: localhost
       User: hnzj
insert_priv: Y
select_priv: Y
 grant_priv: Y
```

图 8-10 用户 hnzj 权限（1）

从图 8-10 可以看出，Host 字段值为 localhost，User 字段值为 hnzj，insert_priv、select_priv、grant_priv 字段值都为 Y，这说明用户 hnzj 对所有数据库具有插入、查询权限以及对其他用户赋予自身权限的权限。

8.3.4 权限收回

在 MySQL 中，为了保证数据的安全，有时需要取消已经授予用户的某些权限。权限收回后，用户记录将从 db、tables_priv 和 columns_priv 表中删除，但是用户记录仍然会在 user 表中保存。收回权限利用 REVOKE 语句来实现。

1. 收回指定权限

REVOKE 语句的语法格式如下：

```
REVOKE priv_type [columns] [, priv_type [(columns)]] ON database.table
FROM 'username'@'hostname';
```

其中，priv_type 参数表示要收回的权限；columns 参数表示要收回的权限所作用的列，如果不指定则表示作用于整个表。

【例 8-10】使用 REVOKE 语句收回用户 hnzj 对所有对象的插入权限。

REVOKE 语句如下：

```
REVOKE INSERT ON *.* FROM 'hnzj'@'localhost';
```

上述语句执行成功后，可以通过 SELECT 语句查询 user 表中的用户信息，执行结果如图 8-11 所示。

```
命令提示符 - mysql -uroot -proot

mysql> SELECT Host, User, insert_priv, select_priv, grant_priv FROM user\G;
*************************** 1. row ***************************
        Host: localhost
        User: hnzj
insert_priv: N
select_priv: Y
 grant_priv: Y
```

图 8-11　用户 hnzj 权限（2）

从图 8-11 可以看出，insert_priv 字段的值已经被修改为 N，这说明 REVOKE 语句将用户 hnzj 的插入权限收回了。

2. 收回所有权限

收回所有权限的语法格式如下：

```
REVOKE ALL PRIVILEGES,GRANT OPTION FROM 'username'@'hostname'[,'username'
@'hostname']…
```

其中，ALL PRIVILEGES 表示所有权限，GRANT OPTION 表示向其他用户授予权限。

【例 8-11】使用 REVOKE 语句收回用户 hnzj 的所有权限。

REVOKE 语句如下：

```
REVOKE ALL PRIVILEGES,GRANT OPTION FROM 'hnzj'@'localhost';
```

上述语句执行成功后，可以通过 SELECT 语句查询 user 表中的用户信息，执行结果如图 8-12 所示。

```
命令提示符 - mysql -uroot -proot

mysql> SELECT Host, User, insert_priv, select_priv, grant_priv FROM user\G;
*************************** 1. row ***************************
        Host: localhost
        User: hnzj
insert_priv: N
select_priv: N
 grant_priv: N
```

图 8-12　用户 hnzj 权限（3）

从图 8-12 可以看出，用户 hnzj 的 SELECT、GRANT 权限都被收回了。

本章小结

- 数据的备份与恢复。为保证数据库中数据的安全，要经常进行数据库的备份。当数据库遭到破坏时，可以使用备份来恢复数据。

- 数据库用户的管理，包括数据库用户的增加、删除、修改、查看等基本操作。
- 用户权限的管理，包括用户权限的查询、授予和收回等操作。

实训项目

项目 1：使用 SQL 语句备份与恢复数据库

1. 项目目的

掌握利用 SQL 语句对数据库进行备份与恢复的方法。

2. 项目内容

（1）在 D 盘中创建一个新的备份文件夹 s3_bak。

（2）使用 SQL 语句将 stu_course 数据库中的所有数据备份到 s3_bak 文件夹下。

（3）删除 stu_course 数据库，使用 SQL 语句恢复 stu_course 数据库。

项目 2：创建新用户

1. 项目目的

掌握使用 SQL 语句进行用户的创建、查看和删除操作的方法。

2. 项目内容

（1）使用 SQL 语句创建 test 用户。

（2）使用 SQL 语句查看所创建的 test 用户的信息。

（3）使用 SQL 语句删除 test 用户。

项目 3：用户权限的授予和收回

1. 项目目的

掌握使用 SQL 语句授予和收回用户权限的方法。

2. 项目内容

（1）使用 SQL 语句授予 test 用户对 stu_course 数据库中 studentinfo 表和 teacher 表的查询、插入、更新和删除数据的权限。

（2）使用 SQL 语句收回 test 用户的全部权限。

课后习题

一、选择题

1. 下列选项中，用于创建或删除数据库、表、索引的权限有（　　）。

A．DECLARE 权限　　B．DELETE 权限

C．DROP 权限　　D．CREATE 权限

2．下列有关数据库还原的说法中，错误的是（　　）。

A．还原数据库是通过备份好的数据文件进行还原

B．数据库中的库可以被还原的

C．使用 MySQL 命令可以还原数据库中的数据

D．还原是指还原数据库中的数据，而库是不能被还原的

3．下列使用 SET 语句将 root 用户的密码修改为 mypwd3 的描述中，正确的是（　　）。

A．直接在 DOS 中执行：SET PASSWORD= 'mypwd3';

B．直接在 DOS 中执行：SET PASSWORD=password('mypwd3');

C．root 登录到 MySQL，再执行：SET PASSWORD=password('mypwd3');

D．root 登录到 MySQL，再执行：SET PASSWORD=password(mypwd3);

4．下列选项中，允许为其他用户授权的权限是（　　）。

A．ALTER 权限　　B．RENAME 权限

C．GRANT 权限　　D．GRANT USER 权限

5．在安装 MySQL 时，会自动安装一个名为（　　）的数据库，该数据库中的表都是权限表。

A．user　　B．MySQL

C．sys　　D．test

二、问答题

1．什么是数据库的备份和恢复？为什么要进行数据库的备份？

2．创建用户的方法有哪几种？写出这几种方法。

3．写出为用户授予权限的命令。

第9章

综合项目

本章目标

通过一个典型的数据库管理系统——银行业务系统的项目开发流程，对本书所讲内容进行总结和巩固。

本章训练技能点

- 使用SQL语句创建数据库和表。
- 使用SQL语句实现用户业务。
- 使用事务和存储过程封装业务逻辑。
- 使用视图简化复杂的数据查询。

9.1 项目分析

9.1.1 需求概述

某银行是一家民办的小型银行企业，现有 10 多万名客户。某公司将为该银行开发一套管理系统，对银行日常的业务进行计算机管理，以保证数据的安全性，提高工作效率。

系统要求完成客户所要求的功能，并且运行稳定。

9.1.2 问题分析

开发人员通过和银行柜台人员的沟通交流，确定该银行的业务描述如下。

（1）银行为客户提供各种银行存取款业务，详见表 9-1。

表 9-1 银行存取款业务

业务	描述
活期	无固定存期，可随时存取，存取金额不限的一种比较灵活的存款
定活两便	事先不约定存期，一次性存入，一次性支取的存款
通知	不约定存期，支取时需提前通知银行，约定支取日期和金额方能支取的存款
整存整取	选择存款期限，整笔存入，到期提取本息的一种定期储蓄。银行提供的存款期限有 1 年、2 年和 3 年
零存整取	一种事先约定金额，逐月按约定金额存入，到期支取本息的定期储蓄。银行提供的存款期限有 1 年、2 年和 3 年
转账	同一币种账户的银行卡之间互相划转

（2）每个客户凭个人身份证在银行可以开通多个银行卡账户。开通银行卡账户时，客户需要提供的信息如表 9-2 所示。

表 9-2 开通银行卡账户的客户信息

信息	说明
姓名	必须提供
身份证号	唯一确定用户。由 17 位数字和 1 位数字或字符 X 组成
联系电话	分为座机号码和手机号码。 › 座机号码由数字和“-”构成，有以下两种格式。 ◆XXX—XXXXXXXX。 ◆XXXX—XXXXXXXX。 › 手机号码由 11 位数字组成
居住地址	可以选择

（3）银行为每个账户提供一个银行卡，每个银行卡可以存入一个币种的存款。银行保存

账户的信息如表 9-3 所示。

表 9-3　银行卡账户信息

信息	说明
卡号	银行卡号由 16 位数字组成。其中，一般前 8 位代表特殊含义，如某总行、某支行等。假定该银行要求其营业厅的卡号格式为 6227 2666 XXXX XXXX，后面 8 位是随机产生且唯一的数字，每 4 位号码后有一个空格
密码	由 6 位数字构成，开户时默认为“888888”
币种	默认为 CNY，该银行目前尚未开设其他币种的存款业务
存款类型	必须选择
开户日期	客户开通银行卡账户的日期，默认为当日
开户金额	客户开通银行卡账户时存入的金额
余额	客户账户目前剩余的金额
是否挂失	默认为“否”

（4）客户持卡在银行柜台或 ATM 上输入密码，经系统验证身份后可办理存款、取款和转账等银行业务。

（5）银行在为客户办理存取款业务时，需要记录每一笔交易信息。交易信息如表 9-4 所示。

表 9-4　银行卡交易信息

信息	说明
卡号	银行卡号由 16 位数字组成
交易日期	交易时的日期和时间
交易金额	必须大于 0
交易类型	包括存入和支取两种
备注	对每笔交易做必要的说明

（6）该银行要求这套系统能够实现银行客户的开户、存款、取款、转账和余额查询等业务，使银行储蓄业务的办理方便、快捷，同时保证银行业务数据的安全性。

（7）为了使开发人员尽快了解银行业务，该银行提供了银行卡手工账户和银行卡交易信息的样本数据，以供项目开发参考，详见表 9-5 和表 9-6。

表 9-5　银行卡手工账户信息

账户姓名	王小利
身份证号	370105195401020001
联系电话	0531-68812345
住址	山东济南市小郭乡
卡号	6227 2666 4321 8765
存款类型	定期一年
开户日期	2020-11-13 15:30:12

账户姓名	赵家平
身份证号	110105196002040002
联系电话	15801234567
住址	北京市昌平区
卡号	6227 2666 8765 4321
存款类型	活期
开户日期	2021-08-21 09:10:11

表 9-6 银行卡交易信息

交易日期	交易类型	卡号	交易金额	余额	终端机编号
2021-08-21 09:21:16	存入	6227 2666 4321 8765	¥4,000.00	¥6,200.00	1101
2021-08-21 08:18:21	存入	6227 2666 4321 8765	¥1,000.00	¥2,200.00	1101
2021-02-19 10:36:37	支取	6227 2666 1111 1111	¥100.00	¥460.00	2104
2020-11-01 11:08:09	支取	6227 2666 3333 3333	¥2,500.00	¥3,500.00	4482
2020-10-09 13:01:01	存入	6227 2666 8888 8888	¥1,000.00	¥5,800.71	9803
2020-08-07 15:17:16	支取	6227 2666 4321 8765	¥4,000.00	¥1,200.00	1105
2020-07-02 08:09:03	存入	6227 2666 3333 3333	¥5,000.00	¥6,000.00	1305
2020-05-12 09:01:02	存入	6227 2666 8765 4321	¥100.00	¥883.89	1305
2020-03-09 13:15:31	支取	6227 2666 8765 4321	¥300.00	¥783.89	4482

9.2 项目设计

9.2.1 数据库设计

1. 创建银行业务系统 E-R 图

（1）任务描述

明确银行业务系统的实体、实体属性，以及实体之间的联系。

（2）任务提示

① 在充分理解银行业务需求后，围绕银行的业务需求进行分析，确认与银行业务系统有紧密联系的实体，并得到每个实体的必要属性。

② 对银行业务进行分析，找出多个实体之间的联系。实体之间的联系可以是一对一、一对多、多对多。

银行业务系统 E-R 图如图 9-1 所示。

2. 将 E-R 图转换为关系模式

（1）任务描述

将银行业务系统 E-R 图转换为关系模式。

（2）参考步骤

按照将 E-R 图转换为关系模式的规则，图 9-1 所示的 E-R 图转换的关系模式为：

客户（客户编号，开户名，身份证号，联系电话，居住地址）；

银行卡（卡号，密码，开户日期，开户金额，存款类型，余额，是否挂失，币种，客户编号）；

交易（卡号，交易日期，交易类型，交易金额，终端机编号）;

终端机（编号）。

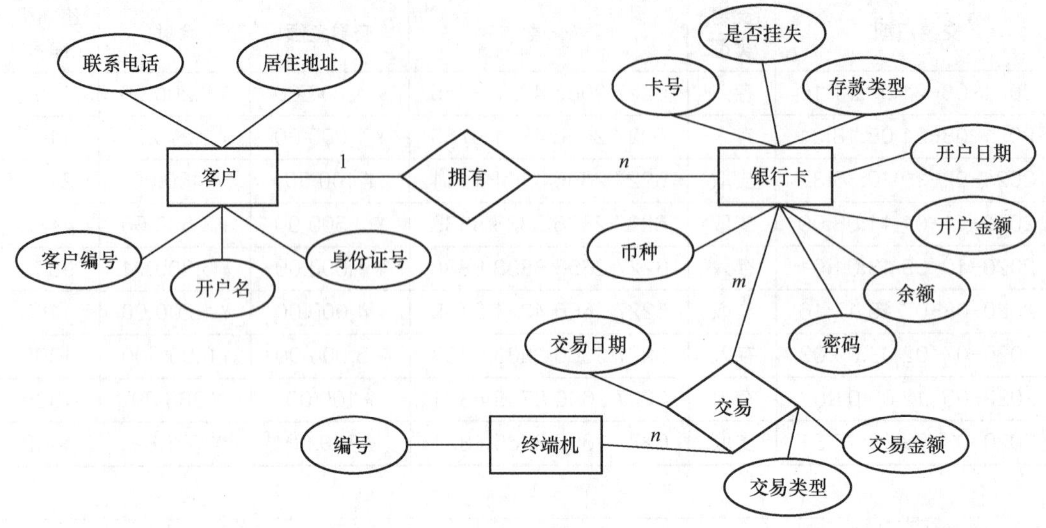

图 9-1 银行业务系统 E-R 图

对上述关系模式进行优化:“终端机”关系只有一个“编号”属性，而且此属性已经包含在“交易”关系中了，因此这个关系可以删除;“银行卡”关系中的“存款类型”属性皆为汉字，会出现大量的冗余数据，为减少数据冗余，可分出一个“存款类型”关系，里面包含“存款类型编号”和“存款类型名称”等属性，并将“银行卡”关系中的“存款类型”改变为“存款类型编号”。

优化后的关系模式为:

客户（客户编号，开户名，身份证号，联系电话，居住地址）;

银行卡（卡号，密码，开户日期，开户金额，存款类型编号，余额，币种，是否挂失，客户编号）;

交易（卡号，交易日期，交易类型，交易金额，终端机编号）;

存款类型（存款类型编号，存款类型名称，描述）

3．规范数据库设计

（1）任务描述

将银行业务系统关系模式进行规范化，使每个关系模式达到第三范式。

（2）参考步骤

使用第一范式、第二范式、第三范式对关系进行规范化，使每个关系都达到第三范式。在规范化关系时，也要考虑系统运行性能。必要时，可以有悖于第三范式的要求，适当增加冗余数据，减少表间连接，以空间换取时间。

4．设计表结构

（1）任务描述

根据规范后的银行业务系统关系模式，创建表的结构。

（2）参考步骤

数据库中各个表的结构：客户表结构如表 9-7 所示，银行卡表结构如表 9-8 所示，交易表结构如表 9-9 所示，存款类型表结构如表 9-10 所示。

表 9-7 客户表结构

字段名称	数据类型	含义	说明
customerID	INT	客户编号	自动增量，从 1 开始，主键
customerName	VARCHAR(20)	开户名	必填
PID	CHAR(18)	身份证号	必填，只能是 18 位，唯一约束
telephone	VARCHAR(15)	联系电话	必填，格式为 XXXX-XXXXXXXX 或 XXX-XXXXXXXX，或 11 位手机号
address	VARCHAR(50)	居住地址	可选输入

表 9-8 银行卡表结构

字段名称	数据类型	含义	说明
cardID	CHAR(19)	卡号	必填，主键，对于银行卡号，一般前 8 位代表特殊含义，如某总行、某支行等。假定该银行要求其营业厅的卡号格式为 6227 2666 XXXX XXXX，每 4 位号码后有一个空格。卡号一般是随机产生的
curID	VARCHAR(10)	币种	必填，默认为 RMB
savingID	TINYINT	存款类型	外键，必填
openDate	DATETIME	开户日期	必填，默认为系统当前日期和时间
openMoney	DOUBLE	开户金额	必填
balance	DOUBLE	余额	必填
password	CHAR(6)	密码	必填，6 位数字，开户时默认为“888888”
isReportLoss	BIT(1)	是否挂失	必填，是（1）或否（0），默认为否
customerID	INT	客户编号	外键，必填

表 9-9 交易表结构

字段名称	数据类型	含义	说明
tradeDate	DATETIME	交易日期	必填，默认为系统当前日期和时间
cardID	CHAR(19)	卡号	外键，必填
tradeType	ENUM	交易类型	必填，只能是存入或支取
tradeMoney	DOUBLE	交易金额	必填，大于 0
machine	CHAR(4)	终端机编号	必填，客户业务操作的机器编号

表 9-10　存款类型表结构

字段名称	数据类型	含义	说明
savingID	TINYINT	存款类型编号	自动增量，从 1 开始，主键
savingName	VARCHAR(20)	存款类型名称	必填
descript	VARCHAR(50)	描述	可为空

9.2.2　创建数据库、创建表、创建约束

1. 创建数据库

（1）任务描述

使用 CREATE DATABASE 语句创建银行业务系统数据库 bankDB。

本任务的要求如下：创建数据库时要求检测是否存在 bankDB，如果存在，则先将其删除再创建。

（2）参考代码

```
DROP DATABASE IF EXISTS bankDB;
CREATE DATABASE bankDB;
```

2. 创建表

（1）任务描述

根据设计出的银行业务系统的数据表结构，使用 CREATE TABLE 语句创建表。

本任务的要求如下：创建表时要求检测是否存在同名的表，如果存在，则先将其删除再创建。

（2）参考代码

```
USE bankDB;
#创建客户表
DROP  TABLE  IF  EXISTS  userInfo;
CREATE TABLE userInfo
(customerID  INT  AUTO_INCREMENT  PRIMARY KEY,
customerName  VARCHAR(20)  NOT  NULL,
 PID  CHAR(18)  NOT  NULL,
 telephone  VARCHAR(15)  NOT  NULL,
 address VARCHAR(50));
#创建银行卡表
DROP  TABLE  IF  EXISTS  cardInfo;
CREATE  TABLE  cardInfo
(cardID  CHAR(19)  NOT  NULL,
 curID  VARCHAR(10)  NOT  NULL,
 savingID  TINYINT  NOT  NULL,
 openDate  DATETIME  NOT  NULL,
 openMoney  DOUBLE  NOT  NULL,
 balance  DOUBLE  NOT  NULL,
 password  CHAR(6)  NOT  NULL,
 isReportLoss  BIT(1)  NOT  NULL,
 customerID  INT  NOT  NULL);
```

```
#创建交易表
DROP  TABLE  IF EXISTS  tradeInfo;
CREATE TABLE tradeInfo
(tradeDate  DATETIME  NOT  NULL,
 cardID  CHAR(19)  NOT  NULL,
 tradeType  ENUM("存入","支取")  NOT  NULL,
 tradeMoney  DOVBLE  NOT  NULL,
 machine  CHAR(4)  NOT  NULL );
#创建存款类型表
DROP  TABLE  IF EXISTS  deposit;
CREATE TABLE deposit
(savingID  TINYINT  AUTO_INCREMENT PRIMARY KEY,
 savingName  VARCHAR(20)  NOT  NULL,
 descript VARCHAR(50) );
```

3. 创建约束

（1）任务描述

根据银行业务，分析表中每个字段相应的约束要求，使用 ALTER TABLE 语句为每个表添加各种约束。每个表中的非空约束在创建表时已经建立。对于表中字段的检查约束，可以添加，也可以为了对 MySQL 5.x 兼容，使用触发器实现。

（2）任务提示

为表添加主、外键约束时，要先添加主表的主键约束，再添加子表的外键约束。

（3）参考步骤

① deposit 表的约束。

savingID 存款类型编号，主键，自动增量，从 1 开始。此约束在创建表时已经建立。

② userInfo 表的约束。

customerID 客户编号，主键，自动增量，从 1 开始。此约束在创建表时已经建立。

customerName 客户名称，具有非空约束。

PID 身份证号，非空约束和唯一约束，长度必须为 18 位可添加检查约束。

telephone 联系电话，非空约束。

address 居住地址，可选输入。

主键约束在创建表时已经建立。

代码如下：

```
ALTER TABLE userInfo
ADD CONSTRAINT UQ_PID UNIQUE(PID) ;#给 PID 创建唯一约束
ALTER TABLE userInfo ADD CONSTRAINT CK_PID CHECK(LENGTH(PID)=18);
```

③ cardInfo 表的约束。

cardID 卡号，主键。

curID 币种，非空约束，默认为 RMB。

openDate 开户日期，非空约束，默认为系统当前日期和时间。

openMoney 开户金额，非空约束，大于或等于 1。可添加检查约束。

balance 余额，非空约束，大于或等于 0。可添加检查约束。

password 密码，非空约束，6 位数字，默认为“888888”。

isReportLoss 是否挂失，非空约束，是（1）或否（0），默认为否。

customerID 客户编号，非空约束，表示该卡对应的客户编号，外键，参照客户表的客户编号。

savingID 存款类型编号，非空约束，外键，参照存款类型表的存款类型编号。

代码如下：

```
    ALTER TABLE cardInfo ADD CONSTRAINT PK_cardID PRIMARY KEY(cradID);
    ALTER TABLE cardInfo ALTER curID SET DEFAULT "RMB";
    ALTER TABLE cardInfo MODIFY COLUMN openDate DATETIME NOT NULL DEFAULT
CURRENT_TIMESTAMP;
    ALTER TABLE cardInfo ALTER password SET DEFAULT "888888";
    ALTER TABLE cardInfo ALTER isReportLoss SET DEFAULT 0;
    ALTER TABLE cardInfo ADD CONSTRAINT FK_customerID FOREIGN KEY(customerID)
REFERENCES userInfo(customerID);
    ALTER TABLE cardInfo ADD CONSTRAINT FK_savingID FOREIGN KEY(savingID)
REFERENCES deposit(savingID);
    ALTER TABLE cardInfo ADD CONSTRAINT CK_openMoney CHECK(openMoney>=1);
    ALTER TABLE cardInfo ADD CONSTRAINT CK_balance CHECK(balance>=0);
```

④ tradeInfo 表的约束。

tradeDate 交易日期，非空约束，默认为系统当前日期和时间。

tradeType 非空约束，值只能为存入或支取。

cardID 卡号，非空约束，外键，建立普通索引。

tradeMoney 交易金额，非空约束，大于或等于 1。可添加检查约束。

machine 终端机编号，非空约束。

cardID 和 tradeDate 合起来作为主键。

代码如下：

```
    ALTER TABLE tradeInfo ADD CONSTRAINT PK_cardID_tradeInfo
    PRIMARY KEY(cardID,tradeDate);
    ALTER TABLE tradeInfo ADD CONSTRAINT FK_cardID
    FOREIGN KEY(cardID) REFERENCES cardInfo(cardID);
    ALTER TABLE tradeInfo MODIFY COLUMN tradeDate DATETIME NOT NULL DEFAULT
CURRENT_TIMESTAMP;
    CREATE INDEX IX_cardID ON tradeInfo(cardID);
```

9.2.3 插入测试数据

1. 任务描述

使用 SQL 语句向数据库中已经创建的每个表中插入测试数据。在插入测试数据时，卡号由人工编写，暂不随机产生。向相关表中插入如表 9-11 所示的开户信息。

表 9-11　两位客户的开户信息

姓名	身份证号	联系电话	居住地址	开户金额	存款类型	卡号
张玉玉	130101196012011234	010-65451234	北京市海淀区	¥1000	活期	6227 2666 1234 5678
李新建	410103198310203040	0371-64325678	河南省郑州市金水区	¥6000	定期一年	6227 2666 5678 1234

插入交易信息：张玉玉（6227 2666 1234 5678）取款 900 元，李新建（6227 2666 5678 1234）存款 5000 元。要求保存交易记录，以便客户查询和银行统计业务。

例如，当张玉玉取款 900 元时，会向交易表（tradeInfo）中添加一条交易记录，同时应自动更新银行卡表（cardInfo）中的现有余额（减少 900 元），先假定需要手动插入更新信息。

本任务的要求如下：

- 向各表中插入数据时要保证业务数据的一致性和完整性。
- 如客户持银行卡办理存款和取款业务，银行要记录每笔交易账目，并修改该银行卡的存款余额。
- 每个表中至少要插入 3～5 条记录。

2. 任务提示

注意各表中数据插入的顺序。为了维持主、外键的关系，建议先插入主表中的数据，再插入子表中的数据。

（1）客户取款时需要记录交易账目，并修改存款余额，这需要分两步完成。

① 在交易表中插入交易记录。

```
INSERT INTO tradeInfo(tradeType,cardID,tradeMoney)
VALUES('支取', '6227 2666 1234 5678',900);
```

② 更新银行卡表中的现有余额。

```
UPDATE cardInfo SET balance=balance-900
WHERE cardID='6227 2666 1234 5678';
```

（2）客户存款时需要记录交易账目，并修改存款余额，这需要分两步完成。

① 在交易表中插入交易记录。

```
INSERT INTO tradeInfo(tradeType,cardID,tradeMoney)
VALUES('存入', '6227 2666 5678 1234',5000);
```

② 更新银行卡表中的现有余额。

```
UPDATE cardInfo SET balance=balance+5000
WHERE cardID='6227 2666 5678 1234';
```

3. 参考代码

```
/*存款类型*/
INSERT INTO deposit(savingName,descript) VALUES('活期','按存款日结算利息');
INSERT INTO deposit(savingName,descript) VALUES('定期一年','存款期 1 年');
INSERT INTO deposit(savingName,descript) VALUES('定期两年','存款期 2 年');
INSERT INTO deposit(savingName,descript) VALUES('定期三年','存款期 3 年');
INSERT INTO deposit(savingName) VALUES('定活两便','不约定存期,利率随存期的长短而变化');
```

```
INSERT INTO deposit(savingName,descript) VALUES('零存整取一年','存款期限1年');
INSERT INTO deposit(savingName,descript) VALUES('零存整取两年','存款期限2年');
INSERT INTO deposit(savingName,descript) VALUES('零存整取三年','存款期限3年');
INSERT INTO deposit(savingName,descript) VALUES('通知','提前一个星期约定取款时间');
SELECT * FROM deposit

/*客户信息*/
INSERT INTO userInfo(customerName,PID,telephone,address)
    VALUES('张玉玉','130101196012011234','010-65451234','北京市海淀区');
INSERT INTO cardInfo(cardID,savingID,openMoney,balance,customerID)
    VALUES('6227 2666 1234 5678',1,1000,1000,1)

INSERT INTO userInfo(customerName,PID,telephone,address)
VALUES('李新建',"410103198310203040","0371-64325678","河南省郑州市金水区");
INSERT INTO cardInfo(cardID,savingID,openMoney,balance,customerID)
    VALUES('6227 2666 5678 1234',2,6000,6000,2)

INSERT INTO userInfo(customerName,PID,telephone,address)
VALUES('王小平', '410201197508091011', '13503716789', '河南省郑州市中原区');
INSERT INTO cardInfo(cardID,savingID,openMoney,balance,customerID)
    VALUES('6227 2666 1112 1314',2,5000,5000,3)

INSERT INTO userInfo(customerName,PID,telephone)
VALUES('赵潭', '370105196909101112', '18638710123');
INSERT INTO cardInfo(cardID,savingID,openMoney,balance,customerID)
VALUES('6227 2666 1516 1718',3,1000,1000,4);

INSERT INTO userInfo(customerName,PID,telephone,address)
VALUES('何钢', '140221199303040506', '17703714321', '山西省太原市杏花岭区');
INSERT INTO cardInfo(cardID,savingID,openMoney,balance,customerID)
VALUES('6227 2666 1920 2122',3,100,100,5);

SELECT * FROM userInfo
SELECT * FROM cardInfo


/*--------------向交易表插入交易记录--------------------------*/
INSERT INTO tradeInfo(tradeType,cardID,tradeMoney,machine)
    VALUES('支取', '6227 2666 1234 5678',900,'1001');
/*-------------更新银行卡表中的现有余额-------------------*/
UPDATE cardInfo SET balance=balance-900 WHERE cardID='6227 2666 1234 5678';

INSERT INTO tradeInfo(tradeType,cardID,tradeMoney,machine)
    VALUES('存入','6227 2666 1112 1314',300,'1001');
UPDATE cardInfo SET balance=balance+300 WHERE cardID='6227 2666 1112 1314';

INSERT INTO tradeInfo(tradeType,cardID,tradeMoney,machine)
    VALUES('存入', '6227 2666 1516 1718',1000,'1004');
UPDATE cardInfo SET balance=balance+1000 WHERE cardID='6227 2666 1516 1718';

INSERT INTO tradeInfo(tradeType,cardID,tradeMoney,machine)
```

```
    VALUES('支取','6227 2666 5678 1234',1900,'2007');
UPDATE cardInfo SET balance=balance-1900 WHERE cardID='6227 2666 5678 1234';

INSERT INTO tradeInfo(tradeType,cardID,tradeMoney,machine)
    VALUES('存入','6227 2666 1920 2122',5000,'3002');
UPDATE cardInfo SET balance=balance+5000 WHERE cardID='6227 2666 1920 2122';


/*--------检查测试数据是否正确---------*/
SELECT * FROM cardInfo
SELECT * FROM tradeInfo
```

9.2.4 编写 SQL 语句实现银行的日常业务处理

1. 修改客户密码

（1）任务描述

修改张玉玉（6227 2666 1234 5678）银行卡密码为“123456”，修改李新建（6227 2666 5678 1234）银行卡密码为“123123”。

（2）参考代码

```
/*---------修改密码-----*/
UPDATE cardInfo SET password='123456' WHERE cardID='6227 2666 1234 5678';
UPDATE cardInfo SET password='123123' WHERE cardID='6227 2666 5678 1234';
#查询账户信息
SELECT * FROM cardInfo;
```

2. 办理银行卡挂失

（1）任务描述

李新建（6227 2666 5678 1234）因银行卡丢失，申请挂失。

（2）参考代码

```
/*---------挂失银行卡---------*/
#李新建（6227 2666 5678 1234）因银行卡丢失，申请挂失
UPDATE cardInfo SET isReportLoss=1 WHERE cardID='6227 2666 5678 1234';
SELECT * FROM cardInfo

#查看修改密码和挂失结果
SELECT cardID 卡号,curID 币种,savingName 存款类型,openDate 开户日期,
       openMoney 开户金额,balance 余额,password 密码,
       CASE isReportLoss
            WHEN 1 THEN '挂失'
            WHEN 0 THEN '未挂失'
       END 是否挂失,customerName 客户姓名
FROM cardInfo INNER JOIN deposit ON cardInfo.savingID=deposit.savingID
INNER JOIN userInfo ON cardInfo.customerID=userInfo.customerID;
```

3. 查询本周开户信息

（1）任务描述

查询本周开户的卡号，显示该卡的相关信息。

（2）任务提示

要限制查询时间间隔可使用 DATE_SUB()函数。

语法格式如下：

```
DATE_SUB(date,INTERVAL expr type)
```

参数说明如下。

date：合法的日期表达式。

expr：指定的时间间隔。

type：间隔类型，有 microsecond、second、minute、hour、day、week、month、year 等。

（3）参考代码

```
/*--------查询本周开户的卡号，显示该卡的相关信息-----------------*/
SELECT c.cardID 卡号,u.customerName 客户姓名,c.curID 币种,d.savingName 存款类型,
c.openDate 开户日期,c.openMoney 开户金额,c.balance 余额,
CASE c.isReportLoss
     WHEN 1 THEN '挂失账户'
     WHEN 0 THEN '正常账户'
 END 账户状态
FROM cardInfo c INNER JOIN userInfo u ON c.customerID=u.customerID
INNER JOIN deposit d ON c.savingID=d.savingID
WHERE openDate>DATE_SUB(CURDATE(),INTERVAL 1 WEEK);
```

4．查询本月单次交易金额最高的卡号信息

（1）任务描述

查询本月单次交易金额最高的卡号信息。

（2）任务提示

在交易表中，采用子查询和 DISTINCT 去掉重复的卡号。

（3）参考代码

```
/*---------查询本月单次交易金额最高的卡号信息----------------------*/
SELECT DISTINCT cardID FROM tradeInfo
WHERE tradeMoney=(SELECT MAX(tradeMoney) FROM tradeInfo
                  WHERE tradeDate>DATE_SUB(CURDATE(),INTERVAL 1 MONTH));
```

5．查询挂失客户

（1）任务描述

查询挂失账号的客户信息。

（2）任务提示

可利用 IN 子查询或内连接完成本任务。

（3）参考代码

```
/*---------查询挂失账号的客户信息---------------------*/
SELECT customerName 客户名称,telephone 联系电话 FROM userInfo
    WHERE customerID IN(SELECT customerID FROM cardInfo WHERE isReportLoss=1);
```

6．催款提醒业务

（1）任务描述

根据某种业务（如代缴电话费、代缴手机费等）的需求，每个月末，当查询发现客户账

户余额少于 200 元时，由银行统一致电催款。

（2）任务提示

可利用连接查询或子查询完成本任务。

（3）参考代码

```
/*------催款提醒：根据某种业务的需求，每个月末，如果发现用户账户余额少于 200 元，将致电催款---*/
SELECT customerName 客户名称,telephone 联系电话,balance 余额
FROM userInfo INNER JOIN cardInfo ON cardInfo.customerID=userInfo.customerID
WHERE balance<200;
```

9.2.5 创建、使用视图

（1）任务描述

为了向客户提供友好的用户界面，使用 SQL 语句创建下面几个视图，并使用这些视图查询并输出各表的信息。

view_user：输出银行客户记录。

view_card：输出银行卡记录。

view_trade：输出银行卡的交易记录。

本任务的要求如下：

显示的字段名全为中文。

（2）参考代码

```
#1.创建视图：为了向客户显示信息，要求各表全为中文字段名
DROP VIEW IF EXISTS view_user;
CREATE VIEW view_user  #客户表视图
AS
SELECT customerID as 客户编号,customerName as 开户名, PID as 身份证号,
        telephone as 电话号码,address as 居住地址  from userInfo;

#使用视图
SELECT * FROM view_user;

#2.创建视图：查询银行卡信息
DROP VIEW IF EXISTS view_card;
CREATE VIEW view_card
AS
SELECT c.cardID 卡号,u.customerName 客户姓名,c.curID 币种,d.savingName 存款类型,c.openDate 开户日期,c.balance 余额,c.password 密码,
    CASE c.isReportLoss
        WHEN 1 THEN '挂失'
        WHEN 0 THEN '正常'
    END 账户状态
FROM cardInfo c INNER JOIN userInfo u ON c.customerID=u.customerID
INNER JOIN deposit d ON c.savingID=d.savingID;
```

```
#使用视图
SELECT * FROM view_card;

#3.创建视图：查看交易信息
DROP VIEW IF EXISTS view_trade;
CREATE VIEW view_trade
AS
SELECT tradeDate as 交易日期,tradeType as 交易类型,cardID as 卡号,tradeMoney as
交易金额, machine as 终端机编号 FROM tradeInfo;
#使用视图
SELECT * FROM view_trade;
```

9.2.6 使用事务和存储过程实现业务处理

1. 完成存款或取款业务

（1）任务描述

① 根据银行卡号和交易金额，实现银行卡的存款和取款业务。

② 每一笔存款、取款业务都要记入交易表，并同时更新客户的存款余额。

③ 如果是取款业务，在记账之前，要确认余额是不是小于 0。如果小于 0，说明余额不够，则取消本次取款操作。

本任务的要求如下：

编写一个存储过程用于完成存款和取款业务，并调用存储过程进行存款或取款的测试。测试数据是：张玉玉的银行卡先存入 700 元，然后支取 700 元，再支取 9000 元。

（2）任务提示

在存储过程中使用事务，以保证数据操作的一致性。为避免取款之后，卡上余额为负值，应对银行卡表的余额添加检查约束，要求余额大于或等于 0。在执行取款操作时，如果发生了违反约束的错误，则回滚事务。

（3）参考代码

```
/*--取款或存款的存储过程*/
DROP PROCEDURE IF EXISTS trade_proc
DELIMITER //
CREATE PROCEDURE trade_proc(IN t_type CHAR(2),IN t_money DOUBLE,IN card_id
char(19),IN m_id CHAR(4))
MODIFIES SQL DATA
BEGIN
  DECLARE t_error INT default 0;
  DECLARE CONTINUE HANDLER FOR SQLEXCEPTION SET t_error=1;
  START TRANSACTION;
   IF(t_type="支取") THEN
    INSERT INTO tradeInfo(tradeType,cardID,tradeMoney,machine)
VALUES(t_type,card_id,t_money,m_id);
    UPDATE cardInfo SET balance=balance-t_money WHERE cardID=card_id;
    IF(t_error=1) THEN
      SELECT "余额不足";
```

```
        ROLLBACK;
      ELSE
        COMMIT;
      END IF;
    END IF;
    IF(t_type="存入") THEN
        INSERT INTO tradeInfo(tradeType,cardID,tradeMoney,machine)
        VALUES(t_type,card_id,t_money,m_id);
        UPDATE cardInfo SET balance=balance+t_money WHERE cardID=card_id;
        COMMIT;
      END IF;
  END//
DELIMITER ;
#测试存储过程
CALL trade_proc("存入",700,"6227 2666 1234 5678","1010");
CALL trade_proc("支取",700,"6227 2666 1234 5678","1010");
CALL trade_proc("支取",9000,"6227 2666 1234 5678","1010");
#查看银行卡表和交易表
SELECT * FROM cardInfo;
SELECT * FROM tradeInfo;
```

2. 产生随机卡号

（1）任务描述

创建一个存储过程用于产生 8 位随机数字，将其与前 8 位固定的数字“6227 2666”连接，生成一个由 16 位数字组成的银行卡号并输出。

（2）任务提示

使用随机函数生成银行卡号的后 8 位数字。

随机函数的语法格式如下：

```
RAND(随机种子)
```

这将产生 0～1 的随机数，要求每次的随机种子不一样。为了保证随机种子每次都不相同，一般采用的算法是：

随机种子=当前的月份数×100000+当前的分钟数×1000+当前的秒数×100

产生 0～1 的随机数后，取小数点后 8 位，即 0.XXXXXXXX。

（3）参考代码

```
/*--产生随机卡号的存储过程（用当前月份数、当前分钟数、当前秒数乘一定的系数作为随机种子）--*/
DROP PROCEDURE IF EXISTS use_randCardID;
DELIMITER //
CREATE PROCEDURE use_randCardID(OUT randCardID CHAR(19))
BEGIN
  DECLARE r DECIMAL(15,8);
  DECLARE tempStr CHAR(10);
  SELECT  RAND((MONTH(NOW())*100000)+(MINUTE(NOW())*1000)+SECOND(NOW())*10)
INTO r;
  SET tempStr=CONVERT(r,CHAR(10));
  SET randCardID=CONCAT('6227 2666 ',SUBSTRING(tempStr,3,4),' ',
SUBSTRING(tempStr,7,4));
END;//
```

```
DELIMITER ;
#测试产生随机卡号的存储过程
SET @kh="";
CALL usp_randCardID(@kh);
SELECT @kh;
```

3. 统计银行资金流通余额和盈利结算

（1）任务描述

存入代表资金流入，支取代表资金流出。

计算公式：资金流通余额=总存入金额-总支取金额。

假定存款利率为 0.008，贷款利率为 0.003。

计算公式：盈利结算=总支取金额 × 0.008-总存入金额 × 0.003。

（2）任务提示

定义两个变量用于存放总存入金额和总支取金额，使用 sum()函数进行汇总。

（3）参考代码

```
DELIMITER //
CREATE PROCEDURE profit_proc(OUT yl DOUBLE)
READS SQL DATA
  BEGIN
    DECLARE l_in DOUBLE;
    DECLARE l_out DOUBLE;
    SELECT sum(tradeMoney) INTO l_in FROM tradeInfo WHERE tradeType="存入";
    SELECT sum(tradeMoney) INTO l_out FROM tradeInfo WHERE tradeType="支取";
    SET yl=l_out*0.008-l_in*0.003;
  END//
DELIMITER ;
```

4. 利用事务实现转账业务

（1）任务描述

使用事务和存储过程实现转账业务，操作步骤如下。

① 从某一个账户中支取一定金额的存款。

② 将支取金额存入另一个指定的账户中。

③ 将交易信息保存到交易表中。

（2）参考代码

```
/*实现转账业务的存储过程
现实中的 ATM 依靠读卡器读出转账人的银行卡号，转账人通过界面输入被转账人的卡号,每台 ATM 保存自己的机器号，这里直接模拟输入*/
DROP PROCEDURE IF EXISTS use_tradefer;
DELIMITER //
CREATE PROCEDURE use_tradefer
(IN out_id CHAR(19),IN in_id CHAR(19),IN z_je DOUBLE,IN m_id CHAR(4))
MODIFIES SQL DATA
BEGIN
 DECLARE ye DOUBLE;
 DECLARE err INT DEFAULT 0;
 DECLARE err1 INT DEFAULT 0;
```

```
    DECLARE CONTINUE HANDLER FOR SQLEXCEPTION SET err1=1;
    IF NOT EXISTS(SELECT * FROM cardInfo WHERE cardID=in_id) THEN
      SELECT '被转账人账户不存在';
      SET err=err+1;
    END IF;
    SELECT balance INTO ye FROM cardInfo WHERE cardID=out_id;
    IF(ye<z_je) THEN
      SELECT '账户余额不够';
      SET err=err+1;
    END IF;
    IF(err=0) THEN
     START TRANSACTION;
     UPDATE cardInfo SET balance=balance-z_je WHERE cardID=out_id;
     UPDATE cardInfo SET balance=balance+z_je WHERE cardID=in_id;
     INSERT INTO tradeInfo(tradeType,cardID,tradeMoney,machine) VALUES("支取",
out_id,z_je,m_id);
     INSERT INTO tradeInfo(tradeType,cardID,tradeMoney,machine) VALUES("存入",
in_id,z_je,m_id);
     IF(err1=1) THEN
        SELECT err1;
        ROLLBACK;
     ELSE
       COMMIT;
     END IF;
    END IF;
    END;//
   DELIMITER ;
   #测试上述存储过程
   #从李新建的账户转账 2000 元到张玉玉的账户
   CALL use_tradefer("6227 2666 1234 5678",
        "6227 2666 5678 1234",2000,"1234");
   SELECT * FROM cardinfo;
   SELECT * FROM tradeinfo;
```

5. 创建开户存储过程

（1）任务描述

利用存储过程为客户开通两个银行账户。开户时需要提供的客户信息有：开户名、身份证号、联系电话、开户金额、存款类型和居住地址。客户信息见表 9-12。

表 9-12　两位客户的开户信息

姓名	身份证号	联系电话	开户金额/元	存款类型	居住地址
王丽	130101197811021131	0351-65543211	1000	定期一年	北京市朝阳区
李一平	410307197007081325	18636652169	1	定期两年	山东省济南市

使用表 9-12 中的数据执行该存储过程，进行测试，调用此存储过程进行开户。

（2）参考代码

```
/*调用上述产生随机卡号的存储过程获得生成的随机卡号。检查该随机卡号在现有的银行卡号中是否已经存在。如果不存在，则往相关表中插入开户信息；否则将调用上述产生随机卡号的存储过程，重新产生随机卡号，直到产生一个不存在的银行卡号为止*/
```

```
DROP PROCEDURE IF EXISTS use_openAccount;
DELIMITER //
CREATE PROCEDURE use_openAccount
(IN c_name VARCHAR(20),IN pid1 CHAR(18),IN phone VARCHAR(13),
IN open_m DOUBLE,IN s_type VARCHAR(20),IN s_address VARCHAR(50))
MODIFIES SQL DATA
BEGIN
  DECLARE type_id TINYINT;
  DECLARE s_id INT;
  IF EXISTS(SELECT * FROM userInfo WHERE PID=pid1) THEN
    SELECT "该用户存在";
  ELSE
    INSERT INTO userInfo(customerName,PID,telephone,address)
    VALUES(c_name,pid1,phone,s_address);
  END IF;
  SELECT customerID INTO s_id FROM userInfo WHERE PID=pid1;
  R1:WHILE 1=1 DO
       SET @r="";
       CALL use_randCardID(@r);
       IF NOT EXISTS(SELECT * FROM cardInfo WHERE cardID=@r) THEN
         LEAVE R1;
       END IF;
      END WHILE;
  SELECT savingID INTO type_id FROM deposit WHERE savingName=s_type;
  INSERT INTO cardInfo(cardID,savingID,openMoney,balance,customerID)
  VALUES(@r,type_id,open_m,open_m,s_id);
END//
DELIMITER ;
#测试开户存储过程
CALL use_openAccount("王丽","130101197801020304","0351-65546789",1000,"定期一年","北京市朝阳区");
CALL use_openAccount("李一平","410307197007080910","18636654321",1,"定期两年","山东省济南市");
```

9.3 进度记录

开发进度记录表如表 9-13 所示。

表 9-13 开发进度记录表

项目	开发完成时间	测试通过时间	备注
数据库设计			
创建数据库、创建表、创建约束			
插入测试数据			
常规业务设计			
创建、使用视图			
使用存储过程实现业务处理			
利用事务实现转账业务			